Datenbasierte Identifikation von Heuristiken für das Entwicklungsmanagement

Databased Identification of Heuristics for Development Management

Von der Fakultät für Maschinenwesen
der Rheinisch-Westfälischen Technischen Hochschule Aachen
zur Erlangung des akademischen Grades eines
Doktors der Ingenieurwissenschaften
genehmigte Dissertation

vorgelegt von

Benjamin Nils Johannes Lender

Berichter/in:

Univ.-Prof. Dr.-Ing. Dipl.-Wirt. Ing. Günther Schuh
apl. Prof. Dr.-Ing. Wolfgang Boos

Tag der mündlichen Prüfung: 25. Juni 2024

Diese Dissertation ist auf den Internetseiten der Universitätsbibliothek online verfügbar.

ERGEBNISSE AUS DER PRODUKTIONSTECHNIK

Benjamin Lender

Datenbasierte Identifikation von Heuristiken für das Entwicklungsmanagement

Herausgeber:
Prof. Dr.-Ing. T. Bergs
Prof. Dr.-Ing. Dipl.-Wirt. Ing. G. Schuh
Prof. Dr.-Ing. C. Brecher
Prof. Dr.-Ing. R. H. Schmitt

Band 16/2024

WZL | RWTH AACHEN UNIVERSITY

Fraunhofer IPT

Bibliografische Information der Deutschen Nationalbibliothek
Die Deutsche Nationalbibliothek verzeichnet diese Publikation in der Deutschen Nationalbibliografie; detaillierte bibliografische Daten sind im Internet über https://portal.dnb.de abrufbar.

Benjamin Lender:

Datenbasierte Identifikation von Heuristiken für das Entwicklungsmanagement

1. Auflage, 2024

Gedruckt auf holz- und säurefreiem Papier, 100% chlorfrei gebleicht.

Wissenschaftsverlag des Instituts für Industriekommunikation und Fachmedien an der RWTH Aachen
Steinbachstr. 25, 52074 Aachen
Internet: www.apprimus-verlag.de, E-Mail: info@apprimus-verlag.de

Druck: CPI Druckdienstleistungen GmbH, Ferdinand-Jühlke-Straße 7 I 99095 Erfurt

ISBN 978-3-98555-219-1

D 82 (Diss. RWTH Aachen University, 2024)

Vorwort

Die vorliegende Arbeit entstand während meiner Tätigkeit als wissenschaftlicher Mitarbeiter am Lehrstuhl für Produktionssystematik des Werkzeugmaschinenlabors WZL der Rheinisch-Westfälischen Technischen Hochschule (RWTH) Aachen. Die Bewältigung dieser Aufgabe wird erst durch viele Personen möglich, die den Prozess begleiten. Bei ihnen möchte ich mich hier bedanken.

Zunächst möchte ich Professor Schuh danken, meinem Doktorvater und dem Inhaber des Lehrstuhls für Produktionssystematik am WZL. Er hat am Campus ein innovatives und dynamisches Umfeld mit einem hohen Grad an Industrievernetzung geschaffen. Diese Vernetzung hat den Praxisbezug der Forschung und die Lernerfahrungen über meine Jahre als wissenschaftlicher Mitarbeiter entscheidend gefördert. Professor Schuhs Impulse zu neuen Themen, interdisziplinärem Arbeiten und unternehmerischem Denken waren eine große Bereicherung für mich.

Mein nächster Dank gilt meinen Oberingenieuren Christian Dölle, Maximilian Kuhn und Alexander Keuper. Sie haben jeweils durch ihre Art meine Arbeit geprägt und die damit verbundenen Lernerfahrungen ermöglicht. Ich durfte mit ihrer Unterstützung und dem entgegengebrachten Vertrauensvorschuss früh in eine steile Lernkurve einsteigen und Verantwortung für eigene Projekte übernehmen. Hierbei möchte ich Master Data Harmony als KI-basierte Plattform für die skalierende Stammdatenbereinigung hervorheben. Meine Oberingenieure haben über ihre eigene Zeit am Institut hinaus an das langfristige Potenzial geglaubt und Mittel sowie Kapazität zur Verfügung gestellt. Ich bin sehr dankbar für das Vertrauen und die gewonnenen Erfahrungen.

Neben den Oberingenieuren haben meine Gruppenleitungen Jan Koch, Alexander Menges und Alexander Keuper sowie Julian Kreß als Projektleitung in mehreren Projekten meine Zeit am Institut geprägt und bereichert. Ich bedanke mich herzlich für die Zeit und Energie, die sie in meine Weiterentwicklung im Projektmanagement, im präzisen Schreiben, im Visualisieren und vielen weiteren Bereichen investiert haben. Ich wünsche allen kommenden Kolleginnen und Kollegen ebenso gute Begleitung.

Ein großer Dank für eine wunderbare, oft intensive und bereichernde Zeit geht an meinen Kolleginnen und Kollegen der Abteilung Innovationsmanagement. Besonders bedanken möchte ich mich bei Christina Ruschitzka, Alexander Keuper, Stefan Perau, Gereon Bönsch und Carsten Boßmann für viele gemeinsame Abende am Whiteboard beim Diskutieren unserer Ideen. Ich bedanke mich auch bei meinem studentischen Team für seine große Unterstützung, kritischen Fragen, neuen Impulse und die gute Zusammenarbeit. Besonders hervorheben möchte ich dabei Sven Schulze und Benedikt Woge, die mich jeweils über lange Zeiträume begleitet haben. Darüber hinaus danke ich Dr. Tobias Wille, der mich als Mentor in München begleitet und den Weg ans WZL aufgezeigt hat.

Mein größter Dank gilt meiner Familie, durch deren Unterstützung diese gesamte Reise erst möglich wurde. Ein Kollege sagte mir im ersten Jahr: „Mehr als die Hälfte der Leute, die ein Institut am Laufen halten, betritt kaum je den Campus" - dieser Aussage schließe ich mich an. Ich danke meiner wundervollen Frau Theresa Lender für ihren Rückhalt in allen Phasen der Promotion, ihre Geduld an langen Abenden sowie ihre Zuversicht, die mich immer wieder mitgenommen hat. Die gemeinsame Reflektion hat mir neue Perspektiven eröffnet und ihre Begeisterung für das Lernen neuer Dinge hat für eine unvergessliche gemeinsame Zeit in Aachen gesorgt. Beim Stichwort der gemeinsamen Zeit gilt mein nächster großer Dank meiner Schwester Katharina, durch die die Zeit in Aachen für mich stets mit den gemeinsamen Ausflügen, den Spieleabenden und gemeinsamem Essen verbunden bleiben wird. Meine Eltern Karin und Andreas danke ich für die liebevolle Unterstützung in allen Lebenslagen und für mehr Dinge, als hier unterzubringen wären. Besonders hervorheben möchte ich noch meinen Großvater Dr. Peter Maack, der Zeit seines Lebens begeisterter Ingenieur und für mich ein großes Vorbild war. Seine Liebe zur Technik hat mich zum Maschinenbau geführt und sein Rat sowie die gemeinsame Reflektion haben mir manches Mal die Augen geöffnet. In diesem Absatz sind darüber hinaus Fabian und Julia Ruhland zu nennen, da manche Freunde Familie sind.

Aachen, im Juni 2024

Benjamin Lender

Inhaltsverzeichnis

Verzeichnis der Abbildungen

Verzeichnis der Tabellen

Verzeichnis der Formelzeichen

i	Clusterindikator
j	Indikator der Projekte im Cluster
r	Grenzwertfaktor
V	Heuristikenvalidität
W	Informationswert
Z	Zielerreichungsgrad
$\bar{Z}$	Mittlerer Zielerreichungsgrad

Verzeichnis der Abkürzungen

B2B	Business to Business
B2C	Business to Consumer
BI	Business Intelligence
CRM	Customer-Relationship-Management
DSM	Design Structure Matrix
EDV	Elektronische Datenverarbeitung
E/E	Elektrik und Elektronik
ERP	Enterprise-Resource-Planning
F&E	Forschung und Entwicklung
FAMD	Factor-Analysis of Mixed Data
FTE	Full-Time-Equivalent
IT	Informationstechnologie
KDD	Knowledge Discovery in Databases
KI	Künstliche Intelligenz
MCA	Multiple Correspondence Analysis
MECE	Mutually exclusive, collectively exhaustive
ML	Maschinelles Lernen
MMI	Mensch-Maschine-Interaktion
NPD	New Product Development
OR	Operations Research

PAM	Partitioning Around Medoids
PCA	Principle Component Analysis
PDM	Product Data Management
PIM	Product Information Management
PLM	Product-Lifecycle-Management
PMS	Projektmanagementsoftware
SAFe	Scaled Agile Framework
TRIZ	Theorie zur Lösung erfinderischer Probleme (Russisch „teoriya resheniya izobretatelskikh zadatch“)
TRL	Technology-Readiness-Level
t-SNE	t-distributed Stochastic Neighbor Embedding
USP	Unique Selling Point

Zusammenfassung

Unternehmen stehen unter zunehmendem Druck, in komplexen Umgebungen zuverlässig Entscheidungen zu treffen, welche die Erreichung der Entwicklungsziele ermöglichen. Die produktseitige Verschiebung der Leistungserfüllung von der Mechanik in die Mechatronik bedingt interdisziplinäre und vernetzte Produkte. Hinzu kommen neue Anforderungen, etwa im Kontext der Nachhaltigkeit, die Ansätze der Produktentwicklung und der Vermarktungsstrategie infrage stellen. Mit der Komplexität der Produkte steigt auch die Komplexität der Entwicklungsprozesse, die mehr Disziplinen mit unterschiedlichen Entwicklungsgeschwindigkeiten synchronisieren müssen, um dabei in kürzerer Zeit zuverlässige Produkte zu liefern. Vor diesem Hintergrund steigt die Herausforderung für Verantwortliche im Entwicklungsmanagement, ihrem Auftrag der koordinativen Begleitung der Projekte gerecht zu werden. Der Austausch mit der Industrie zeigt, dass Verantwortliche sich bislang maßgeblich auf eigene Erfahrungen und ihre Intuition verlassen. Diese stößt jedoch an natürliche Grenzen.

Mit der Digitalisierung der Produkte und Prozesse entsteht eine wachsende Menge an Metadaten aus Entwicklungsprojekten. Sie bieten das Potenzial, natürliche Intuition in Entscheidungssituationen durch datenbasierte Intuition anzureichern. Anders als natürliche Intuition kann datenbasierte Intuition in Form von Heuristiken die Komplexität der Realität besser erfassen und auf die Faktoren reduzieren, die für die Zielerreichung der Projekte entscheidend sind. Die methodische Unterstützung von Unternehmen in diesem Bestreben ist Ziel der vorliegenden Arbeit.

Die entwickelte Methodik besteht aus vier Schritten. Im ersten Schritt wird das Entwicklungsmanagement durch Handlungsfelder abgrenzend beschrieben und ein Vorgehen zur Bestimmung von Entwicklungszielen präsentiert. Der zweite Schritt befasst sich mit der Beschreibung und Plausibilisierung der Einflüsse auf das Erreichen der Entwicklungsziele. Der dritte Schritt präsentiert ein Vorgehen zur Reduktion der Einflüsse auf solche, die informationsreich für die Ermittlung von Heuristiken sind. Im letzten Schritt wird ein Vorgehen zur Ermittlung und Nutzung von Heuristiken präsentiert.

Summary

Companies are under increasing pressure to make reliable decisions in complex environments that enable the achievement of development goals. The product-side shift in performance from mechanics to mechatronics requires interdisciplinary and interconnected products. In addition, there are new requirements, for example in the context of sustainability, which call into question current approaches to product development and marketing strategy. The complexity of the products also increases the complexity of the development processes, which have to account for more disciplines with different development speeds in order to deliver reliable products in a shorter time. Against this background, the challenge for those responsible for development management to fulfill their mandate of coordinating development activities is increasing. The exchange with the industry shows that, up to now, those responsible have mainly relied on their own experience and intuition. However, this can reach its natural limits.

With the digitization of products and processes, a growing amount of metadata is emerging from development projects. They offer the potential to enrich natural intuition in decision-making situations with data-based intuition. Unlike natural intuition, data-based intuition in the form of heuristics can better capture the complexity of reality and reduce it to the factors that are crucial for achieving the goals of the projects. The methodological support of companies in this endeavor is the goal of the present work.

The developed methodology consists of four steps. In the first step the development management is delimited by action fields and a procedure for the determination of development goals is presented. The second step deals with the description and plausibility check of the influences on the achievement of the development goals. The third step presents a procedure for the reduction of the influences to those, which are information-rich for the determination of heuristics. In the last step a procedure for the determination and use of heuristics is presented.

1 Einleitung

1.1 Motivation

Entscheidungen, die früh in Entwicklungsprojekten getroffen werden, haben drei überdurchschnittliche Ausprägungen: Sie werden in einem Umfeld überdurchschnittlich hoher Komplexität getroffen,[1] sie sind überdurchschnittlich häufig nachteilig,[2] und ihre Auswirkungen auf die Zielerreichung sind überdurchschnittlich hoch.[3] Die Entscheidungsfindung in der Projektgestaltung hat demnach eine besondere Bedeutung für den Erfolg von Entwicklungsprojekten.

Mit dem Anstieg der Komplexität von Entwicklungsumgebungen steigt die Komplexität, der sich Verantwortliche im Entwicklungsmanagement gegenübersehen. Die Herausforderungen beginnen mit der Komplexität der Produkte selbst. In dem Maß, in dem die Leistungserfüllung von der Mechanik in die Mechatronik verlegt wurde, stieg über die letzten Jahre die Interdisziplinarität von Entwicklungsprojekten.[4] Es wurden neue Angebotsumfänge erschlossen, die zu komplexeren Anforderungen an Produkte führen: Ehemals für sich agierende Produkte kommunizieren untereinander,[5] um Fehler zu antizipieren[6] und Rückverfolgbarkeit zu gewährleisten.[7] Neben den bisherigen Wartungsintervallen wird eine eng getaktete Aktualisierung der Software erwartet, um das Produktverhalten anzupassen oder zukaufbare Funktionen freizuschalten.[8] Aus Systemen werden „Systems of Systems". Die Koordination der Disziplinen mit ihren unterschiedlichen Entwicklungsgeschwindigkeiten ist Aufgabe des Entwicklungsmanagements.

---

1 Vgl. Schuh et al. (2017), Approach to evaluate complexity in new product development projects, S. 99

2 Vgl. Dölle (2017), Projektsteuerung in der Produktentwicklung mittels Predictive Analytics, S. 58

3 Vgl. Project Management Institute (2017), PMBOK guide, S. 17

4 Vgl. Schuh und Dölle (2021), Sustainable Innovation, S. 138

5 Vgl. Arnold et al. (2022), IIoT platforms' architectural features, S. 936

6 Vgl. van Dinter et al. (2022), Predictive maintenance using digital twins: A systematic literature review, S. 2

7 Vgl. Wessel et al. (2022), Traceability in Battery Cell Production, S. 1

8 Vgl. Oluyisola et al. (2022), Designing and developing smart production planning and control systems in the industry 4.0 era: a methodology and case study, S. 317

Neben der Produktkomplexität selbst ist die Beschleunigung der Releasezyklen zu nennen, in denen Produktinkremente dem Markt zur Verfügung gestellt werden. Als Beispiel kann das Modell Golf 8 des Automobilherstellers von VW genannt werden, dessen Dauer zur Folgegeneration von neun Jahren beim ersten Golf bis auf drei bis vier Jahre bei der siebten Generation gesunken ist.[9] Entscheidungen werden somit in einer Umgebung mit höherer Dynamik getroffen, ohne dass die Entscheidungsgüte beeinträchtigt werden soll.

Kürzeren Lebenszyklen stehen neue Anforderungen, etwa aus Normen und Regularien im Kontext der Nachhaltigkeit von Produkten gegenüber. Normen wie die EU-Richtlinie zur Nachhaltigkeitsberichterstattung[10] haben umfangreiche Implikationen für Entwicklungsprojekte und betroffene Konzerne ebenso wie kleine und mittlere Unternehmen. Die zunehmende Globalisierung, sowohl im Kontext der Lieferketten als auch im Kontext der Absatzmärkte, stellt Entscheidungsverantwortliche vor die Aufgabe, die Einflüsse diverser nationaler sowie internationaler Normen bei der Entwicklung technischer Produkte zu berücksichtigen.[11]

In diesem Umfeld übernimmt das Entwicklungsmanagement die Rolle der koordinativen Begleitung von Entwicklungsprozessen. Dies umfasst die Gestaltung der Aufbau- und Ablauforganisation[12] ebenso wie die strategische Produktplanung[13] und operative Projektbegleitung.[14] Die zuvor diskutierten komplexen Entscheidungen liegen demnach primär bei den Verantwortlichen des Entwicklungsmanagements auf den unterschiedlichen Ebenen der Unternehmen.

Der Austausch mit Industriepartnern zeigt, dass die Entscheidungen bislang schwerpunktmäßig durch ein Zusammenspiel aus wenigen Kennzahlen auf der einen und der erfahrungsbasierten Intuition der Beteiligten auf der anderen Seite beruht. Es wurde betont, dass im Zweifelsfall der eigenen Intuition mehr vertraut wird als den Kennzahlen.

---

[9] Vgl. Sabadka et al. (2019), Shortening of Life Cycle and Complexity Impact on the Automotive Industry, S. 1298

[10] Vgl. Europäisches Parlament und Rat der Europäischen Union (2022), Richtlinie 2022/2464 zur Nachhaltigkeitsberichterstattung von Unternehmen

[11] Vgl. Schuh und Dölle (2021), Sustainable Innovation, S. 13

[12] Vgl. Bullinger (1997), Forschungs- und Entwicklungsmanagement

[13] Vgl. Ahlemann und Eckl (2013), Strategisches Projektmanagement, S. 3

[14] Vgl. Hahn et al. (2013), Quantitatives Entwicklungsmanagement, S. 21 f.

Im Aufbau von Intuition sind Menschen durch kognitive Grenzen eingeschränkt: Ein Gehirn kann nicht mehr als sechs Informationsobjekte zeitgleich verarbeiten und zueinander in Bezug setzen.[15] Lernprozesse aus abgeschlossenen Projekten sind somit auf den kleinen Ausschnitt der Realität begrenzt, den die jeweilige Person verarbeitete, um Erfahrungen zu bilden.

Die natürliche Limitierung menschlicher Intuition steht im Konflikt zur Aufgabe des Entwicklungsmanagements, die wachsende Komplexität im Umfeld von Entwicklungsprojekten zu analysieren und zielführende Entscheidungen für Entwicklungsprojekte zu treffen. Dieser Konflikt führt zu einer hohen Abhängigkeit der Unternehmen von Entscheidungsverantwortlichen, deren Intuition geeignet ist, die richtigen Entscheidungen unter hoher Komplexität zu treffen.

Mit der steigenden Komplexität von Entwicklungsumgebungen nimmt auch die Anzahl und Verbreitung digitaler Hilfsmittel zu, die verwendet werden, um weiterhin robuste Entwicklungsprojekte durchzuführen.[16] Zu diesen Hilfsmitteln zählt Projektmanagementsoftware (PMS), die koordinative Aufgaben im Umfeld von Projekten unterstützt[17] und in einer wachsenden Anzahl von Unternehmen vorhanden ist.

PMS kann bislang dezentral gepflegte Daten aus Werkzeugen zur Planung von Unternehmensressourcen (Englisch: Enterprise Resource Planning, ERP) und weiteren Datenbanken zusammenführen. Auf diese Weise entsteht ein Datensatz von Projektmetadaten, in denen für abgeschlossene Projekte Informationen über Einflüsse auf das Projekt und ihre Auswirkungen auf den Projekterfolg gespeichert sind.[18] Das hierin enthaltene Potenzial ist bislang unzureichend erschlossen, worin die Motivation für die vorliegende Arbeit liegt.

Die Zielsetzung der Arbeit, die sich aus diesem Potenzial ableitet, ist Gegenstand des folgenden Teilkapitels.

---

[15] Vgl. Cowan (2001), The magical number 4 in short-term memory, 97

[16] Vgl. Paul und Wollny (2020), Instrumente des strategischen Managements, S. 11 f.

[17] Vgl. Lauth und Scholz (2023), Introduction and Evaluation of a Project Management Software Tool in the Context of the Administration of Science and Research Projects, S. 12

[18] Vgl. Lauth und Scholz (2023), Introduction and Evaluation of a Project Management Software Tool in the Context of the Administration of Science and Research Projects, S. 11

1.2 Zielsetzung der Arbeit

Vor dem Hintergrund der Ausgangssituation und der Herausforderungen in der industriellen Praxis besteht das Ziel dieser Arbeit in der Unterstützung von Verantwortlichen des Entwicklungsmanagements bei projektgestaltenden Entscheidungen in komplexen Entwicklungsumgebungen. Die Verantwortlichen sollen weiterhin in der Verantwortung bleiben, während ihre natürliche Intuition durch datenbasierte Intuition unterstützt wird. Damit grenzt sich das Ziel davon ab, die Verantwortlichen durch datenbasierte Entscheidungsverfahren abzulösen.

Die Bildung datenbasierter Intuition auf Projektebene beruht auf der Bewertung abgeschlossener Projekte hinsichtlich ihres Erfolgs. Dies setzt eine abgrenzende Beschreibung des Entwicklungsmanagements voraus, da die Ziele anderer Fachgebiete nicht in der Verantwortung des Entwicklungsmanagements liegen. Gleichzeitig ist zu gewährleisten, dass alle Ziele des Entwicklungsmanagements durch die Methodik adressiert werden können. Somit ist eine umfassende Beschreibung des Entwicklungsmanagements aufzubauen.

Neben den Zielen des Entwicklungsmanagements ist eine Beschreibung der Einflüsse zu erarbeiten, die Auswirkungen auf die Erreichung der zuvor detaillierten Ziele haben können. Unternehmen sind in die Lage zu versetzen, Daten zu abgeschlossenen Entwicklungsprojekten so zu erheben, dass projektübergreifende Vergleichbarkeit gewährleistet ist und die datenbasierte Erkennung von Mustern legitim ist. Auch ist es erforderlich, dass Unternehmen eine Vorselektion der Daten treffen können, um den Datenlärm vor der Durchführung einer Analyse zu reduzieren.

Neben der systematischen Erhebung von Daten abgeschlossener Entwicklungsprojekte sind Unternehmen beim datenbasierten Erkenntnisgewinn methodisch zu unterstützen. Das Fehlen eines methodischen Grundgerüsts zum Lernen aus abgeschlossenen Projekten stellt ein Hemmnis für Entwicklungsverantwortliche dar. Es ist ein Vorgehen zu entwickeln, wie aus der Menge der Einflüsse auf die Zielerreichung die relevanten Einflüsse ermittelt werden können, um so die Transparenz in der Entscheidungsfindung zu erhöhen.

Abschließend ist ein methodisches Vorgehen zu erarbeiten, mithilfe dessen konkrete Leitsätze für Entscheidungssituationen ermittelt werden können. Für die Leitsätze ist zu zeigen, wie sie durch Verantwortliche in der Entscheidungsfindung genutzt werden können und welche Grenzen der Nutzung existieren.

Die Arbeit verfolgt demnach verschiedene Ziele in der Unterstützung des Entwicklungsmanagements. Das übergeordnete Ziel lässt sich wie folgt formulieren:

Die **Zielsetzung dieser Arbeit** ist die Entwicklung einer Methodik zur datenbasierten Ableitung handlungsweisender Heuristiken für das Entwicklungsmanagement, um die Entscheidungsgüte in komplexen Entwicklungsumgebungen zu erhöhen.

Aus der Ausgangssituation und der übergeordneten Zielsetzung lassen sich die folgenden Teilziele ableiten:

1. Erarbeitung eines **Beschreibungsmodells** zur abgrenzenden Beschreibung des Entwicklungsmanagements und seiner Ziele
2. Erarbeitung eines **Beschreibungsmodells** zur Beschreibung der Einflüsse auf die Erreichung der Ziele in Entwicklungsprojekten
3. Entwicklung eines **Erklärungsmodells** zur Steigerung der Entscheidungstransparenz durch Identifikation aussagekräftiger Einflüsse auf die Erreichung der Ziele in Entwicklungsprojekten
4. Entwicklung eines **Entscheidungsmodells** zur datenbasierten Ermittlung von Heuristiken und zur Einbindung der Heuristiken in projektgestaltende Entscheidungen des Entwicklungsmanagements

Die Absicherung des Forschungsprozesses und die Eingrenzung des Betrachtungsbereichs der Arbeit, der sich aus dem theoretischen Problem sowie der Zielsetzung ergibt, kann gemäß KUBICEK durch die Formulierung grundlegender Forschungsfragen unterstützt werden.[19] Für die vorliegende Dissertation lässt sich die folgende Hauptforschungsfrage ableiten:

„Wie lassen sich mittels explorativer Analyse historischer Entwicklungsdaten Heuristiken für das Entwicklungsmanagement ableiten?“

Die Beantwortung der Forschungsfrage ist Gegenstand des Forschungsprozesses der Arbeit. Die Forschungskonzeption, die diesem Prozess zugrunde liegt, wird im folgenden Teilkapitel erläutert.

[19] Vgl. Kubicek (1976), Heuristische Bezugsrahmen und heuristisch angelegte Forschungsdesign als Elemente einer Konstruktionsstrategie empirischer Forschung, S. 25

1.3 Forschungskonzeption

Die Forschungskonzeption und damit der Prozess wissenschaftlicher Forschung dieser Arbeit lässt sich nach BINDER UND KANTOWSKY mit dem Bild einer Reise vergleichen. Der Forschende erschließt demnach im Zuge der Reise durch Entdecken neuer Orte und Länder „[...] eine neue Wirklichkeit für sich und die scientific community."[20] Aufbauend auf dieser Analogie kann die Dissertation als Reisebericht verstanden werden. Zu Beginn der Reise liegt ein abstraktes, angestrebtes Ziel vor. Im Laufe des Prozesses und der wachsenden Reiseerfahrungen schärft sich das Verständnis des Ziels, bis schlussendlich ein konkretes Ziel erreicht werden kann. Die Aufgabe des Reisenden besteht darin, die Erkenntnisperspektive und die methodologische Vorgehensweise des Erkenntnisprozesses darzulegen.[21]

Die in Abbildung 1-1 dargestellte Wissenschaftssystematik nach ULRICH UND HILL[22] bildet im Zuge der Arbeit die Grundlage zur Bestimmung der Erkenntnisperspektive. Gemäß der Wissenschaftssystematik nach ULRICH UND HILL lässt sich die Wissenschaft in den Bereich der Formalwissenschaften und den Bereich der Realwissenschaften unterteilen.

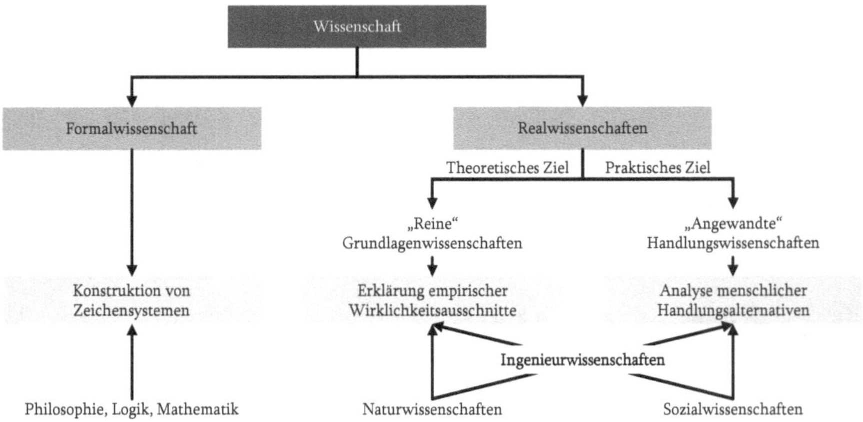

Abbildung 1-1 Wissenschaftssystematik nach ULRICH ET AL.[23]

[20] Vgl. Binder und Kantowsky (1996), Technologiepotentiale, S. 3 f.
[21] Vgl. Binder und Kantowsky (1996), Technologiepotentiale, S. 3
[22] Vgl. Ulrich und Hill (1976), Wissenschaftstheoretische Grundlagen der Betriebswirtschaftslehre
[23] Vgl. Ulrich und Hill (1976), Wissenschaftstheoretische Grundlagen der Betriebswirtschaftslehre, S. 305

Die Formalwissenschaften befassen sich mit der Gestaltung von Sprachen in Form von Zeichensystemen und den Regeln zur Verwendung dieser Zeichensysteme.[24] Die Mathematik mit ihren Zahlen und Operatoren ist diesem Bereich ebenso zuzuordnen wie die Logik und die Philosophie. Im Gegensatz dazu befassen sich die Realwissenschaften mit Wirklichkeitsausschnitten, die beschrieben, erklärt und gestaltet werden. Innerhalb der Realwissenschaften werden ferner die reinen Grundlagenwissenschaften von den angewandten Handlungswissenschaften getrennt. Die Grundlagenwissenschaften fokussieren sich auf die deskriptiven Aspekte der Realwissenschaften und umfassen die Naturwissenschaften. Die Handlungswissenschaften, zu denen die Sozialwissenschaften zählen, befassen sich mit der Analyse menschlicher Handlungsalternativen.

Die vorliegende Arbeit mit dem Ziel, datenbasierte Heuristiken für das Entwicklungsmanagement ermittelbar zu machen, lässt sich den Ingenieurwissenschaften zuordnen. Die Ingenieurwissenschaften sind als Teil der Realwissenschaften an der Schnittstelle zwischen Grundlagenwissenschaften und Anwendungswissenschaften verortet. Sie orientieren sich an realen Problemstellungen, zeichnen sich jedoch durch einen Verzicht auf Geschlossenheit und vollständige mathematische Beschreibung aus. Die Idee der vorliegenden Arbeit ist im Kontext von industriellen Beratungsprojekten entstanden und zeigt somit einen direkten Praxisbezug. Durch die Fokussierung auf spezifische und praktische Ziele lässt sie sich den Handlungswissenschaften zuweisen.[25] Aus dieser Zuweisung folgt darüber hinaus, dass das Maß für den erzielten wissenschaftlichen Fortschritt wesentlich im Verständnisgewinn und der Beherrschung der Realität liegt. Im Umkehrschluss liegt der Fokus weniger auf der Sicherung bestehender Erkenntnisse. Insbesondere liegt der wissenschaftliche Mehrwert in der Systematisierung des Gewinns kontraintuitiver Erkenntnisse für anwendende Unternehmen in der Auswertung anwendungsspezifischer Daten.

Die Arbeit wurde im Rahmen der Tätigkeit als wissenschaftlicher Mitarbeiter am Werkzeugmaschinenlabor WZL der RWTH Aachen University verfasst. Um die subjektive Prägung dieser Umgebung zu überwinden, wird eine wissenschaftliche Forschungsmethodik verwendet, die als Grundmodell für die Arbeitsweise im Forschungsprozess herangezogen wird. Das zentrale Grundmodell der Betriebswirtschaftslehre[26] unterscheidet zwischen dem theoretischen Ansatz nach GUTENBERG,[27] dem entscheidungstheoretischen Ansatz nach HEINEN UND KOSIOL[28] und dem systemtheoretischen

---

[24] Vgl. Ulrich und Hill (1976), Wissenschaftstheoretische Grundlagen der Betriebswirtschaftslehre, S. 305

[25] Vgl. Schanz (2009), Wirtschaftsprogramme der Betriebswirtschaftslehre, S. 111 f.

[26] Vgl. Ulrich und Hill (1976), Wissenschaftstheoretische Grundlagen der Betriebswirtschaftslehre, S. 308

[27] Vgl. Gutenberg (1951), Grundlagen der Betriebswirtschaftslehre

[28] Vgl. Heinen und Kosiol (1968), Einführung in die Betriebswirtschaftslehre

Ansatz nach ULRICH.[29] Aufgrund der Praxisorientierung wurde für die vorliegende Arbeit der Ansatz nach ULRICH gewählt. Die Anwendung des Ansatzes nach ULRICH im Forschungsprozess der Dissertation ist in Abbildung 1-2 aufgeführt.

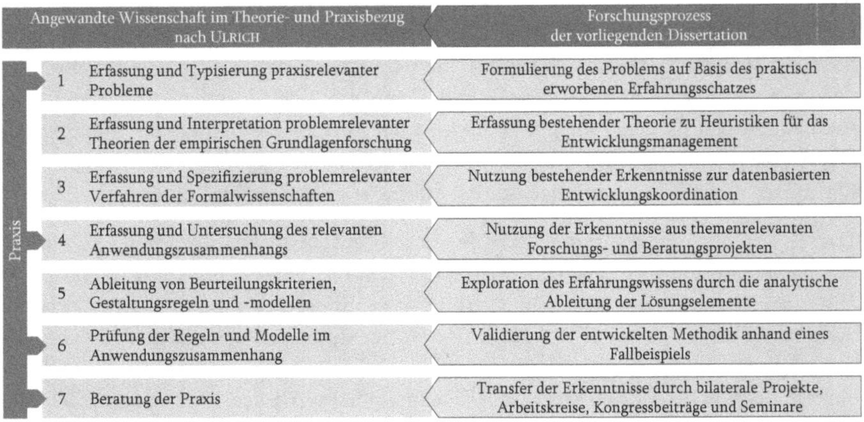

Abbildung 1-2 Forschungsprozess der vorliegenden Arbeit nach ULRICH UND FLURI[30]

[29] Vgl. Ulrich (1968), Die Unternehmung als produktives soziales System

[30] Vgl. Ulrich und Fluri (1995), Management, S. 193

1.4 Aufbau der Arbeit

Der Aufbau der Arbeit spiegelt den Forschungsprozess nach ULRICH UND FLURI wider und ist in Abbildung 1-3 aufgeführt.

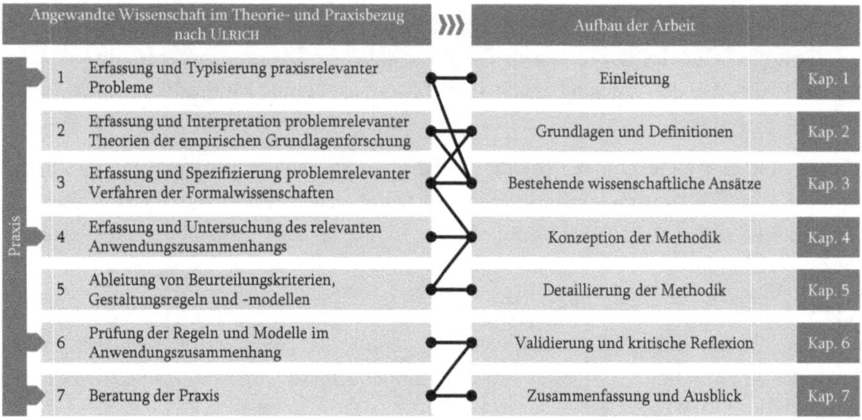

Abbildung 1-3 Aufbau der Arbeit nach dem wissenschaftlichen Ansatz nach ULRICH UND FLURI[31]

In Kapitel 1 wurde die Motivation und Ausgangssituation der Arbeit beschrieben und der wissenschaftliche Ansatz der Arbeit erläutert. Die Zielsetzung der Arbeit wurde formuliert.

Kapitel 2 befasst sich mit den wissenschaftlichen Grundlagen und Theorien, die in der zu entwickelnden Methodik der Arbeit aufgegriffen werden. Zunächst wird auf wissenschaftliche Literatur zur Entwicklung und dem Entwicklungsmanagement als Fachgebiet eingegangen. Verschiedene Sichtweisen auf das Fachgebiet werden gegenübergestellt. Anschließend werden Metadaten als zentrale Eingangsgröße der Methodik untersucht und von anderen Daten abgegrenzt. Im Anschluss werden die explorative Datenanalyse eingeführt und verschiedene Ansätze zur Analyse vorgestellt. Auch die Grenzen der Ansätze werden dabei diskutiert. Abschließend werden Intuition und Heuristik als Konzepte eingeführt und untersucht. Es werden die Grenzen menschlicher Intuition beleuchtet.

[31] Vgl. Ulrich und Fluri (1995), Management, S. 193

Kapitel 3 befasst sich mit dem Stand der Forschung zu den in der Arbeit behandelten Aufgaben und Problemstellungen. Wissenschaftliche Beiträge aus den beteiligten wissenschaftlichen Bereichen wie den Ingenieurwissenschaften, den Betriebswissenschaften und der Mathematik werden aufgezeigt. Auf Basis der vorgestellten Beiträge wird das Theoriedefizit abgeleitet.

In Kapitel 4 wird das Grobkonzept der Methodik der Dissertation erarbeitet. Hierzu werden zunächst die Anforderungen an die zu entwickelnde Methodik erhoben, bevor die vier Teilmodelle der Arbeit in Bezug auf ihre jeweilige Rolle erläutert werden.

Kapitel 5 befasst sich mit der Detaillierung des Grobkonzepts. Die Teilmodelle werden ausgearbeitet. Es werden methodische Schritte vorgestellt, mit denen die Aufgaben der Teilmodelle unter Berücksichtigung der in Kapitel 4 beschriebenen Anforderungen gelöst werden können.

Die Validierung der Methodik ist Gegenstand von Kapitel 6. Im Austausch mit einem Partner aus der Industrie und unter Einbeziehung anonymisierter Projektdaten des Partners werden die zuvor detaillierten Methodenschritte angewandt und die Anwendung kritisch reflektiert.

Kapitel 7 schließt mit der Zusammenfassung der wissenschaftlichen Erkenntnisse und einem Ausblick auf ausstehende Forschungsbedarfe.

2 Grundlagen und Definitionen

Im ersten Kapitel wurden die Zielsetzung und die Forschungsfrage der Arbeit dargelegt und motiviert. Die Einordnung der existierenden Ansätze und der methodischen Lösungselemente setzt ein einheitliches Verständnis der Grundlagen und Definitionen voraus, die im Rahmen der Arbeit verwendet werden. Die Darstellung dieser Grundlagen ist Gegenstand von Kapitel 2. Das Kapitel ist in vier Teilkapitel untergliedert, welche die Elemente der Forschungsfrage (vgl. Teilkapitel 1.2) aufeinander aufbauend erläutern. In Teilkapitel 2.1 wird das Entwicklungsmanagement im Kontext der Produktentwicklung dargestellt. Hierbei werden sowohl Schnittstellen als auch Handlungsebenen thematisiert. In Teilkapitel 2.2 werden Metadaten von Entwicklungsprojekten als die im Rahmen der Arbeit relevanten Entwicklungsdaten eingeführt und beschrieben. Zur Erschließung neuer Erkenntnisse aus den Entwicklungsdaten kommt die explorative Analyse zum Einsatz, deren Grundlagen in Teilkapitel 2.3 dargestellt werden. Die Nutzung der Erkenntnisse für das Entwicklungsmanagement beruht auf der Ableitung von Heuristiken, deren Grundlagen in Teilkapitel 2.4 eingeführt werden. In Teilkapitel 2.5 werden die dargestellten Informationen zusammengeführt und in einen gemeinsamen Kontext gesetzt.

2.1 Entwicklungsmanagement

Ziel dieses Teilkapitels ist es, ein einheitliches Verständnis des Entwicklungsmanagements zu schaffen und seine Einordnung in den Entwicklungskontext darzulegen. Dazu werden in Abschnitt 2.1.1 die Grundlagen der Produktentwicklung aufgezeigt, in deren Kontext das Entwicklungsmanagement in Abschnitt 2.1.2 beschrieben wird. Abschließend werden die Handlungsebenen des Entwicklungsmanagements in Abschnitt 2.1.3 beschrieben.

2.1.1 Grundlagen der Produktentwicklung

Die Produktentwicklung ist kein unabhängiger Prozess, sondern bildet gemäß GERICKE ET AL. eine von drei Phasen der Produktentstehung.[32] Diese besteht demnach aus der Produktplanung, der Produktentwicklung und der Produktherstellung.

Produktentwicklung als Teil des Produktentstehungsprozesses

Die Produktentstehung ist der grundlegende Prozess der Genese neuer Produkte, die sowohl ein neuartiges Produkt wie die Weiterentwicklung bestehender Produkte darstellen kann.[33] Die Produktplanung und die Produktarchitekturgestaltung sind dabei im kreativen Prozess eng mit der Produktentwicklung verbunden. Insbesondere die Produktplanungen bildet die Grundlage für Projektziele und Rahmenbedingungen.[34] Die Produktplanung orientiert sich an der Unternehmensstrategie sowie am Portfoliomanagement des Unternehmens.[35] Im Rahmen der Produktplanung existieren Wechselwirkungen von der Projekt- bis zur Strategieebene.[36] Abbildung 2-1 zeigt die Einbettung der Produktentwicklung in den Produktentstehungsprozess nach SCHUH ET AL.. Die Produktentwicklung übernimmt dabei die Funktion der Konzeptionierung und Ausgestaltung des Produkts.[37]

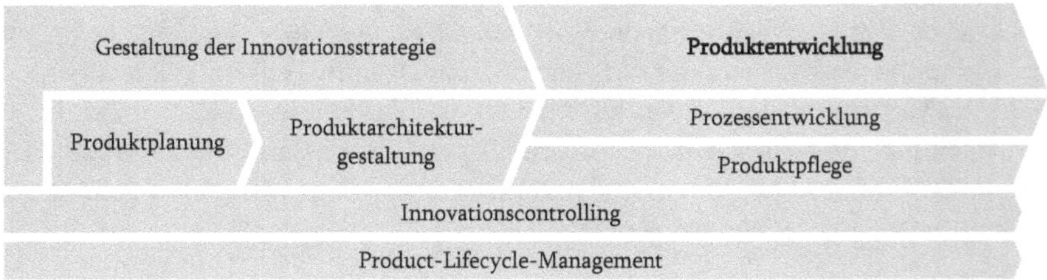

Abbildung 2-1: Produktentstehungsprozess nach SCHUH ET AL.[38]

Für den Entwicklungsprozess selbst gibt es eine Vielzahl systematischer Ansätze, die sich in plangetriebene, teil-agile und agile Entwicklungsansätze untergliedern lassen.[39]

---

[32] Vgl. Gericke et al. (2021), Der Produktentwicklungsprozess, S. 59

[33] Vgl. Seidenschwarz (2016), Portfoliomanagement, S. 50

[34] Vgl. Kahn (2001), Product planning essentials, S. 2; Vgl. Bullinger (1997), Forschungs- und Entwicklungsmanagement, S. 137

[35] Vgl. Fricke und Lohse (1997), Entwicklungsmanagement, S. 5

[36] VDI 2220 (1980), Produktplanung, S. 3

[37] Vgl. Schuh et al. (2012), Innovationsmanagement, S. 11

[38] Vgl. Schuh et al. (2012), Innovationsmanagement, S. 9

[39] Vgl. Project Management Institute (2017), PMBOK guide, S. 19

Zu den plangetriebenen Ansätzen gehören das Entwicklungsmodell nach VDI 2221[40] sowie der klassische Stage-Gate-Ansatz.[41] Zu den teil-agilen Ansätzen zählt der hybride Stage-Gate Prozess[42] (siehe Abbildung 2-2). Zu den agilen Ansätzen gehören beispielsweise SCRUM[43] sowie das Scaled Agile Framework (SAFe)[44], das unternehmensweites agiles Arbeiten darstellt. Gemäß FUCHS ET AL. steigt das Potenzial agiler Ansätze mit der Neuheit eines Themas und der Dynamik der Anforderungen, was sich in kürzeren Lebenszyklen ausdrückt.[45] In agilen Prozessen erfolgen Teile der Produktplanung parallel zum Produktentwicklungsprozess.[46] Demgegenüber stehen plangetriebene Ansätze im Kontext langer Lebenszyklen, wofür der umfangreich standardisierte Entwicklungsprozess in der Luft- und Raumfahrt gemäß dem NASA Systems Engineering Handbuch exemplarisch steht.[47]

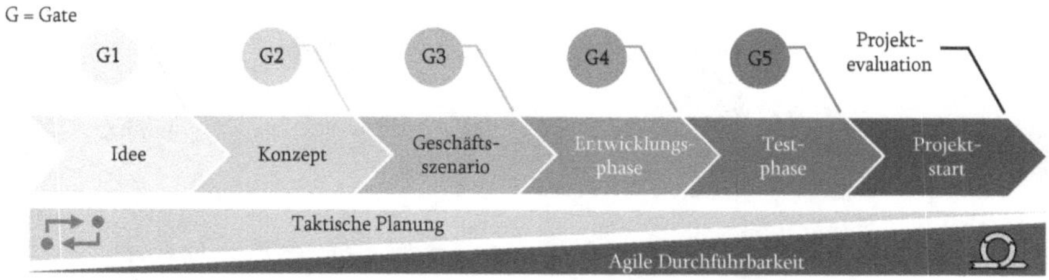

Abbildung 2-2: Agile Stage-Gate nach COOPER UND SOMMER[48]

Im Kontext der Arbeit werden Entwicklungsprojekte betrachtet. Der PMBOK definiert ein Projekt als „ein zeitlich begrenztes Vorhaben mit dem Ziel, ein einmaliges Produkt, eine einmalige Dienstleistung oder ein einmaliges Ergebnis zu schaffen".[49] Projekte im Kontext der Produktentstehung werden im Zuge der Arbeit als Entwicklungsprojekte verstanden. Es wird angenommen, dass Projekte vom Entwicklungsmanagement vorgegebene Ziele erhalten und Ressourcen zur Erreichung dieser Ziele zur Verfügung gestellt bekommen. Im Folgenden werden die entwickelnden Disziplinen betrachtet.

[40] VDI 2221 Blatt 2 (2019), Entwicklung technischer Produkte und Systeme, S. 9
[41] Vgl. Cooper (1990), Stage-gate systems: A new tool for managing new products, S. 46
[42] Vgl. Cooper und Sommer (2016), The Agile-Stage-Gate Hybrid Model, S. 521 f.
[43] Vgl. Takeuchi (1986), The new new product development game
[44] Vgl. Leffingwell (2017), SAFe reference guide
[45] Vgl. Fuchs et al. (2019), Agile Methoden in der digitalen Transformation, S. 202
[46] Vgl. Beck et al. (2001), Manifesto for Agile Software Development
[47] Vgl. National Aeronautics and Space Administration (2007), Systems engineering handbook, S. 18 f.
[48] Vgl. Cooper und Sommer (2018), Agile–Stage-Gate for Manufacturers, S. 19
[49] Vgl. Project Management Institute (2017), PMBOK guide, S. 4

Entwicklungsdisziplinen

Heutige Produkte sind in einem zunehmenden Maße als mechatronische Produkte zu verstehen.[50] Gegenüber früheren Produkten liegt die Funktionserfüllung mechatronischer Produkte verstärkt in der Software, befähigt durch umfangreichere Elektrik und Elektronik (E/E), wie in Abbildung 2-3 zu sehen ist. Die Kollaboration der unterschiedlichen Disziplinen bringt gemäß SCHUH UND DÖLLE Herausforderungen im Entwicklungsprozess mit sich.[51] Hierzu zählen neben unterschiedlichen Werkzeugen und Dokumentationsformen verschiedene Entwicklungsansätze, Problemlösestrategien und Vokabularien.

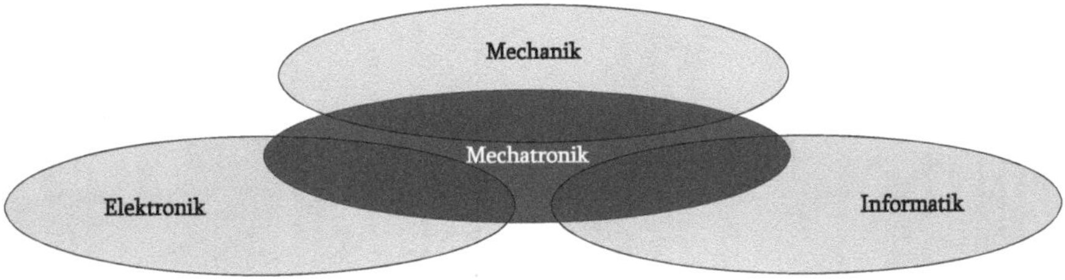

Abbildung 2-3: Disziplinen der Mechatronik nach CZICHOS[52]

Im Tagesgeschäft vieler Unternehmen untergliedern sich die Disziplinen weiter, wobei sich die detaillierteren Disziplinen wieder auf Software, Mechanik und Elektronik zurückführen lassen.[53] Unabhängig davon existieren innerhalb dieser Disziplinen wie der Hydraulik, der Getriebetechnik oder der Mensch-Maschine-Interaktion (MMI) eigene Begriffswelten, die Herausforderungen für den Entwicklungsprozess darstellen können.[54] Neben den Fachdisziplinen, die sich den mechatronischen Disziplinen zuordnen lassen, existieren Querschnittsdisziplinen wie bspw. die Produktarchitekturgestaltung, die den Entwicklungsprozess begleiten.[55]

---

[50] Vgl. Kreimeyer et al. (2021), Produktplanung, S. 115
[51] Vgl. Schuh und Dölle (2021), Sustainable Innovation, S. 136
[52] Vgl. Czichos (2006), Mechatronik, S. 5
[53] Vgl. Czichos (2006), Mechatronik, S. 8
[54] Vgl. Bullinger (1997), Forschungs- und Entwicklungsmanagement
[55] Vgl. Crawley et al. (2016), System architecture, S. 192 ff.

Der Entwicklungsprozess wird neben den Entwickelnden durch diverse unternehmensinterne Stakeholder beeinflusst. Hierzu zählen die entwicklungsnahen Bereiche wie die Logistik und Produktion[56], aber auch Marketing, Einkauf und die Geschäftsführung.[57] Die Anforderungen und Bedürfnisse der diversen Stakeholder innerhalb und außerhalb der Entwicklung in die Produktplanung und -gestaltung einzubeziehen, ist gemäß FRICKE UND LOHSE[58] eine wesentliche Aufgabe des Entwicklungsmanagements.

2.1.2 Entwicklungsmanagement im Kontext der Produktentwicklung

Gemäß HOLZBAUR[59] ist bei der Betrachtung des Entwicklungsmanagements die Betrachtung der Entwicklung als Element des Unternehmens unerlässlich. Entwicklungsprojekte sind demnach keine isolierten Handlungen, sondern stehen in Wechselwirkung mit Unternehmenszielen und verschiedenen Stakeholdern. Gemäß HOLZBAUR lassen sich folgende grundsätzliche Aspekte des Entwicklungsmanagements unterscheiden[60]:

1. Management der Entwicklung im Unternehmen
2. Management der Entwicklungsabteilung(en)
3. Management von Entwicklungsprojekten

Auf diesen Ebenen fällt dem Management die Aufgabe zu, den Rahmen für Entwicklungsprojekte zu schaffen und diese koordinativ zu begleiten. Demnach fällt dem Management auch die Verantwortung für die erzielten Ergebnisse zu. FRICKE UND LOHSE unterstreichen die Rolle des Entwicklungsmanagements, Visionen in Ziele und Strategien zu überführen, die eine erfolgreiche Durchführung der Entwicklungsprojekte ermöglichen.[61] Dem Entwicklungsmanagement obliegt somit eine Vermittlungsrolle zwischen Unternehmensstrategie und technischer Umsetzung.

---

[56] Vgl. Schuh und Riesener (2017), Produktkomplexität managen, S. 15

[57] Vgl. Schaaf (1999), Marktorientiertes Entwicklungsmanagement in der Automobilindustrie, S. 3

[58] Vgl. Fricke und Lohse (1997), Entwicklungsmanagement, S. 52

[59] Vgl. Holzbaur (2007), Entwicklungsmanagement, S. 159 ff.

[60] Vgl. Holzbaur (2007), Entwicklungsmanagement, S. 160

[61] Vgl. Fricke und Lohse (1997), Entwicklungsmanagement, S. 4

HAHN ET AL.[62] identifizieren auf Basis bestehender Definitionen das Wissensmanagement, das Innovationsmanagement sowie das Prozess- und Projektmanagement als drei Bereiche des Entwicklungsmanagements. Gegenüber vorherigen Definitionen übernimmt das Entwicklungsmanagement demnach auch die Koordination des Entwicklungswissens des Unternehmens, das eine zentrale Ressource für ein Unternehmen sein kann.[63] Das Entwicklungsmanagement wird nach dieser Beschreibung stärker in seiner Rolle als Befähiger von Entwicklungsprojekten dargestellt.

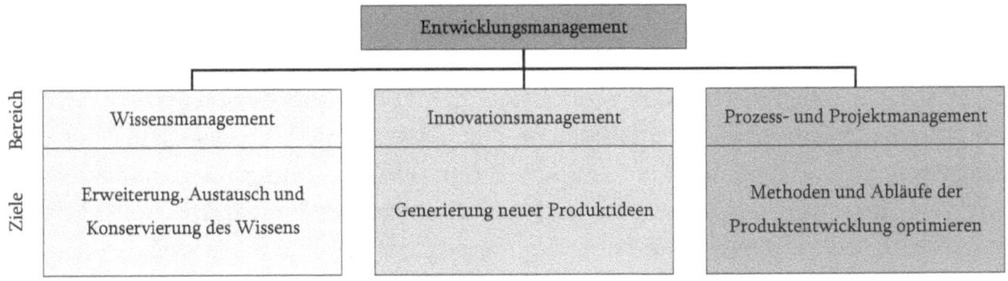

Abbildung 2-4: Aspekte des Entwicklungsmanagements nach HAHN ET AL.[64]

Während es dedizierte Positionen für das Entwicklungsmanagement geben kann, lassen sich die Aufgaben des Entwicklungsmanagements nicht auf eine Rolle im Unternehmen reduzieren. Vielmehr werden Aufgaben des Entwicklungsmanagements von verschiedenen Personen auf verschiedenen Ebenen des Unternehmens übernommen. Auf Basis der identifizierten Beiträge lässt sich das Entwicklungsmanagement wie folgt definieren:

Das **Entwicklungsmanagement** befasst sich auf Unternehmens-, Abteilungs- und Projektebene mit der Verwaltung des Entwicklungswissens, dem Innovationsmanagement sowie dem Prozess- und Projektmanagement und umfasst dabei alle koordinierenden Tätigkeiten im Entwicklungsprozess.

Die Produktplanung übernimmt die Vermittlung zwischen den Markt- und Kundenbedürfnissen auf der einen und der Unternehmens- und Entwicklungsstrategie auf der

[62] Vgl. Hahn et al. (2013), Quantitatives Entwicklungsmanagement, S. 21
[63] Vgl. Ophey (2006), Entwicklungsmanagement, S. 19
[64] Vgl. Hahn et al. (2013), Quantitatives Entwicklungsmanagement, S. 21

anderen Seite.[65] Hierbei sind die Fähigkeiten des Unternehmens[66] ebenso einzubeziehen wie das Portfoliomanagement[67] und die Technologie- und Entwicklungsroadmaps.[68] Gemäß der hohen Auswirkungen früher Entscheidungen innerhalb der Produktplanung[69] ist das Feld aus Sicht des Entwicklungsmanagements von großer Bedeutung.[70] Projektseitig hat das Entwicklungsmanagement die Festlegung passender Entwicklungsziele sicherzustellen, was im Dialog des Produktmanagements und des Anforderungsmanagements erfolgt. Prozessseitig sind die Rahmenbedingungen und Ressourcen in finanzieller, technischer und personeller Sicht zu gewährleisten.[71] Mit Bezug auf das Wissensmanagement ist der Erfahrungsaustausch mit Beteiligten früherer Projekte sicherzustellen.[72]

Im Rahmen der Produktgestaltung obliegt dem Entwicklungsmanagement die Koordination der Entwickelnden zur Umsetzung der gesetzten Projektziele.[73] Hierzu sind sowohl die Entwicklungsprozesse zu gestalten als auch die Projektumsetzung zu begleiten. Wesentliche strategische Entscheidungen bestehen mit zunehmender Komplexität eines Produkts bei der Festlegung der Architektur, die im weiteren Einfluss auf die Effizienz der Entwicklung und auf die Wirtschaftlichkeit eines Produktes oder einer Produktfamilie haben kann.[74] Ferner obliegt dem Entwicklungsmanagement die frühe Identifikation von Risiken und Potenzialen im Projektverlauf. HAHN ET AL. beschreiben als wesentliche Steuerungsgrößen für das Entwicklungsmanagement „Umfang" und „Qualität".[75] Durch die Gestaltung dieser Größen kann bei neuen Rahmenbedingungen die Erfüllung der Projektziele beeinflusst werden, um den strategischen Bedürfnissen des Unternehmens zu entsprechen.

Nach der grundlegenden Einführung des Entwicklungsmanagements folgt im nächsten Abschnitt die Differenzierung der Handlungsebenen des Entwicklungsmanagements.

---

[65] Vgl. Kreimeyer et al. (2021), Produktplanung, S. 102
[66] Vgl. Schuh (2013), Lean Innovation, S. 20
[67] Vgl. Seidenschwarz (2016), Portfoliomanagement, S. 39
[68] Vgl. Schuh (2013), Lean Innovation, S. 54
[69] Vgl. Ehrlenspiel et al. (2007), Kostengünstig Entwickeln und Konstruieren, S. 11
[70] Vgl. Fricke und Lohse (1997), Entwicklungsmanagement, S. 73 f.
[71] Vgl. Fricke und Lohse (1997), Entwicklungsmanagement, S. 77 f.
[72] Vgl. Ophey (2006), Entwicklungsmanagement, S. 15
[73] Vgl. Fricke und Lohse (1997), Entwicklungsmanagement, S. 3
[74] Vgl. Schuh und Dölle (2021), Sustainable Innovation, S. 196; Schuh und Riesener (2017), Produktkomplexität managen, S. 90
[75] Vgl. Hahn et al. (2013), Quantitatives Entwicklungsmanagement, S. 23 f.

2.1.3 Handlungsebenen des Entwicklungsmanagements

Gemäß ULRICH UND FLURI[76] findet der Managementprozess auf drei Ebenen statt. Die Ebenen sind das normative Management, das sich mit der Definition ethischer Ziele und unternehmenspolitischer Leitlinien befasst, das strategische Management, das sich mit der langfristigen Planung und Positionierung befasst, und das operative Management, das sich mit der unmittelbaren Steuerung der Wertschöpfungsprozesse beschäftigt. HOLZBAUR[77] sieht diese Ebenen im Entwicklungsmanagement und erweitert sie um das taktische Management. Der Übertragung des normativen Managements auf das Entwicklungsmanagement lässt sich entgegensetzen, dass das normative Management auf übergeordneter Ebene stattfindet. Während die Definition der grundlegenden Werte und Normen, die geschäftliches Handeln leiten, zwar das Entwicklungsmanagement beeinflusst, ist ihre Definition keine Entwicklungsaufgabe.[78] Das Entwicklungsmanagement findet somit nach HAHN ET AL.[79] auf strategischer, taktischer und operativer Ebene statt, wie es in Abbildung 2-5 dargestellt ist. Das Verständnis der Zeiträume der strategischen bzw. taktischen Entwicklung schwankt in der wissenschaftlichen Literatur. Für das strategische Management werden zumeist fünf Jahre angegeben, Angaben bewegen sich zwischen zwei und zehn Jahren. Für das taktische Management werden zumeist drei Jahre angegeben, Angaben schwanken zwischen einem und fünf Jahren.[80]

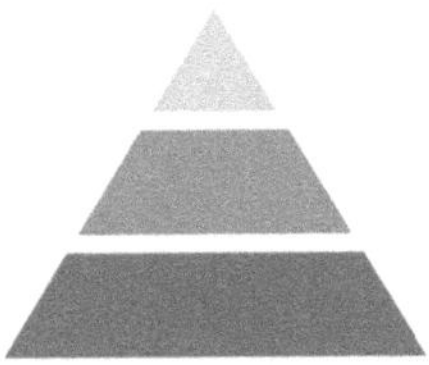

Ebene	Verantwortlich
Strategisches Management	Management
Taktisches Management	Entwicklungsleitung
Operatives Management	Projektmanagement

Abbildung 2-5: Handlungsebenen des Entwicklungsmanagements nach HAHN ET AL.[81]

[76] Vgl. Ulrich und Fluri (1995), Management, S. 19
[77] Vgl. Holzbaur (2007), Entwicklungsmanagement, S. 163
[78] Vgl. Ahlemann und Eckl (2013), Strategisches Projektmanagement, S. 153
[79] Vgl. Hahn et al. (2013), Quantitatives Entwicklungsmanagement, S. 22
[80] Vgl. Voigt (1993), Strategische Unternehmensplanung, S. 53
[81] Vgl. Hahn et al. (2013), Quantitatives Entwicklungsmanagement, S. 22

Die Strukturierung des Entwicklungsmanagements nach HAHN ET AL.[82] entspricht den drei Ebenen der Aufgabenstruktur des Entwicklungsmanagements nach HOLZBAUR.[83] Die Aufgaben und Gestaltungselemente des Entwicklungsmanagements sind unterschiedlich in den Handlungsebenen. Größen wie das Kompetenzprofil des Unternehmens, die im strategischen Management als Gestaltungsgrößen betrachtet werden können, sind im operativen Zeitrahmen als fixe Rahmenbedingungen zu handhaben.[84]

Strategische Ebene des Entwicklungsmanagements

Die strategische Planung unterstützt Organisationen bei der Ausrichtung ihrer Aktivitäten an übergeordneten Zielen, ohne durch volatile Umstände von der gemeinsamen Vision abgebracht zu werden.[85] Der Betrachtungsbereich des strategischen Entwicklungsmanagements umfasst demnach unter anderem die Positionierung des Unternehmens im Wettbewerb[86], den Entwicklungsansatz[87] sowie die Schaffung der Rahmenbedingungen taktischer und operativer Entwicklung bezüglich Ablauf- und Aufbauorganisation.[88] Gemäß dem Planungshorizont kann das strategische Entwicklungsmanagement wesentliche unternehmensinterne Größen wie Kompetenzen, Infrastruktur und Organisationsformen beeinflussen.[89] Rahmenbedingungen für das strategische Entwicklungsmanagement sind die rechtlichen Situationen in den Märkten, in denen das Unternehmen aktiv ist[90], sowie Vorgaben aus der übergeordneten Unternehmensstrategie. Das Technologielevel unterliegt physikalischen Limitationen sowie Entwicklungsgrenzen, wobei sich Letztere über entsprechende Zeiträume erweitern lassen.[91] Ziel des strategischen Entwicklungsmanagements ist die Umsetzung der Unternehmensstrategie,[92] wozu auch die Digitalisierung oder die Umsetzung von Nachhaltigkeitszielen in Produkten und Prozessen gehören können.[93] Das strategische Entwicklungsmanagement ist meist auf Ebene der Entwicklungsleitung verankert.[94]

---

82 Vgl. Hahn et al. (2013), Quantitatives Entwicklungsmanagement, S. 22

83 Vgl. Holzbaur (2007), Entwicklungsmanagement, S. 160

84 Vgl. Stacey und Mowles (2016), Strategic management and organisational dynamics, S. 3

85 Vgl. Ansoff (1979), Strategic Management, S. 129 f.

86 Vgl. Frech (1997), Produktplanung mit Target Costing, S. 175

87 Vgl. Voigt (1998), Strategien im Zeitwettbewerb, S. 93

88 Vgl. Bender und Gericke (2016), Entwicklungsprozesse, S. 416

89 Vgl. Stacey und Mowles (2016), Strategic management and organisational dynamics, S. 3

90 Vgl. Project Management Institute (2017), PMBOK guide, S. 39

91 Vgl. Voigt (1998), Strategien im Zeitwettbewerb, S. 170 f.

92 Vgl. Holzbaur (2007), Entwicklungsmanagement, S. 159 f.

93 Vgl. Schuh und Riesener (2017), Produktkomplexität managen, S. 56; Schuh und Dölle (2021), Sustainable Innovation, S. 11

94 Vgl. Hahn et al. (2013), Quantitatives Entwicklungsmanagement, S. 22

Taktische Ebene des Entwicklungsmanagements

Das taktische Entwicklungsmanagement übersetzt die Vorgaben des strategischen Managements in übergeordnete Entwicklungsprojekte.[95] Während das strategische Management die Aufbau- und Ablauforganisation definiert, obliegt dem taktischen Entwicklungsmanagement die Konkretisierung der auf strategischer Ebene definierten Ziele und Roadmaps in Entwicklungsvorhaben sowie deren Koordination.[96] Die Einordnung von Maßnahmen zur taktischen oder zur strategischen Ebene kann sich je nach Industrie unterscheiden.[97] Einheitlich ist, dass das taktische Management als Vermittlung zwischen strategischer Vision und operativer Umsetzung fungiert, durch die eine Koordination der beteiligten Personen erreicht wird.[98] Das taktische Entwicklungsmanagement ist zumeist auf Ebene einer Abteilungsleitung verankert.[99]

Operative Ebene des Entwicklungsmanagements

Das operative Entwicklungsmanagement befasst sich mit der Koordination der Umsetzung von Entwicklungsprojekten. Die Aufgabe des operativen Entwicklungsmanagements ist die Sicherstellung der effizienten und effektiven Erreichung der taktischen Ziele durch Entwicklungsarbeit.[100] In den meisten Unternehmen findet das operative Entwicklungsmanagement auf Ebene der Projektleitung statt. Hierbei sind die Rahmenbedingungen des Entwicklungsprojekts zumeist durch die taktische und operative Ebene vorgegeben.[101] Sollten etwa geänderte Rahmenbedingungen wie nachträglich angepasste Anforderungen oder Lieferengpässe die Zielerreichung unter den geplanten Rahmenbedingungen verhindern, ist dies zurückzumelden.[102] Gerade bei der interdisziplinären Entwicklung ist die Synchronisation der Entwicklungsprojekte aller Beteiligten eine Herausforderung für das operative Entwicklungsmanagement.[103]

Im Teilkapitel 2.1 wurden das Entwicklungsmanagement, seine Rolle in der Produktentwicklung und seine Handlungsebenen eingeführt. Das folgende Teilkapitel betrachtet die zunehmend verfügbaren Metadaten und Methoden der Datenaggregation.

---

[95] Vgl. Schuh und Riesener (2017), Produktkomplexität managen, S. 193
[96] Vgl. Wild (1978), Grundlagen der Unternehmungsplanung, S. 166 ff.
[97] Vgl. Schuh et al. (2013), Controlling der Varianzsensitivität in Baukastensystemen, S. 82 f.
[98] Vgl. Holzbaur (2007), Entwicklungsmanagement, S. 163
[99] Vgl. Hahn et al. (2013), Quantitatives Entwicklungsmanagement, S. 22
[100] Vgl. Bleicher (2002), Integriertes Management als Herausforderung, S. 11 f.
[101] Vgl. Haberfellner et al. (2019), Systems Engineering, S. 153
[102] Vgl. Project Management Institute (2017), PMBOK guide, S. 120 f.
[103] Vgl. Schuh (2013), Lean Innovation, S. 14 f.

2.2 Metadaten in der Produktentwicklung

Tägliche private wie berufliche Aktivitäten werden in steigendem Maße in Form von Daten erfasst, was zu einem weltweiten Anstieg der verfügbaren Daten führt.[104] Im Kontext dieser Entwicklung sind es vor allem Metadaten, die eine hohe Aussagekraft für die Analyse von Vorgängen und Zusammenhängen haben.[105] Metadaten in der Produktentwicklung sind die Grundlage des im Rahmen der Arbeit vorgestellten Ansatzes und werden daher in diesem Teilkapitel näher erläutert. Bereits 1997 beschrieben FRICKE UND LOHSE Daten als zentrales Element des Entwicklungsmanagements.[106] Mit der zunehmenden Zahl von datentechnisch erfassten Entwicklungsaspekten ist ihre Bedeutung seitdem gestiegen.[107]

Das Kapitel ist in zwei Abschnitte strukturiert. Abschnitt 2.2.1 befasst sich mit dem Verständnis von Daten im Allgemeinen und Metadaten der Entwicklung im Besonderen. Abschnitt 2.2.2 beschreibt Quellen von Daten in der Entwicklung, die Aggregation von Daten sowie Aspekte der Datenqualität.

2.2.1 Unternehmensinterne und -externe Metadaten

Abschnitt 2.2.1 beginnt mit der Definition von Daten und Metadaten. Anschließend werden Metadaten auf strategischer, taktischer und operativer Ebene eingeführt.

Daten und Metadaten

Das Verständnis von Metadaten erfordert ein einheitliches Verständnis eines Datums. Daten werden von CHAFFEY UND WHITE wie folgt definiert:[108]

> Daten sind diskrete Muster von Zeichen, die objektive Fakten darstellen, welche sich auf Objekte, Zustände oder Prozesse beziehen. Durch Kontextualisierung werden aus Daten Informationen.

Es ist zu beachten, dass ein Datum nicht digital vorliegen muss, sondern auch in Form einer analogen Aufzeichnung vorliegen kann, etwa als Ausdruck.[109] Gemäß ERYUREK ist die Einschränkung auf mit Mitteln der elektronischen Datenverarbeitung (EDV) auswertbare Daten gerechtfertigt, wenn skalierende Analysen betrachtet werden.[110]

[104] Vgl. Reinsel et al. (2018), Data Age 2025, S. 6
[105] Vgl. Gill (2008), Metadata and the Web, S. 35
[106] Vgl. Fricke und Lohse (1997), Entwicklungsmanagement, S. 169 f.
[107] Vgl. Kraus et al. (2021), Digital Transformation, S. 1
[108] Vgl. Chaffey und White (2011), Business information management, S. 16 f.
[109] Vgl. Holt (2021), Data Governance, S. 1
[110] Vgl. Eryurek (2021), Data Governance, S. 88

Da diese Rahmenbedingung dem Betrachtungsbereich der vorliegenden Arbeit entspricht, beschränkt sich die Arbeit auf diese Daten.

Abbildung 2-6 zeigt den Zusammenhang zwischen Metadaten und Daten. Demnach sind Metadaten im weiteren Sinne Daten, die ergänzende oder beschreibende Informationen über ein Betrachtungsobjekt darstellen. HAY definiert Metadaten wie folgt:[111]

> „Metadata are the data that describe the structure and workings of an organization's use of information and which describe the systems it uses to manage that information"

Meta-metadaten	Elemente der Metadaten	Objekte: Entitätsklasse, Attribute	Objekte: Entitätsklasse, Attribute, Rolle	Objekte: Tabelle, Spalte	Objekte: Programmmodul, Sprache
Daten-management	Daten über eine Datenbank	**Entitätsklasse:** „Kunde" **Attribute:** „Name", „Geburtstag"	**Entitätsklasse:** „Mitarbeiter" **Attribute:** „Adresse" **Rolle:** „Leitungsperson"	**Tabelle:** „Girokonto" **Spalten:** „Kontonummer"	**Programmmodul:** „ATM Regler", „Kunde" **Programmiersprache:** „Java"
IT Prozesse	Daten über reale Dinge	**Kundenname:** „Julia Roberts" **Kundengeburtstag:** „10/28/67"	**Firmenanschrift:** „111 Wall Street" **Filialleitung:** „Sam Sneed"	**Kontonummer** =„09743569" **Monatliche Gebühr:** „4,50 $"	**ATM Regler:** Java Kodierung

Abbildung 2-6: Begriffsschaubild Metadaten gemäß HAY[112]

In Abgrenzung zu HAY kann gemäß INMON neben Datenkategorien wie „Bearbeitungsdatum" im Unternehmenskontext auch „Bearbeitungsdatum: 13. Januar 2005" als Metadatum eines Berichts aufgefasst werden, da auch dies beschreibende Daten über andere Daten sind.[113] Die Analyse von Metadaten kann Aufschluss über die Zusammenhänge mehrerer Betrachtungsobjekte geben. Dies lässt sich am Beispiel einer Textnachricht verdeutlichen: Der Inhalt einer Nachricht „Wir sehen uns später." kann im Kontext von der sendenden und der empfangenden Personen, ihrer Beziehung zueinander, der Zeit, dem Ort, dem Gerät der sendenden Person, dem Gerät der empfangenden Person und ähnlichen Angaben interpretiert werden. Hieraus sind mehr Schlüsse möglich, als es durch den Inhalt der Nachricht möglich sein kann. Dies unterstreicht, dass wiederum viele relevante Analysen ohne den Inhalt der Nachricht allein anhand der Metadaten und der Tatsache, dass eine Nachricht gesendet wurde, durchführbar sind.

[111] Vgl. Hay (2006), Data Model Patterns, S. 4
[112] Vgl. Hay (2006), Data Model Patterns, S. 3
[113] Vgl. Inmon (2008), Business Metadata, S. 15

Abhängige und unabhängige Variablen in der Datenanalyse

In der statistischen Modellierung sind abhängige Variablen als Variablen definiert, deren Wert durch unabhängige Variablen beeinflusst wird.[114] Im Rahmen von Experimenten kann der Zusammenhang zwischen einer oder mehreren unabhängigen Variablen x oder $\vec{x}$ und einer oder mehreren abhängigen Variablen y oder $\vec{y}$ untersucht werden.[115] Übertragen auf die Interpretation von Metadaten ist dies relevant bei der Auswahl von solchen Metadaten, die im Sinne einer Zielgröße die abhängige Variable darstellen.[116] Erfolgskennzahlen für die Analyse von Metadaten sind als abhängige Variable so zu wählen, dass die gerichtete Abhängigkeit gewährleistet bleibt, also dass die Einflussgrößen die Erfolgskennzahl beeinflussen und nicht umgekehrt.[117] WOOLDRIDGE hebt hervor, dass die mathematische Analyse demgegenüber indifferent ist, dies in realen Zusammenhängen jedoch entscheidend sein kann. Auch wenn sich die ermittelte funktionale Abbildung $f: x \to y$ invertieren lässt, ist der Erhalt der Aussagekraft für die inverse Abbildung f^{-1} nicht automatisch gewährleistet, wie das Beispiel in Abbildung 2-7 zeigt.[118] Im Beispiel zeigt die Gerade einen Zusammenhang zwischen Gewicht und Größe. Es lässt sich jedoch leicht nachvollziehen, dass sich aus einem bekannten Gewicht nicht eindeutig die Größe einer Person bestimmen lässt.

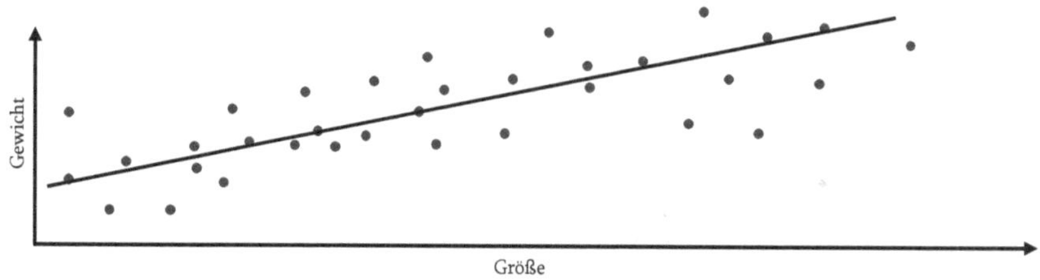

Abbildung 2-7: Abhängige und unabhängige Variablen nach DRAPER UND SMITH[119]

Metadaten auf strategischer Ebene

Die verschiedenen Ebenen des Entwicklungsmanagements befassen sich mit unterschiedlichen Entscheidungen in der Entwicklung. Dementsprechend ist zu beachten, welche Daten für die jeweilige Ebene relevant sein können, wobei die Schnittmengen

[114] Vgl. Last (2001), A dictionary of epidemiology, S. 50
[115] Vgl. Schäfer (2010), Statistik I, S. 31 f.
[116] Vgl. Timischl (2013), Angewandte Statistik, S. 310
[117] Vgl. Wooldridge (2013), Introductory econometrics, S. 23
[118] Vgl. Wooldridge (2013), Introductory econometrics, S. 23
[119] Vgl. Draper und Smith (1998), Applied Regression Analysis, S. 18

relevanter Daten umfangreich sein können.[120] Abhängige Variablen, also Zielgrößen, ändern sich mit der Aufgabenstellung der Ebene (vgl. Abschnitt 2.1.2). Zu den für die strategische Ebene relevanten Angaben gehören Informationen zur Aufbau- und Ablauforganisation von Entwicklungsprojekten, der Gestaltung von Entscheidungsprozessen, der technologischen Positionierung, der Marktpositionierung und der Gewährleistung der Wirtschaftlichkeit entwickelter Produkte.[121] Darüber hinaus werden in zunehmender Weise die Nachhaltigkeit sowie die Digitalisierung auf strategischer Ebene relevant.[122] Durch die Gestaltung dieser Elemente setzt das strategische Management die Rahmenbedingungen der taktischen und operativen Entwicklungsarbeit. In der Industrie nimmt das strategische Entwicklungsmanagement insbesondere auf die Gestaltung der Entscheidungs- und Freigabeprozesse mit großer Reichweite Einfluss.[123] Gemäß SCHUH ist dabei Einfluss des Entwicklungsmanagements auf die Geschwindigkeit von Entwicklungsprozessen hoch.[124] Da das strategische Management die Positionierung des Unternehmens im Wettbewerb verantwortet, sind gegenüber der taktischen und operativen Ebene mehr unternehmensexterne Daten relevant. Dies kann die Verfügbarkeit von Technologien[125], die Verlässlichkeit von Lieferketten[126] und Initiativen von Wettbewerbern[127] ebenso betreffen wie die Entwicklung des eigenen Marktanteils[128] oder die Energie- und Rohstoffpreise.[129] Die Übersicht verdeutlicht die Vielfalt potenziell relevanter Daten und die Komplexität von Entscheidungsprozessen. Gemäß dem PROJECT MANAGEMENT INSTITUTE sind die Entscheidungen auf strategischer Ebene somit von der größten Unsicherheit geprägt.[130]

---

[120] Vgl. Inmon (2008), Business Metadata, S. 43; Hahn et al. (2013), Quantitatives Entwicklungsmanagement, S. 22 f.

[121] Vgl. Kreimeyer et al. (2021), Produktplanung, S. 112; Vgl. Bleicher (2002), Integrierte Managementsysteme; Hahn et al. (2013), Quantitatives Entwicklungsmanagement, S. 145 f.; Project Management Institute (2018), The standard for organizational project management, S. 5 f.

[122] Vgl. Schuh und Dölle (2021), Sustainable Innovation, S. 26

[123] Vgl. Ansoff (1979), Strategic Management, S. 4

[124] Vgl. Schuh (2013), Lean Innovation, S. 114

[125] Vgl. National Aeronautics and Space Administration (2007), Systems engineering handbook, S. 80

[126] Vgl. Ehrlenspiel et al. (2007), Kostengünstig Entwickeln und Konstruieren, S. 22

[127] Vgl. Handfield (2006), Supply Market Intelligence, S. 28

[128] Vgl. Woodside (2005), Market-driven thinking, S. 38

[129] Vgl. Ehrlenspiel et al. (2007), Kostengünstig Entwickeln und Konstruieren, S. 177 f.

[130] Vgl. Project Management Institute (2019), The standard for risk management, S. 12 f.

Metadaten auf taktischer Ebene

Auf taktischer Ebene erfolgt, wie in Abschnitt 2.1.3 beschrieben, die Übersetzung der strategischen Ziele in bearbeitbare Aufgaben und Projekte. Entsprechend ändern sich relevante Daten.

Auf organisatorischer Ebene sind seitens der Aufbauorganisation die Zusammensetzung von Teams und verfügbare personelle Ressourcen zu betrachten. Insbesondere sind die im Projekt involvierten Qualifikationen, Erfahrungen und Disziplinen zu betrachten.[131] Ablauforganisatorisch lassen sich die Komplexität der Entscheidungsprozesse,[132] die Reaktionsgeschwindigkeit auf die Anfrage initialer oder zusätzlicher Ressourcen aus den unterschiedlichen Projekten[133] und der Grad der Abhängigkeiten zwischen parallelen Projekten erfassen.[134]

Aus technischer Sicht finden auf taktischer Ebene die Gestaltung von Projektreihen und Baukästen statt.[135] Die Verortung dieser Themen kann Schnittmengen mit der strategischen Ebene haben. Da die Gestaltung des Portfolios und der Produktreihen zu einem hohen Grad die Komplexität der Produkte und der zugehörigen Prozesse definiert,[136] ist diese detailliert zu erfassen. Die Erfahrung des Unternehmens mit der jeweiligen Komplexität ist zu betrachten, wobei SCHUH ET AL. die zu betrachtende Komplexität in vier Klassen untergliedert: das Produktprogramm, die Produktarchitektur, die Lieferkette und die Produktionsstruktur.[137] Während die Produktion gemäß Definition in Abschnitt 2.1.2 nicht Teil des Objektbereichs des Entwicklungsmanagements ist, sind gemäß SCHUH UND SCHMIDT die im Rahmen der Entwicklung festgelegten Rahmenbedingungen zu gewichtig, um nicht betrachtet zu werden.[138]

Die im Rahmen der Entwicklung definierten Produktcharakteristika sind auch im Kontext der Nachhaltigkeitsziele zu betrachten und zu bewerten. Dies bezieht sich neben der strategischen Ebene, auf der die Ziele definiert werden, auch auf die taktische Ebene, auf der die Umsetzung orchestriert wird.[139]

---

[131] Vgl. Project Management Institute (2018), The standard for organizational project management, S. 5 f.

[132] Vgl. Ansoff (1979), Strategic Management, S. 4

[133] Vgl. Stacey und Mowles (2016), Strategic management and organisational dynamics, S. 161

[134] Vgl. Ehrlenspiel et al. (2007), Kostengünstig Entwickeln und Konstruieren, S. 147 f.

[135] Vgl. Crawley et al. (2016), System architecture, S. 157 f.

[136] Vgl. Schuh und Riesener (2017), Produktkomplexität managen, S. 44

[137] Vgl. Schuh et al. (2012), Individualised Production, S. 88

[138] Vgl. Schuh und Schmidt (2014), Produktionsmanagement, S. 40

[139] Vgl. Schuh und Dölle (2021), Sustainable Innovation, S. 82

Metadaten auf operativer Ebene

Auf operativer Ebene sind Daten zu betrachten, welche die Umsetzung messbarer Projektziele sowie Einflüsse auf die Erreichung dieser Projektziele erfassen. Mit Bezug auf Projektziele bietet sich das Dreieck des Projektmanagements aus Zeit, Kosten und Qualität an (siehe Abbildung 2-8).[140]

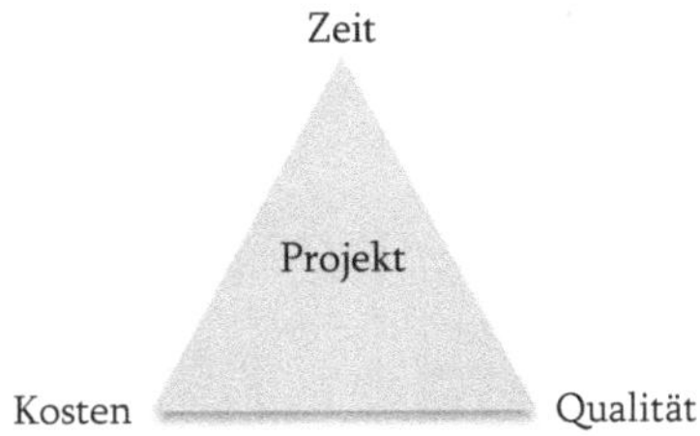

Abbildung 2-8: Dreieck des Projektmanagements gemäß PMI[141]

Gemäß ENGELKE ist auf operativer Ebene mehr als auf taktischer und strategischer Ebene die Betrachtung des Teams und seiner Zusammensetzung vor dem Hintergrund des Entwicklungsvorgehens relevant.[142]

Neben dem Team und personellen Ressourcen sind auf operativer Ebene ebenso wie auf taktischer Ebene verfügbare materielle Ressourcen und die Komplexität der Problemstellung zu betrachten.[143] Ein Projekt kann durch einen nicht-antizipierten Zertifizierungsbedarf den Zeitplan um ein Vielfaches überschreiten, während alle anderen Faktoren auf eine planmäßige Projektdurchführung hingedeutet hätten. Zur Antizipation der Komplexität auf technologischer sowie auf technischer Seite bietet sich gemäß CRAWLEY ET AL. die Technologie-Readiness-Level (TRL) nach SADIN ET AL.[144] an.[145]

Nach der Einführung der für die Arbeiten relevanten Arten von Daten werden im folgenden Abschnitt Ansätze zu ihrer Aggregation und Verwaltung näher betrachtet.

---

140 Vgl. Haberfellner et al. (2019), Systems Engineering, S. 140; Vgl. Bullinger (1997), Forschungs- und Entwicklungsmanagement; Holzbaur (2007), Entwicklungsmanagement, S. 18

141 Vgl. Project Management Institute (2017), PMBOK guide, S. 34

142 Vgl. Engelke (1991), Integration von Forschung und Entwicklung in die unternehmerische Planung und Steuerung, S. 47

143 Vgl. Bender und Gericke (2021), Einleitung Pahl/Beitz Konstruktionslehre, S. 8

144 Vgl. Sadin et al. (1989), The NASA technology push towards future space mission systems, S. 74

145 Vgl. Crawley et al. (2016), System architecture, S. 221 f.; Sadin et al. (1989), The NASA technology push towards future space mission systems, S. 74

2.2.2 Datenbereitstellung und Datenqualität

Die Aggregation zuverlässiger Daten ist Grundlage jeder Analyse und stellt bei Metadaten eine große Herausforderung für Unternehmen dar.[146] Neben rechtlichen Aspekten der Datenerhebung und -verarbeitung[147] sind die systematische Handhabung von Daten und die Beurteilung der Datenqualität zu adressieren.[148]

Abschnitt 2.2.2 erläutert Data Governance als Ansatz zur systematischen Handhabung von Daten, die Beurteilung der Qualität von Metadaten, verbreitete Quellen von Metadaten und von Entwicklungsprojekten sowie Ansätze zur Bereinigung bestehender Daten als Grundlage für die anschließende Analyse.

Data Governance

Data Governance ist ein Ansatz zur Regelung der Datenhandhabung. Der Bedarf entsteht durch die große Anzahl von Personen, die Daten einsteuern, auf Daten zugreifen und sie manipulieren. Für steigende Komplexität sorgt die zunehmende Anzahl an Diensten, die auf Daten zugreifen, um daraus Mehrwerte zu schaffen.[149] Unter diesen Umständen eine konsistente und zuverlässige Datenbasis sicherzustellen, ist die Aufgabe der Data Governance.[150]

In Abgrenzung zum Datenmanagement, das sich mit der operativen Verwaltung von Daten beschäftigt, liegt das Handlungsfeld der Data Governance in der Definition von Rollen, Prozessen und Leitlinien, anhand derer sich das Datenmanagement orientieren kann.[151] WEBER UND KLINGENBERG definieren Data Governance wie folgt:

> „Data Governance definiert funktions- und bereichsübergreifend Entscheidungsrechte, Verantwortlichkeiten, Richtlinien und andere Vorgaben für das qualitätsorientierte Management der Ressource Daten gemäß den Zielen einer Organisation."[152]

Die Definition hebt die Bedeutung von Daten als Unternehmensressource hervor. Es wird unterstrichen, dass diese Ressource nur bei einer ausreichenden Qualität genutzt werden kann.[153] Die Umsetzung der Data Governance im Unternehmen erfolgt ver-

---

[146] Vgl. Quisbert et al. (2009), Towards a Definition of Digital Information Preservation Object, S. 12
[147] Vgl. Calder und Watkins (2008), IT governance, S. 21
[148] Vgl. Allen und Cervo (2015), Multi-domain master data management, S. 114
[149] Vgl. Holt (2021), Data Governance, S. 6
[150] Vgl. Eryurek (2021), Data Governance, S. 1
[151] Vgl. Holt (2021), Data Governance, S. 1
[152] Vgl. Weber und Klingenberg (2021), Data Governance, S. 24
[153] Vgl. Weber und Klingenberg (2021), Data Governance, S. 96

breitet durch sogenannte „Data Stewards“, also Verwalter der Daten. Der Begriff unterstreicht, dass die Person zwar verantwortlich für die Daten ist, die Daten jedoch nicht der Person gehören. Die Daten gehören dem Unternehmen. Handlungen wie die Verweigerung eines Datenzugriffs, der im Sinne des Unternehmens ist, entsprechen somit nicht der Aufgabe eines Data Stewards.[154]

Abbildung 2-9 zeigt die Handlungsfelder der Data Governance. Diese Handlungsfelder umfassen die Ebenen der Strategie, der Organisation und der Informationssysteme.

Abbildung 2-9: Handlungsfelder der Data Governance nach OTTO ET AL.[155]

Auf der strategischen Ebene definiert Data Governance, welche Ziele durch die Handhabung der Daten im Unternehmen erreicht werden sollen. Hierzu kann die Gewährleistung interner Prozesse ebenso wie die Bereitstellung von Nachweisen im Rahmen von Zertifizierungsprozessen gehören. Auf Ebene der Organisation werden Prozesse und die Aufbauorganisation aus den strategischen Zielen abgeleitet.[156] Hierbei werden insbesondere die Rollen im Unternehmen definiert, durch die die Erreichung der Ziele der Datenstrategie verantwortet werden.[157] Auf Ebene der Informationssysteme werden die Datenarchitektur und die Systemarchitektur definiert. Dies bildet die Grundlage der konsistenten Handhabung von Daten in den Prozessen des Tagesgeschäfts eines Unternehmens.[158] Die systematische Implementierung von Data Governance unterstützt Unternehmen beim Aufbau einer Datengrundlage, die wertschöpfende Analysen ermöglicht und Daten als Rohstoff erschließbar macht.[159]

[154] Vgl. Plotkin (2021), Data stewardship, S. 3 f.
[155] Vgl. Otto et al. (2011), Stammdatenmanagement: Datenqualität für Geschäftsprozesse, S. 10
[156] Vgl. Henderson und Earley (2017), DAMA-DMBOK, S. 82 f.
[157] Vgl. Holt (2021), Data Governance, S. 56; Henderson und Earley (2017), DAMA-DMBOK, S. 569 f.
[158] Vgl. Eryurek (2021), Data Governance, S. 29 f.
[159] Vgl. Weber und Klingenberg (2021), Data Governance, S. 14 f.

Qualität von Metadaten

Qualität ist gemäß DIN EN ISO 9000 der „Grad, in dem ein Satz inhärenter Merkmale eines Objekts Anforderungen erfüllt".[160] Demnach ist zur Bestimmung der Qualität zu klären, anhand welcher Merkmale Qualität zu bemessen ist und gemäß welcher Anforderungen hohe Qualität festzulegen ist. In ISO/IEC 25012 wird das Qualitätskonzept in Bezug auf Daten wie folgt definiert:[161]

> „Data quality [is the] degree to which the characteristics of data satisfy stated and implied needs when used under specified conditions"

In der Definition werden zu bestimmende Merkmale und Anforderungen aufgegriffen, allerdings ist im Gegensatz zur ersten Definition der Anwendungskontext ergänzt. Demnach ist davon auszugehen, dass der erforderliche Grad der Anforderungserfüllung sich gemäß des Anwendungskontexts ändern kann und spezifisch zu definieren ist.[162] Gemäß der obenstehenden Definition von Datenqualität gibt es in der Literatur kein einheitliches Schema, nach welchen Kriterien die Qualität der Daten zu bemessen ist.[163] WANG UND STRONG definieren in ihrem Rahmenwerk (siehe Abbildung 2-10) als vier Kategorien der Datenqualität die intrinsische Datenqualität, die kontextuelle Datenqualität, die repräsentative Datenqualität und die Qualität der Zugreifbarkeit der Daten.[164] Es ist hervorzuheben, dass das Rahmenwerk nach WANG UND STRONG aus Sicht der Datenverwendung gestaltet wurde. Es wird demnach auf eine detailliertere Unterscheidung zwischen Informationen und Daten verzichtet. Dies ist gemäß LOSHIN dadurch gerechtfertigt, dass es einen direkten Zusammenhang zwischen Daten- und Informationsqualität gibt.[165] Unter der intrinsischen Datenqualität wird die Vertrauenswürdigkeit der Daten gefasst, was aus Sicht der Anwendenden für die Datenauswahl relevant ist.[166] Die kontextuelle Datenqualität beschreibt die Rolle eines Datenpunkts im Kontext seiner Aufgabe und schließt dabei die Relevanz und Zeitindifferenz ein.[167] Die repräsentative Datenqualität umfasst die Verständlichkeit eines Datenpunkts, welche auch Fehlerquellen wie Einheitenfehler und Formatierungsprobleme

[160] DIN EN ISO 9000:2015-11 (2015), Qualitätsmanagementsysteme - Grundlagen und Begriffe, S. 39
[161] ISO/IEC 25012 (2008), Software engineering, S. 3
[162] Vgl. Wang und Strong (1996), Beyond Accuracy: What Data Quality Means to Data Consumers, S. 19
[163] Vgl. Henderson und Earley (2017), DAMA-DMBOK, S. 454
[164] Vgl. Wang und Strong (1996), Beyond Accuracy: What Data Quality Means to Data Consumers, S. 16
[165] Vgl. Loshin (2002), Data Quality and Business Rules, S. 112
[166] Vgl. Wang und Strong (1996), Beyond Accuracy: What Data Quality Means to Data Consumers, S. 20
[167] Vgl. Wang und Strong (1996), Beyond Accuracy: What Data Quality Means to Data Consumers, S. 20 f.

adressiert.[168] Die Qualität der Zugreifbarkeit eines Datenpunkts bemisst die Möglichkeit einer Person, Zugang zum Datenpunkt zu erlangen.[169]

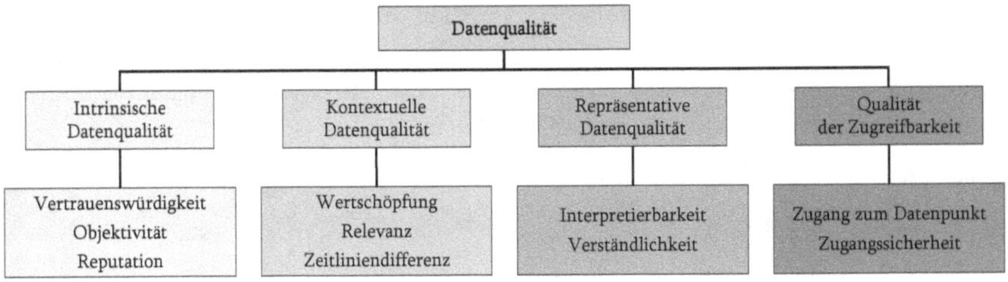

Abbildung 2-10: Rahmenwerk der Datenqualität nach WANG UND STRONG[170]

Die Unterscheidung zwischen Daten und Informationen stellt eine Herausforderung im Kontext der Datenqualität dar. Gemäß PIPINO ET AL. lässt sich die Qualität von Informationen ohne den Hintergrund der gestellten Aufgabe nicht ganzheitlich beurteilen.[171] Während dies im Rahmen der von WANG UND STRONG beschriebenen intrinsischen Datenqualität eine untergeordnete Rolle spielt, da die Angaben unabhängig von der gestellten Aufgabe sind, ist die Bedeutung für die kontextuelle Datenqualität hoch. Diese ist bei einer geänderten Aufgabenstellung neu zu beurteilen.[172] Die Qualität der Zugreifbarkeit auf Daten ist definitionsgemäß stark von den eingesetzten Systemen abhängig. Im Zuge einer Systemumstellung oder -anpassung ist eine erneute Bewertung erforderlich. REDMAN differenziert bei der Betrachtung von Datenqualität zwischen dem Datenmodell, dem Datenpunkt und der Repräsentation von Daten. Als Qualitätskriterien von Datenpunkten definiert REDMAN Genauigkeit, Vollständigkeit, Aktualität und Kohärenz.[173] Es wird herausgestellt, dass Konsistenz im Kontext der Rahmenbedingungen der Datenverwendung zu beurteilen ist. Die Vielfalt der Literatur zu Dimensionen der Datenqualität zeigt gemäß TÖNNES, wie sehr die Einschätzung der Datenqualität die Gegebenheiten des Anwendungskontexts zu berücksichtigen hat.[174] Es liegt an Unternehmen, anwendungsspezifische Dimensionen zu bestimmen.

---

[168] Vgl. Wang und Strong (1996), Beyond Accuracy: What Data Quality Means to Data Consumers, S. 21

[169] Vgl. Wang und Strong (1996), Beyond Accuracy: What Data Quality Means to Data Consumers, S. 21

[170] Vgl. Wang und Strong (1996), Beyond Accuracy: What Data Quality Means to Data Consumers, S. 20

[171] Vgl. Pipino et al. (2002), Data quality assessment, S. 211

[172] Vgl. Knight (2011), The combined conceptual life-cycle model of information quality, S. 206

[173] Vgl. Redman (1996), Data quality for the information age, S. 254

[174] Vgl. Tönnes (2021), Datenbasierte Informationsmodelle zur explorativen Analyse von Anlagenkonfigurationen, S. 62

Datenquellen in der Produktentwicklung

Für die Analyse von Daten in der Entwicklung sind die entsprechenden Datenquellen, in denen Daten entstehen oder vor der Analyse aggregiert werden, relevant. Als Modell zur Aggregation und Speicherung von Daten beschreibt INMON das Data Warehouse, das nach INMON wie folgt definiert ist:[175]

> „A data warehouse is a subject-oriented, integrated, nonvolatile, time-variant collection of data in support of management's decisions. The data warehouse contains granular corporate data."

Die Definition beschreibt eine Datensammlung, die Daten zur Entscheidungsfindung bereitstellt. Dabei wird der Aspekt der Granularität hervorgehoben, der beschreibt, wie kondensiert oder differenziert die in Daten gespeicherte Information ist. Ein hohes Granularitätslevel beschreibt demnach, dass zu einer Information kleinteilige Daten vorhanden sind.[176] Gemäß INMON ist die Granularität das wichtigste Designkriterium bei der Gestaltung eines Data Warehouse, da es die Größenordnung der zu speichernden und zu verarbeitenden Daten definiert. Somit wird festgelegt, welche Rechenoperationen grundsätzlich ausgeschlossen werden müssen.[177] Gemäß HINRICHS sind Data Warehouses ein adäquates Medium zur Aggregation sowohl interner operativer als auch externer Daten.[178] In der Literatur und Praxis existiert keine eindeutige und abschließende Beschreibung relevanter Datenquellen der Produktentwicklung, die gemeinsam oder einzeln als Data Warehouse für die im Rahmen der Arbeit vorgestellte Analyse benannt werden können. Gemäß HENDERSON ET AL. ist eine Ursache hierfür die Dynamik, mit der sich Technologien weiterentwickeln.[179] Etablierte Typen von Systemen zur Speicherung und Verarbeitung von Daten in der Produktentwicklung sind in Abbildung 2-11 dargestellt. Es ist zu betonen, dass die hierarchischen Beziehungen der Systeme untereinander in der Literatur nicht eindeutig sind.

SHTUB beschreibt ERP-Systeme als integrierte, datenbasierte Lösungen zur Handhabung von Daten in den Geschäftsprozessen eines Unternehmens entlang der Wertschöpfungskette.[180] Der Schwerpunkt liegt dabei auf der Ressourcenplanung. Ein ERP-System kann die Beschaffung, die Materialplanung, die Personalplanung und das Prozessmanagement umfassen. ERP-Systeme führen Daten zusammen und ermöglichen

[175] Vgl. Inmon (2005), Building the data warehouse, S. 29
[176] Vgl. Inmon (2005), Building the data warehouse
[177] Vgl. Inmon (2005), Building the data warehouse, S. 46
[178] Vgl. Hinrichs (2022), Datenqualitätsmanagement in Data Warehouse-Systemen, S. 4
[179] Vgl. Henderson und Earley (2017), DAMA-DMBOK, S. 68
[180] Vgl. Shtub (2002), Enterprise Resource Planning (ERP): The Dynamics of Operations Management, S. 4

die Steuerung und Verwaltung von Informationen und Prozessen sowie die Prozessoptimierung.[181] ERP-Systeme können das Customer-Relationship-Management (CRM), sowie die Verwaltung von Lieferketten umfassen.[182]

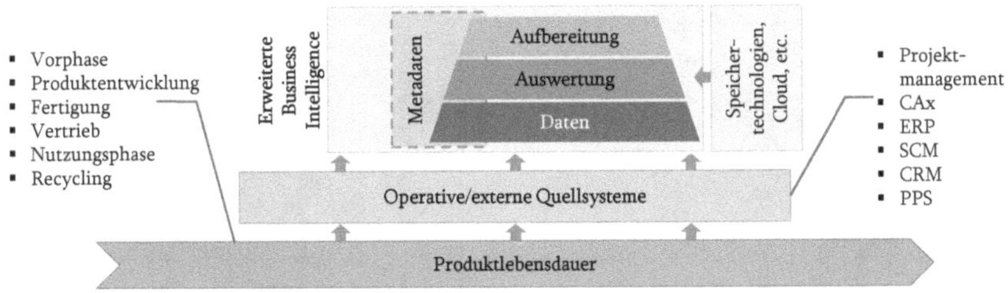

Abbildung 2-11: Datenquellen in der Produktentwicklung nach KALE[183]

Anders als beim ERP ist beim Product-Lifecycle-Management (PLM) das Betrachtungsobjekt nicht der Wertschöpfungsprozess, sondern das Produkt über seinen Lebenszyklus.[184] PLM-Systeme unterstützen bei der Definition und dem Management der Aufbau- und Ablauforganisation der Entwicklung sowie bei der Handhabung von Produktdaten.[185] Damit sind PLM-Systeme anders als ERP-Systeme Teil des Entwicklungsprozesses auf operativer Ebene. PLM-Systeme dienen unter anderem als Plattform zur Handhabung von Dokumenten der Produktentwicklung und -validierung.[186]

Das Feld der PMS ist als separates Feld etabliert und findet zunehmend Eingang in die produzierende Industrie.[187] Den Betrachtungsbereich von PMS definiert AHLEMANN anhand des M-Modells (siehe Abbildung 2-12).[188] Es lässt sich zwischen PMS zum Management eines einzelnen Projektes, mehrerer Projekte und aller Projekte im Unternehmen unterscheiden. Wie in Abbildung 2-12 zu sehen ist, werden diese Anwendungsfälle durch PMS zur Kollaboration ergänzt. PMS kann neben der Koordination auch bei der Umsetzung von Projekten unterstützen, etwa als Medium zum Austausch von Projektdokumenten.

[181] Vgl. Schwarz (2000), ERP-Standardsoftware und Organisatorischer Wandel, S. 36 f.
[182] Vgl. Shtub (2002), Enterprise Resource Planning (ERP): The Dynamics of Operations Management, S. xi
[183] Vgl. Kale (2016), Enhancing enterprise intelligence, S. 269
[184] Vgl. Elangovan (2020), Product lifecycle management (PLM), S. 1
[185] Vgl. Elangovan (2020), Product lifecycle management (PLM), S. 49 f.
[186] Vgl. Elangovan (2020), Product lifecycle management (PLM), S. 69
[187] Vgl. Ahlemann (2004), Comparative market analysis of project management systems, S. 15
[188] Vgl. Ahlemann (2004), Comparative market analysis of project management systems, S. 26

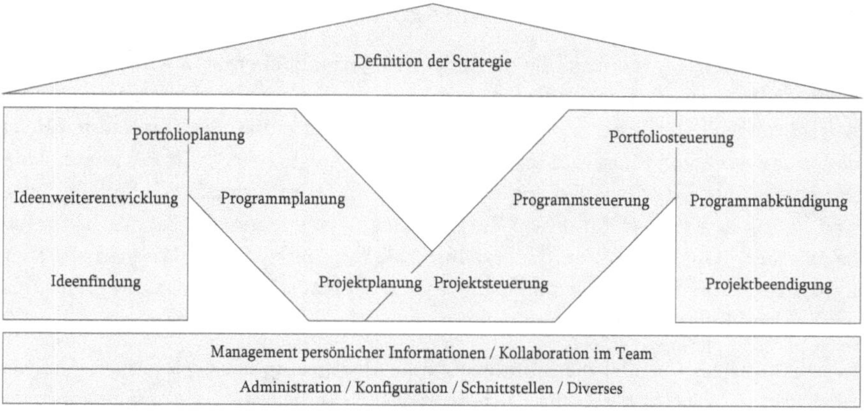

Abbildung 2-12: M-Modell des Projektmanagements gemäß AHLEMANN[189]

Auf der Seite der Datenanalyse beschäftigt sich das Feld der Business Intelligence (BI) mit der Generierung neuer Erkenntnisgrundlagen aus Geschäftsdaten.[190] Während BI über die Produktentwicklung hinausgeht und eine umfangreiche Strategie im Kontext der Informationssysteme umfassen kann, sind die Systeme des Controllings allgemeiner Geschäftsprozesse und der Entwicklungsprozesse in zunehmender Weise untereinander verknüpft und die Übergänge fließend.[191] Die Aufgabe von BI beschreiben BANGE UND SEIDLER als „die Integration, Speicherung, Bereitstellung und Analyse von Daten"[192] für unternehmensrelevante Entscheidungsprozesse. Somit ist die Entwicklung im Sinne des Controllings von BI betroffen. Insbesondere hat BI das Potenzial, Aktivitäten des Risikomanagements in der Produktentwicklung zu unterstützen.[193]

In Teilkapitel 2.2 wurden die Grundlagen der Metadaten von Entwicklungsprojekten eingeführt. Dabei wurde sowohl auf die Art der Daten im Kontext des Entwicklungsmanagements als auch auf Aspekte der Datenqualität eingegangen. Das folgende Teilkapitel betrachtet, wie aus Daten neuartige Erkenntnisse gewonnen werden können.

---

[189] Vgl. Ahlemann (2004), Comparative market analysis of project management systems, S. 26

[190] Vgl. Kale (2016), Enhancing enterprise intelligence, S. 268

[191] Vgl. Kale (2016), Enhancing enterprise intelligence, S. 268 ff.

[192] Vgl. Bange und Seidler (2017), Marktübersicht für Business-Intelligence und Analytics-Software, S. 245

[193] Vgl. Kale (2016), Enhancing enterprise intelligence, S. 271

2.3 Explorative Datenanalyse in der Produktentwicklung

Der datenbasierte Erkenntnisgewinn stellt einen Grundpfeiler des zu präsentierenden methodischen Ansatzes dar und ist in vielfältiger Weise Gegenstand wissenschaftlicher Betrachtungen. All diesen Betrachtungen ist gemein, dass über die Korrelation hinaus das Nachweisen von Kausalität mathematisch nicht möglich ist.[194] Eine Ausnahme bilden sogenannte natürliche Experimente, die jedoch kaum systematisch herbeiführbar sind.[195] Das Bewusstsein für diesen Zusammenhang ist wichtig, der Sachverhalt selbst negiert jedoch nicht den Wert der erzielbaren Erkenntnisse. In der wissenschaftlichen Literatur sind die Begriffe der Datenanalyse und der Statistik nicht klar abgegrenzt und werden verbreitet synonym verwendet.[196]

In Abschnitt 2.3.1 erfolgt die Einführung und Abgrenzung der explorativen Analyse. Abschnitt 2.3.2 befasst sich mit Dimensionsreduktion als Methode der explorativen Datenanalyse zur Schaffung der angestrebten Transparenz über Zusammenhänge im Datensatz. Abschnitt 2.3.3 betrachtet den Einsatz von künstlicher Intelligenz (KI) in der explorativen Analyse sowie Grenzen, die mit dem Einsatz von KI einhergehen.

2.3.1 Abgrenzung der explorativen Datenanalyse

Gemäß ASSENMACHER lässt sich das mathematische Feld der Statistik in die drei Felder der deskriptiven, der induktiven und der explorativen Statistik strukturieren.[197] Die drei Felder werden in Abbildung 2-13 gegenübergestellt. Die deskriptive Statistik dient der Beschreibung vorhandener Datensätze. Große Datensätze lassen sich auf diese Weise zusammenfassen, um eine bessere Übersicht über die Daten zu gewinnen.[198] Deskriptive Statistik beschäftigt sich mit Daten, ohne diese zu interpretieren. Es geht um die unverfälschte Wiedergabe der enthaltenen Informationen. Ein Beispiel für deskriptive Statistik ist die Durchschnittswertbildung.[199] Induktive Statistik beschäftigt sich

---

[194] Vgl. Tukey (1997), Exploratory data analysis, S. vii

[195] Vgl. Card und Krueger (1995), Myth and measurement, S. 17

[196] Vgl. Hartwig und Dearing (2002), Exploratory data analysis, S. 9

[197] Vgl. Assenmacher (2000), Induktive Statistik, S. vii; Vgl. Schäfer (2010), Statistik I, S. 59; Steland (2007), Basiswissen Statistik, S. 2 f.

[198] Vgl. Assenmacher (2000), Induktive Statistik, S. 60

[199] Vgl. Assenmacher (2000), Induktive Statistik, S. 69

mit dem Treffen von Schlussfolgerungen über eine Grundgesamtheit auf Basis der Beobachtungen einer Stichprobe.[200] Grundlage für diese Form der Statistik ist die Wahrscheinlichkeitstheorie.[201] Ein wesentliches Element der induktiven Statistik ist die Überprüfung zuvor definierter Hypothesen durch die Betrachtung einer Stichprobe.[202]

Explorative Statistik beschäftigt sich mit der Identifikation der Zusammenhänge von Datensätzen.[203] Im Gegensatz zu den anderen Feldern der Statistik ist das Ergebnis demnach keine Visualisierung bestehender Inhalte oder die Überprüfung vorgefasster Annahmen, sondern die datenbasierte Generierung neuer Hypothesen.[204] Das Ziel explorativer Statistik ist das Erklären von Zusammenhängen und die Beantwortung der Frage: „Was ist an der Verteilung eines Merkmals bemerkenswert?".[205] In Abgrenzung zur Wahrscheinlichkeitsrechnung liegt der Fokus der explorativen Statistik stärker auf der empirischen Beobachtung als in der Überführung dieser in eine mathematisch-analytische Beschreibungsform.[206] Auf dieser Basis lässt sich explorative Datenanalyse, angelehnt an FAYYAD ET AL. wie folgt definieren:[207]

Explorative Statistik befasst sich mit der Identifikation neuartiger und relevanter Zusammenhänge auf Basis empirischer Beobachtungen mittels statistischer Methoden. Dies kann die Grundlage für Analysen mittels beurteilender Statistik sein.

Die Generierung neuer Hypothesen stellt explorative Statistik vor grundlegend andere Herausforderungen als deskriptive oder induktive Statistik. Zu diesen Herausforderungen zählt die Scheinkorrelation, die sich im methodischen Fehler des „P-Hacking" widerspiegelt,[208] sowie Datenlärm[209]. Um dies zu vermeiden, ist die Validierung der Hypothesen eines Datensatzes A analog zur induktiven Statistik anhand eines anderen Datensatzes B durchzuführen.[210]

---

[200] Vgl. Polasek (1994), EDA Explorative Datenanalyse, S. 4
[201] Vgl. Assenmacher (2000), Induktive Statistik, S. 1
[202] Vgl. Steland (2007), Basiswissen Statistik, S. 94
[203] Vgl. Diaconis (2006), Theories of Data Analysis: From Magical Thinking Through Classical Statistics, S. 1
[204] Vgl. Myatt (2007), Making sense of data, S. 3
[205] Vgl. Polasek (1994), EDA Explorative Datenanalyse, S. 4
[206] Vgl. Polasek (1994), EDA Explorative Datenanalyse, S. 5
[207] Vgl. Fayyad et al. (1996), Knowledge discovery and data mining: towards a unifying framework, S. 83
[208] Vgl. Head et al. (2015), The extent and consequences of p-hacking in science, 1 f.
[209] Vgl. Emerson (2008), Graphical Display as an Aid to Analysis, 181 f.
[210] Vgl. Head et al. (2015), The extent and consequences of p-hacking in science, 9 ff.

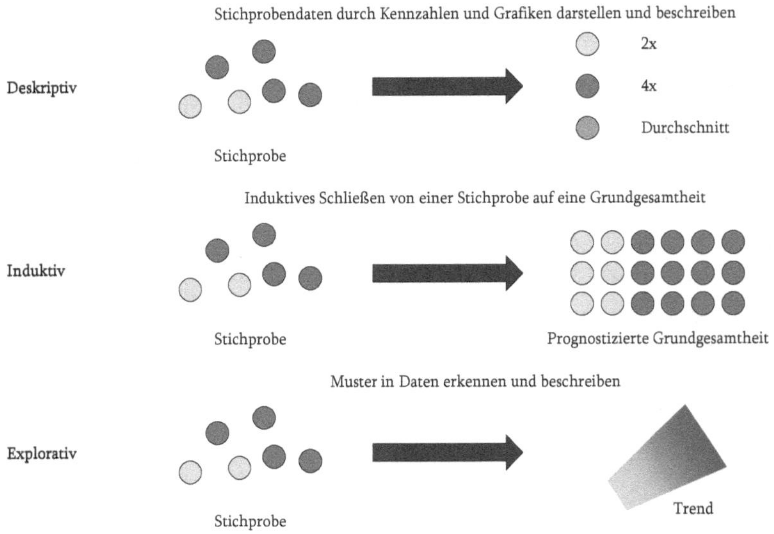

Abbildung 2-13: Deskriptive, explorative und induktive Statistik nach ASSENMACHER[211] und SCHÄFER[212]

Wesentliche Werkzeuge manueller explorativer Datenanalyse sind grafische Aufbereitungen, ähnlich der deskriptiven Analyse, auf deren Basis neue Hypothesen gebildet werden können.[213] Zu diesen Werkzeugen gehören Boxplot-Diagramme und Streudiagramme,[214] wie sie in Abbildung 2-14 zu sehen sind. Die Darstellungen unterstützen menschliche Mustererkennung zur Generierung von Hypothesen. TUKEY nutzt als Analogie für die Werkzeuge der explorativen Statistik das Pulver zur detektivischen Erhebung von Fingerabdrücken: Das Pulver zeigt den Sachverhalt, der die Erzeugung einer Hypothese ermöglicht.[215]

211 Vgl. Assenmacher (2000), Induktive Statistik, S. 4
212 Vgl. Schäfer (2010), Statistik I, S. 59 ff.
213 Vgl. Schäfer (2010), Statistik I, S. 99
214 Vgl. Velleman und Hoaglin (1981), Applications, basics, and computing of exploratory data analysis, S. 65
215 Vgl. Tukey (1997), Exploratory data analysis, S. 1

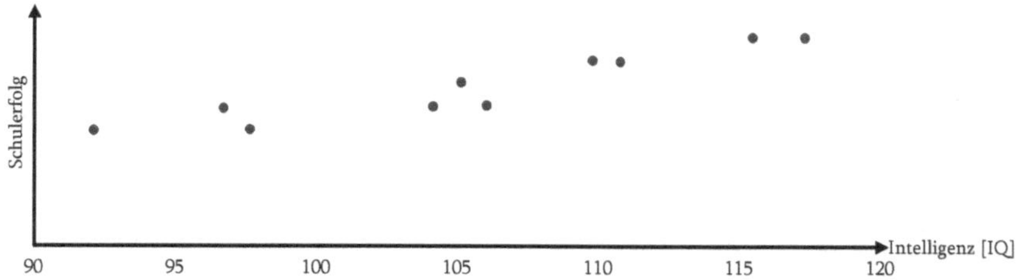

Abbildung 2-14: Streudiagramm nach SCHÄFER[216]

Durch ihre grundlegend andere Zielsetzung nimmt die explorative Statistik gegenüber den anderen Feldern eine gesonderte Rolle ein. Sie schafft bei der Verarbeitung großer Datenmengen Ansatzpunkte für unvoreingenommenen Erkenntnisgewinn.[217] Die Relevanz explorativer Statistik steigt mit der zunehmenden Bedeutung von Daten in der Gesellschaft und in der Industrie.[218] Entsprechend dieser Rolle bildet explorative Statistik die Grundlage der datenbasierten Erkenntnisgewinnung (Englisch „Knowledge Discovery in Databases", KDD). Dieser durch FAYYAD ET AL. formalisierte Prozess umfasst in fünf Schritten den Transfer von Daten in valides, potenziell nützliches und nachvollziehbares Wissen (siehe Abbildung 2-15).[219] Ein zentrales Element des KDD-Prozesses ist die Definition einer Zielsetzung. Während die explorative Statistik den Einfluss vorgefasster Meinungen auf die Ergebnisse der Untersuchung minimieren möchte, bedingt dies jedoch keine ungerichtete Analyse.[220] Eine solche ungerichtete Analyse wäre in einem nicht-begrenzbaren Umfang anfällig für Datenlärm und die Ergebnisse wären demnach nicht auswertbar.[221] Der KDD-Prozess verläuft von der Selektion plausibler Eingangsdaten anhand der Zielgröße, wodurch Datenlärm vermieden wird, über das Preprocessing und die Manipulation der Eingangsdaten zur Musteridentifikation. Der letzte Schritt des KDD-Prozesses ist die Interpretation der identifizierten Muster zur Generierung neuer Erkenntnisse.

216 Vgl. Schäfer (2010), Statistik I, S. 107
217 Vgl. Diaconis (2006), Theories of Data Analysis: From Magical Thinking Through Classical Statistics, 5 f.
218 Vgl. Reinsel et al. (2018), Data Age 2025, S. 6
219 Vgl. Fayyad et al. (1996), From Data Mining to Knowledge Discovery in Databases, S. 41
220 Vgl. Fayyad et al. (1996), From Data Mining to Knowledge Discovery in Databases, S. 42
221 Vgl. Fayyad et al. (1996), Knowledge discovery and data mining: towards a unifying framework, S. 84

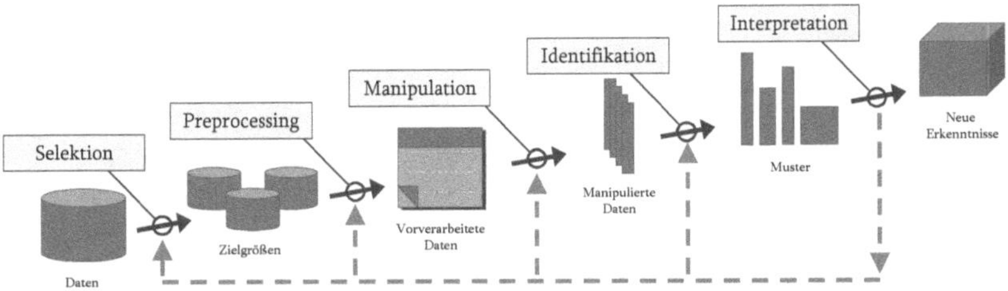

Abbildung 2-15: KDD-Prozess nach FAYYAD ET AL.[222]

Eine Herausforderung im KDD-Prozess bleibt die Vereinbarkeit der Datenselektion mit den Grundsätzen der explorativen Statistik.[223] Während die mathematischen Rahmenbedingungen eine solche Einschränkung erforderlich machen, ist die systematische Plausibilisierung der Auswahl gemäß BRACHMAN UND ANAND zu zeigen.[224]

Die explorative Analyse hat viele Anwendungen, von denen die Dimensionsreduktion eine besondere Bedeutung für die Arbeit hat und Gegenstand des folgenden Abschnitts ist.

2.3.2 Dimensionsreduktion in der explorativen Datenanalyse

KRAMER beschreibt die Dimensionsreduktion als mathematisches Werkzeug zur Fokussierung auf das Wesentliche.[225] Abschnitt 2.3.2 erläutert die Grundlagen der Dimensionsreduktion und führt Werkzeuge der Dimensionsreduktion für unterschiedliche Arten von Datenräumen ein.

Dimensionen in Datenräumen

Die n verschiedenen Einflüsse und Rahmenbedingungen eines Projektes lassen sich als Dimensionen eines n-dimensionalen Datenraums D darstellen. Ordnet man die Werte der Rahmenbedingungen eines Projekts p, etwa der Teamgröße, des Budgets etc., als Vektor an, so erhält man einen Vektor $\vec{p}$, der auf einen Punkt im Raum D zeigt. Es ist hierbei zu beachten, dass nicht gewährleistet ist, dass gilt: $D = \mathbb{R}^n$, also dass es sich um den Raum der reellen Zahlen handelt. Dimensionen in D können qualitative Daten wiedergeben, etwa die am Projekt beteiligten Entwicklungsstandorte, die sich nicht im Raum der reellen Zahlen verorten lassen. Hochdimensionale Datenräume bringen

[222] Vgl. Fayyad et al. (1996), Knowledge discovery and data mining: towards a unifying framework, S. 84
[223] Vgl. Fayyad et al. (1996), From Data Mining to Knowledge Discovery in Databases, S. 49
[224] Vgl. Brachman und Anand (1994), The Process of Knowledge Discovery in Databases - A First Sketch, S. 6
[225] Vgl. Kramer (2013), Dimensionality Reduction with Unsupervised Nearest Neighbors, S. 3

mehrere Herausforderungen mit sich, zu denen neben erschwerter Visualisierbarkeit[226] auch der sogenannte „Fluch der Dimensionen" zählt.[227] Das Konzept beschreibt, dass mit zunehmender Anzahl an Dimensionen das Volumen des Raums exponentiell ansteigt. Um zuverlässige Aussagen treffen zu können, müsste demnach auch die Datenmenge exponentiell wachsen, was sich mit realen Anwendungen nicht vereinbaren lässt. Eine Möglichkeit zur Adressierung dieser Herausforderungen ist die Dimensionsreduktion, die KRAMER wie folgt definiert:

> „Dimensionality reduction is the task to reduce the dimensionality of patterns, while preserving important information."[228]

Die Reduktion sollte die Informationen zu Abständen und Nachbarschaften erhalten, welche dem Informationsgehalt des Datensatzes entsprechen.[229]

Hauptkomponentenanalyse (PCA)

Zu den grundlegenden Verfahren der Dimensionsreduktion für einen n-dimensionalen numerischen Datenraum $D = \mathbb{R}^n$ gehört die Hauptkomponentenanalyse (Englisch „Principle Component Analysis", PCA).[230] Ein beispielhafter quantitativer Datensatz für PCA ist in Tabelle 2-1 dargestellt.

Tabelle 2-1: Beispieldaten für PCA von PAGÈS[231]: Bewertung von Lehrmaterial

Beobachtung	Text	Animation	Übungsbuch
1	1	1	1
2	2	2	2
3	1	2	1

Wie in Abbildung 2-16 dargestellt ist, berechnet PCA die Eigenwerte λ und Eigenvektoren $\vec{v}$ der Kovarianzmatrix $\boldsymbol{K} = Cov(\boldsymbol{X})$ der Daten $\boldsymbol{X}$, wobei die Eigenvektoren definitionsgemäß orthogonal zueinander sind.[232] Der Betrag $|\lambda_i|$ des i-ten Eigenwertes entspricht dem Informationsgehalt des i-ten Eigenvektors $\vec{v_i}$. Die Eigenvektoren der be-

[226] Vgl. Han (2012), Data mining, S. 61

[227] Vgl. Bellman (1957), Dynamic programming, S. 33; Kramer (2013), Dimensionality Reduction with Unsupervised Nearest Neighbors, S. 19; Bishop (2006), Pattern recognition and machine learning, S. 33 ff.

[228] Vgl. Kramer (2013), Dimensionality Reduction with Unsupervised Nearest Neighbors, S. 33

[229] Vgl. Lückehe (2015), Hybride Optimierung für Dimensionsreduktion, S. 2

[230] Vgl. Dunteman (1989), Principal components analysis, S. 9; Pearson (1901), LIII. On lines and planes of closest fit to systems of points in space, S. 559 ff.

[231] Vgl. Pagès (2015), Multiple factor analysis by example using R, S. 56

[232] Vgl. Michailidis (2007), Principle Component Analysis, S. 783 ff.

tragsmäßig größten Eigenwerte werden als Dimensionen eines neuen Datenraums interpretiert. Eigenwerte mit einem geringen Betrag können vernachlässigt werden, um bei geringem Informationsverlust die Dimensionalität des Datensatzes zu reduzieren.[233]

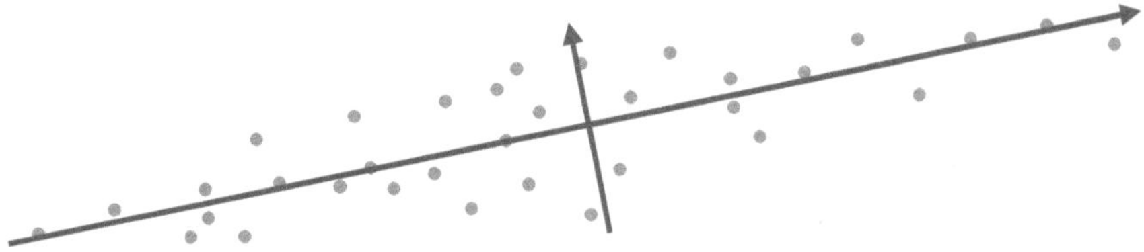

Abbildung 2-16: PCA nach KRAMER[234]

Mehrfachkorrespondenzanalyse (MCA)

Die Mehrfachkorrespondenzanalyse (Englisch „Multiple Correspondence Analysis, MCA) ermöglicht die Korrespondenzanalyse mehrerer qualitativer Variablen.[235] Beispiele für qualitative Variablen sind Entwicklungsstandorte, Entwicklungsdisziplinen oder die qualitative Einschätzung der Entwicklungskomplexität. Das Beispiel verdeutlicht, dass qualitative Daten zwar eine innere Logik und Reihenfolge haben können, wie es bei der Einschätzung der Entwicklungskomplexität der Fall ist, dies jedoch nicht als gegeben angenommen werden kann. Beispielhafte Daten für MCA ohne Entwicklungsbezug sind in Tabelle 2-2 dargestellt.

Tabelle 2-2: Beispieldaten für MCA von GOWER[236]

Beobachtung	Haarfarbe	Region	Höchste Bildung
1	Braun	England	Schule
2	Dunkel	Schottland	Universität
3	Braun	Schottland	Universität

233 Vgl. Ni (2007), Dimension Reduction, S. 265

234 Vgl. Kramer (2013), Dimensionality Reduction with Unsupervised Nearest Neighbors, S. 39

235 Vgl. Abdi et al. (2007), Multiple Correspondence Analysis, S. 651; Nenadic und Greenacre (2005), Computation of Multiple Correspondence Analysis, with Code in R, S. 2; Le Roux und Rouanet (2010), Multiple correspondence analysis, S. 1

236 Vgl. Gower (2011), Multiple Correspondence Analysis, S. 366

Aus mathematischer Sicht gibt es gemäß GOWER deutliche Analogien zwischen der PCA und der MCA.[237] PAGÈS zeigt, dass sich die Analysen ineinander überführen lassen.[238] Grundlage für MCA ist die Beschreibung der qualitativen Daten $\boldsymbol{A}$ in Form einer Indikatormatrix $\boldsymbol{G}$, die mit 0 und 1 gefüllt ist. Die Indikatormatrix $\boldsymbol{G}$ entspricht somit der Datenmatrix $\boldsymbol{X}$ im Kontext der PCA.[239] Auf die Indikatormatrix $\boldsymbol{G}$ wird eine Korrespondenzanalyse angewandt, bei der erklärte Varianz korrigiert und die Interpretation der Distanzen angepasst werden muss.[240]

Factor Analysis of Mixed Data (FAMD)

Komplexe Sachverhalte in der realen Welt gehen häufig mit Daten einher, die nicht rein quantitativ oder rein qualitativ sind.[241] Datensätze, die sowohl quantitative als auch qualitative Daten umfassen, werden als „gemischte Daten" beschrieben.[242] Ein Beispiel für gemischte Daten wird in Tabelle 2-3 dargestellt.

Tabelle 2-3: Beispieldaten für FAMD von PAGÈS[243]

Beobachtung	Haarfarbe	Größe	Gewicht
1	Blond	1	1
2	Braun	2	2
3	Schwarz	5	2

MCA kann die Herausforderung gemischter Daten durch die Kategorisierung quantitativer Daten im Rahmen der Datenvorbereitung adressieren, hierbei gehen jedoch bereits vor der Analyse Daten verloren. Außerdem tendiert MCA bei zu kleinen Datensätzen dazu, instabil zu werden, also an Aussagekraft zu verlieren.[244] Ein Ansatz, der die Analyse gemischter Daten erlaubt, ist die Faktoranalyse gemischter Daten (Englisch „Factor Analysis of Mixed Data", FAMD) nach ESCOFIER[245] und SAPORTA[246]. FAMD

[237] Vgl. Gower (2011), Multiple Correspondence Analysis, S. 365

[238] Vgl. Pagès (2004), Analyse factorielle de données mixtes, S. 95 ff.

[239] Vgl. Gower (2011), Multiple Correspondence Analysis, S. 366

[240] Vgl. Abdi et al. (2007), Multiple Correspondence Analysis, S. 651

[241] Vgl. Pagès (2015), Multiple factor analysis by example using R, S. 67

[242] Vgl. Wedel und Kamakura (2001), Factor analysis with (mixed) observed and latent variables in the exponential family, S. 515

[243] Vgl. Pagès (2015), Multiple factor analysis by example using R, S. 72

[244] Vgl. Pagès (2004), Analyse factorielle de données mixtes, S. 94

[245] Vgl. Escofier (1979), Traitement simultané de variables qualitatives et quantitatives en analyse factorielle

[246] Vgl. Saporta (1990), Simultaneous Analysis of Qualitative and Quantitative Data

erlaubt somit die Dimensionsreduktion komplexer Datensätze. Anwendungen umfassen die Untersuchung von Anomalien in Datensätzen[247] ebenso wie Zusammenhänge viraler Infektionen.[248]

In einer ersten Näherung verhält sich FAMD gegenüber quantitativen Daten wie PCA und gegenüber qualitativen Daten wie MCA. Für einen Datensatz $\boldsymbol{X}$, der aus $k = 1 \dots K$ quantitativen und $q = 1 \dots Q$ qualitativen Variablen besteht, sei $r(z,k)$ der Korrelationskoeffizient zwischen den quantitativen Variablen z und q, und sei $\eta(z,q)$ das Korrelationsverhältnis zwischen der quantitativen Variable z und der qualitativen Variable q. Während PCA darin besteht, $\sum_k r^2(z,k)$ zu maximieren und sich MCA als Maximierung von $\sum_q \eta^2(z,q)$ ausdrücken lässt, beschäftigt sich FAMD mit der Maximierung von $\sum_k r^2(z,k) + \sum_q \eta^2(z,q)$. Abbildung 2-17 zeigt das Schema von FAMD.

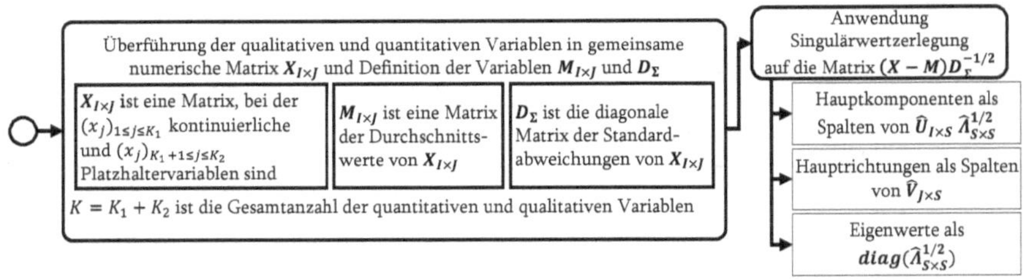

Abbildung 2-17: Schematischer Ablauf von FAMD nach PAGÈS[249]

Gegenüber MCA lässt sich die Wirksamkeit von FAMD auch an kleinen Datensätzen mit weniger als zehn Einträgen demonstrieren.[250] Davon unbeeinträchtigt liefert eine größere Anzahl an Beobachtungen eine bessere Signifikanz der Ergebnisse. Dies ist insbesondere bei Datensätzen in Räumen mit vielen Dimensionen der Fall.[251]

In Abschnitt 2.3.2 wurde die Erkenntnisgewinnung aus Daten allgemein diskutiert. Die Berücksichtigung aktueller Trends macht eine Diskussion von KI in diesem Kontext erforderlich, die Gegenstand des folgenden Abschnitts ist.

247 Vgl. Davidow und Matteson (2020), Factor Analysis of Mixed Data for Anomaly Detection, S. 1

248 Vgl. Han et al. (2021), Exploring the Clinical Characteristics of COVID-19 Clusters Identified Using Factor Analysis of Mixed Data-Based Cluster Analysis, S. 1

249 Vgl. Pagès (2015), Multiple factor analysis by example using R, S. 71 ff.

250 Vgl. Pagès (2015), Multiple factor analysis by example using R, S. 72 ff.

251 Vgl. Bellman (1957), Dynamic programming, S. 33

2.3.3 Künstliche Intelligenz in der explorativen Datenanalyse

KI lässt sich als die Fähigkeit von computerbasierten Methoden beschreiben, Aufgaben zu lösen, die normalerweise eine höhere, menschliche Intelligenz erfordern.[252] Nach BRACHMAN UND ANAND ist Maschinelles Lernen (ML, siehe Abbildung 2-18), also die Fähigkeit einer computerbasierten Methode, durch einen Lernprozess anhand existierender Daten Probleme zu lösen, für die sie nicht entwickelt wurde[253], ein Ansatz mit hoher Relevanz für explorative Datenanalyse.[254]

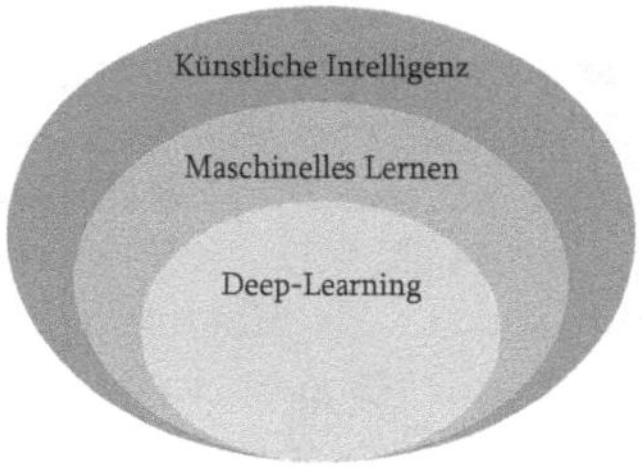

Abbildung 2-18: Konzept der ML als Bereich der KI nach LANGLEY[255]

Zwar präsentieren FISHER UND LENZ KI und explorative Datenanalyse als Felder mit ähnlichen Zielen und unterschiedlichen Methoden[256], doch zeigen die Anwendungsfälle von KI in der explorativen Datenanalyse die grundlegende Kompatibilität. Zu den Anwendungsfällen gehören beispielsweise die allgemeine Unterstützung der Musteridentifikation in Daten[257], die Unterstützung sequenzieller, explorativer Datenanalyseprozesse[258], die Auswertung von Bildern im Kontext der Massenspektroskopie[259] und der Handel mit Kryptowährungen.[260] All diesen Anwendungsfällen ist gemein, dass die

[252] Vgl. Ertel (2016), Grundkurs Künstliche Intelligenz, S. 2

[253] Vgl. Samuel (1959), Some Studies in Machine Learning Using the Game of Checkers, S. 215; Nilsson (1998), Introduction to Machine Learning, S. 1

[254] Vgl. Brachman und Anand (1994), The Process of Knowledge Discovery in Databases - A First Sketch, S. 5

[255] Vgl. Langley (2011), The changing science of machine learning, S. 277 f.

[256] Vgl. Fisher (1996), Learning from Data

[257] Vgl. St. Amant und Cohen (1997), Evaluation of a semi-autonomous assistant for exploratory data analysis, S. 355

[258] Vgl. Milo und Somech (2018), Deep Reinforcement-Learning Framework for Exploratory Data Analysis, S. 4; Milo und Somech (2020), Automating Exploratory Data Analysis via Machine Learning: An Overview, S. 2617

[259] Vgl. Verbeeck et al. (2020), Unsupervised machine learning for exploratory data analysis in imaging mass spectrometry, S. 245

[260] Vgl. Al-Ameer und Al-Sunni (2021), A Methodology for Securities and Cryptocurrency Trading Using Exploratory Data Analysis and Artificial Intelligence, S. 54

menschlichen Entscheidungsprozesse einer KI übergeben werden, die mit der hohen Komplexität der Datenmenge arbeiten und auf Basis von Lernprozessen eine Entscheidung herbeiführen kann.

Gemäß LIPTON stellt dies eine wesentliche Einschränkung bisheriger KI-Anwendungen dar: Die Mechanismen einer KI-Anwendung können mit zunehmender Zuverlässigkeit auf das Lösen komplexer Aufgaben trainiert werden, jedoch sind die Zwischenschritte für menschliche Beobachter nicht nachvollziehbar.[261] KI bleibt somit eine Black Box. Dieser Sachverhalt stellt in den präsentierten Anwendungsfällen kein Hindernis dar, doch kann er im Kontext von Entscheidungsprozessen, die ein Schlüsselelement der Methodik dieser Arbeit sind, eine Herausforderung sein. Gemäß KIM ET AL. fällt es Menschen schwer, einer nicht nachvollziehbaren Logik beim Treffen folgenschwerer Entscheidungen zu vertrauen.[262] Dieser Sachverhalt wird dadurch verstärkt, dass für die meisten KI-Anwendungen die Konfidenz der gefundenen Lösung nicht zuverlässig bestimmt werden kann.[263] Es liegt demnach ein nicht nachvollziehbarer Entscheidungsprozess mit unbekanntem Fehler vor. Dies wird im Forschungsfeld der „erklärbaren Künstlichen Intelligenz“ behandelt.

In Teilkapitel 2.3 wurde die explorative Datenanalyse als systematisches Vorgehen zur Erkenntnisgenerierung von Daten diskutiert. Die explorative Analyse wurde von der deskriptiven und der induktiven Analyse abgegrenzt, ihr Einsatz in der Dimensionsreduktion erläutert und ihr Zusammenhang mit KI reflektiert. Das folgende Teilkapitel fokussiert sich auf Heuristiken, Intuition und Entscheidungsfindung und erläutert damit Grundlagen zu Vorgängen des Entwicklungsmanagements, die durch explorative Analyse unterstützt werden sollen.

[261] Vgl. Lipton (2018), The mythos of model interpretability, S. 37 f.

[262] Vgl. Kim et al. (2021), When do you trust AI?, S. 1143 f.

[263] Vgl. Kim et al. (2021), When do you trust AI?, S. 1151 f.

2.4 Heuristiken in der Entscheidungsfindung

Die Neigung des Gehirns, schnell Annahmen und Näherungen bei mangelnder Informationslage zu treffen, ist unverzichtbar für unser alltägliches Überleben.[264] Dennoch entstehen durch diese Näherungen Fehler, deren Bedeutung in einer zunehmend komplexen Welt ansteigt[265] und die so mit erhöhter Wahrscheinlichkeit zu kritischen Fehlentscheidungen führen können.[266]

Teilkapitel 2.4 befasst sich mit den Heuristiken im Kontext der Entscheidungsfindung. In Abschnitt 2.4.1 erfolgt die Abgrenzung der Konzepte der Intuition und der Heuristik. Die Limitationen von Intuition und von Heuristiken in der Entscheidungsfindung sind Gegenstand von Abschnitt 2.4.2. Abschnitt 2.4.3 untersucht aktuelle Anwendungsfälle von Heuristiken im Entwicklungsmanagement.

2.4.1 Abgrenzung von Heuristiken und Intuition

In diesem Abschnitt werden die Konzepte der Intuition und der Heuristik gegenübergestellt. Dabei werden existierende, teils widersprüchliche Definitionen betrachtet und das im Rahmen dieser Arbeit verwendete Verständnis erläutert.

Intuition

Das Verständnis davon, was Intuition ist, hat seit Beginn des 20. Jahrhunderts einen wesentlichen Wandel erfahren[267] und sich erst zu Beginn des 21. Jahrhunderts als wissenschaftlich belastbares Konzept etabliert.[268] ROWAN definiert Intuition als „Wissen, das ohne rationales Denken erlangt wurde".[269] Intuition ist gemäß ROWAN als Konzept „schlüpfrig und schwer fassbar".[270] Gemäß SHIRLEY UND LANGAN-FOX ist Intuition „[d]as Gefühl, etwas mit Bestimmtheit zu wissen, das auf inadäquaten Informationen beruht und ohne bewusstes, rationales Denken erlangt wurde".[271] Dem gegenüber definieren DANE UND PRATT Intuition als „affektiv aufgeladene Urteile, die durch schnelle, unbewusste und ganzheitliche Assoziationen entstehen".[272]

---

[264] Vgl. Bastick (1982), Intuition, S. 2
[265] Vgl. Mackinnon und Wearing (1980), Complexity and decision making, S. 285
[266] Vgl. Stamatis (2003), Failure mode and effect analysis, S. 38
[267] Vgl. Akinci und Sadler-Smith (2012), Intuition in Management Research: A Historical Review, S. 105
[268] Vgl. Hodgkinson et al. (2008), Intuition: a fundamental bridging construct in the behavioural sciences, S. 19
[269] Vgl. Rowan (1986), The intuitive manager, S. 96
[270] Vgl. Rowan (1986), The intuitive manager, S. 96
[271] Vgl. Shirley und Langan-Fox (1996), Intuition: A Review of the Literature, S. 564
[272] Vgl. Dane und Pratt (2007), Exploring Intuition and its Role in Managerial Decision Making, S. 40

All diesen Definitionen ist gemein, dass das Bilden von Intuition ein unterbewusster Prozess ist. Als solcher ist gemäß KAHNEMAN UND TVERSKY das Bilden der eigenen Intuition schwer systematisch zu steuern.[273] SHIRLEY UND LANGAN-FOX unterstreichen in ihrer Definition, dass Intuition gebildet werden kann, ohne dass die gemäß rationaler Logik erforderlichen Informationen zur Verfügung stehen müssen. Wie TALEB hervorhebt, ist Intuition als Funktion unseres Gehirns in einer Zeit entstanden, als die Zusammenhänge weniger volatil waren. Beobachtbare Muster waren über lange Zeiträume ausreichend konstant, um unterbewusste Generalisierung in Form von Intuition wertstiftend zu machen. Auch war die Geschwindigkeit, die Intuition bei Entscheidungsprozessen ermöglichte, für unsere Evolution unverzichtbar.[274] TALEB zeigt auf, dass diese Rahmenbedingungen in der heutigen Zeit in einer zunehmenden Anzahl von Kontexten nicht mehr in vergleichbarer Form vorliegen. Entscheidungen werden in volatilen und mehrdeutigen Umgebungen getroffen. Während das Gehirn weiterhin unterbewusst Muster bildet, sind diese mit zunehmender Häufigkeit irreführend. TEO UND FEBBRARO sehen in der Intuition eine wesentliche Ursache für gesellschaftliche Phänomene wie Rassismus und Sexismus.[275]

Demgegenüber existieren auch heute noch Umgebungen, in denen Intuition einen erheblichen Beitrag zur Leistungsfähigkeit und Zuverlässigkeit von Individuen darstellt. Unterschiedliche kognitive Prozesse profitieren von Intuition und sind auf sie angewiesen. CLAXTON zeigt die Bedeutung von Intuition für kreative Prozesse und spontane Eingebungen.[276] Ferner wird Intuition als essenziell für Lernprozesse angesehen, sowohl im Kontext des Managements[277] als auch darüber hinaus.[278]

Belastbare Intuition ist eines der Kriterien, die die Qualität eines Experten bzw. einer Expertin gegenüber Einsteigenden ausweist.[279] Am Beispiel von Pflegenden zeigen BENNER UND TANNER, dass die erhöhte Fähigkeit der unterbewussten Mustererkennung bei erfahrenen Mitarbeitenden ein entscheidendes Erfolgskriterium darstellt.[280]

---

[273] Vgl. Kahneman und Tversky (2018), Intuitive prediction, S. 418 f.

[274] Vgl. Taleb (2007), The black swan, S. 53

[275] Vgl. Teo und Febbraro (2003), Ethnocentrism as a Form of Intuition in Psychology, S. 674 f.

[276] Vgl. Claxton (2000), Hare brain tortoise mind, S. 61 f.

[277] Vgl. Sadler-Smith und Burke (2009), Fostering Intuition in Management Education, S. 240 f.

[278] Vgl. Hogarth (2001), Educating intuition, S. 4

[279] Vgl. Benner und Tanner (1987), Clinical Judgment: How Expert Nurses Use Intuition, S. 23; Klein (2017), Sources of power, S. 211

[280] Vgl. Benner und Tanner (1987), Clinical Judgment: How Expert Nurses Use Intuition, S. 24

Heuristik im Kontext der Entscheidungsfindung

Die Rolle der Heuristik im Kontext der Entscheidungsfindung ist von der Rolle der Intuition abzugrenzen, wobei die Heuristik auf der Intuition aufbauen kann. GIGERENZER UND TODD definieren Heuristiken wie folgt:

> „Menschliche Heuristiken sind adaptive Strategien, die sich als Reaktion auf die Notwendigkeit entwickelt haben, mit begrenztem Wissen und begrenzter Zeit Schlüsse zu ziehen und Entscheidungen zu treffen“[281]

Während die Intuition auf unterbewussten Prozessen beruht und schwer zu lenken ist, sind Heuristiken auf einer höheren Bewusstseinsebene zu verorten. Sie beruhen auf Prozessen, die zumindest teilweise für das Bewusstsein und das rationale Denken zugänglich sind.[282] Während GIGERENZER UND TODD den Prozess der Bildung einer Heuristik als passiven Prozess darstellen, was die Nähe zu unterbewussten Prozessen verdeutlicht, kann gemäß ihrer Definition von Heuristiken als Strategien auf diese Strategien bewusst Einfluss genommen werden. Heuristiken lassen sich explizieren und bewusst reflektieren.

In Abgrenzung zu algorithmischen Optimierungsmethoden ist das Ziel einer Heuristik nicht, die optimale Lösung zu bestimmen, sondern eine praktikable Lösung in kurzer Zeit zu finden, wie das Beispiel in Abbildung 2-19 verdeutlicht. Im Beispiel wird lediglich anhand der Messung des Blutdrucks und von drei Fragen entschieden, ob ein Risikofall mit Bezug auf Herzinfarkt vorliegt. GIGERENZER zeigt auf, dass in komplexen Entscheidungssituationen zusätzliche Informationen zu schlechteren Ergebnissen führen können als Entscheidungsbäume (vgl. Abbildung 2-19), welche die betrachteten Informationen bewusst reduzieren.[283] Ein Beispiel für eine ähnliche heuristische Methode in der Konstruktion stellt die Nutzung Heuvers'scher Kreise in der Gestaltung von Gussbauteilen dar. Die Methode nutzt die Verhältnisse gedachter Kreise im Wandquerschnitt von Gussbauteilen, um Gussschäden zu vermeiden. Für verschiedene Materialien gibt es Obergrenzen der Verhältnisse benachbarter Kreise, bis zu denen nicht mit Gussschäden zu rechnen ist.[284]

---

[281] Vgl. Gigerenzer und Todd (2001), Simple heuristics that make us smart, S. 171

[282] Vgl. Gigerenzer und Todd (2001), Simple heuristics that make us smart, S. 30

[283] Vgl. Gigerenzer (2021), Bauchentscheidungen, S. 15

[284] Vgl. Geupel (2001), Konstruktionslehre, S. 38

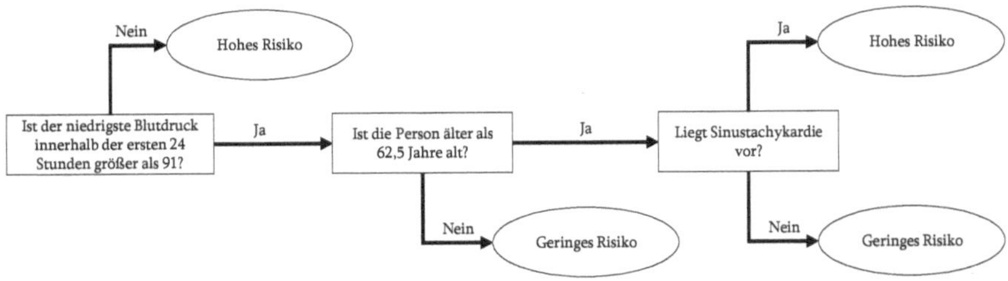

Abbildung 2-19: Entscheidungsbaum als Anwendungsfall mit höherer Entscheidungsgüte als analytische Ansätze gemäß GIGERENZER ET AL.[285]

In der wissenschaftlichen Literatur ist nicht klar abgegrenzt, ob eine Heuristik eine bewusste Strategie ist, wie GIGERENZER UND TODD sie formulieren[286], oder die Formulierung einer Intuition, wie sie in den von KAHNEMAN beschriebenen Urteilsheuristiken auftritt.[287]

Es ist zu beachten, dass das Konzept der Heuristik in der Mathematik ebenfalls definiert ist, sich jedoch vom hier diskutierten Konzept unterscheidet.[288]

2.4.2 Grenzen von Intuition und Heuristiken

Der Aufbau von Intuition ist durch eine wesentliche Limitierung unseres Gehirns eingeschränkt: Gemäß COWAN kann das Gehirn nur eine gewisse Anzahl von Elementen zeitgleich verarbeiten und in Relation zueinander setzen.[289] Für die meisten Individuen liegt diese Grenze bei drei bis fünf Elementen[290], wobei sie durch intensives Training kontextbezogen auf bis zu sechs erhöht werden kann.[291] Diese natürliche Grenze schränkt den Aufbau von Intuition ebenso wie die Gestaltung von Heuristiken ein. Mit steigender Komplexität der Zusammenhänge steigt die Bedeutung dieser kognitiven Einschränkung.

---

285 Vgl. Gigerenzer und Todd (2001), Simple heuristics that make us smart, S. 4
286 Vgl. Gigerenzer und Todd (2001), Simple heuristics that make us smart, S. 171
287 Vgl. Kahneman (2013), Thinking, fast and slow
288 Vgl. Goldin (2004), Problem solving heuristics, affect, and discrete mathematics, S. 56
289 Vgl. Cowan (2001), The magical number 4 in short-term memory, S. 87
290 Vgl. Cowan (2001), The magical number 4 in short-term memory, S. 90 f.
291 Vgl. Cowan (2001), The magical number 4 in short-term memory, S. 97

Gemäß SIMON sind komplexe Situationen dadurch gekennzeichnet, dass eine große Anzahl an Elementen involviert ist und das Ergebnis der vorliegenden Prozesse wesentlich durch die Interaktion der beteiligten Elemente geprägt wird.[292] TALEB definiert in diesem Kontext „Extremistan“ als Konzept von Umgebungen, in denen Ereignisse nicht normalverteilt sind und Fehler in Vorhersagen durch die Ergänzung einer zusätzlichen Beobachtung beliebig groß werden.[293] Fügt man einer Gruppe von Leuten durchschnittlichen Einkommens die reichste Person der Welt hinzu, so sind Einkommensschätzungen auf Basis der Gruppe ohne die zusätzliche Person beliebig falsch (siehe Abbildung 2-20).

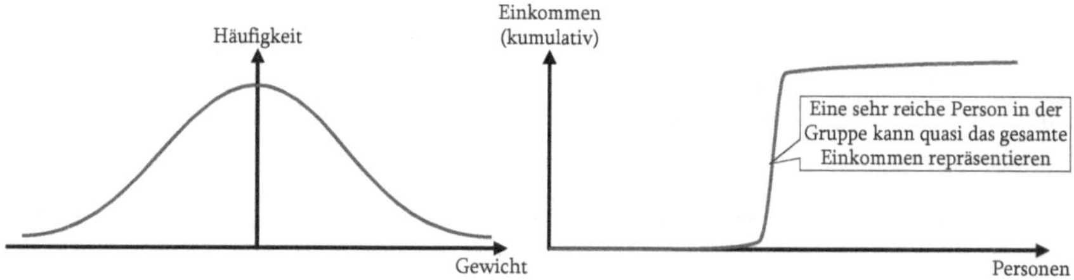

Abbildung 2-20: Einkommensverteilung einer Menschengruppe nach TALEB[294]

Das Beispiel verdeutlicht die Einschränkung erfahrungsbasierter Heuristiken bei der Vorhersage zukünftiger Ereignisse. Umgebungen, die dem Modell von Extremistan folgen, sind gemäß TALEB auch solche, in denen Skaleneffekte relevant sind, entsprechend des Winner-takes-it-all-Prinzips.[295]

KAHNEMAN beschreibt in diesem Kontext Phänomene aus dem Bereich der Urteilsheuristiken,[296] in denen Intuition, die die Bildung von Heuristiken erst ermöglicht, irreführen kann.[297] Diese Wege der intuitiven Irreführung wirken sich auf Heuristiken aus, die Menschen zur Lösung von Problemen bilden und sind daher relevant für die im Rahmen dieser Arbeit vorgestellte Methodik.

---

292 Vgl. Simon (1962), The Architecture of Complexity, S. 468
293 Vgl. Taleb (2007), The black swan, S. 33 f.
294 Vgl. Taleb (2007), The black swan, S. 34
295 Vgl. Taleb (2007), The black swan, S. 37
296 Vgl. Raab (2010), Marktpsychologie, S. 120 f.
297 Vgl. Kahneman (2013), Thinking, fast and slow, S. 156 ff.

Eines dieser Phänomene ist, dass Menschen zu bestehenden Tatsachen Ursachen suchen. Liegt die Zahl der Krebsfälle in einem Gebiet weit über der Zahl in einem anderen Gebiet, formuliert das Gehirn ohne bewusste Anstrengung rational wirkende Thesen für Kausalität, beispielsweise „gesündere Lebensumstände".[298] Hierbei ist zu beachten, dass, auch wenn die Plausibilität gewährleistet ist, ohne eine Vergleichsgruppe unter ansonsten gleichen Rahmenbedingungen keine Kausalität im wissenschaftlichen Sinne hergestellt werden kann.[299] Dies entspricht jedoch nicht den Denkmustern des Gehirns. Der Verstand beginnt, die wahrgenommene Realität zu rationalisieren.[300] Hierbei ist der oben beschriebene Sachverhalt zu bedenken, dass die kognitive Verarbeitung auf drei bis fünf Elemente limitiert ist.[301] Allgemein ist in der Literatur zu beobachten, dass das Konzept der nachweisbaren Kausalität und selbst das Konzept der Kausalität an sich umstritten sind.[302] Die vorliegende Arbeit fokussiert sich auf das Aufzeigen von Indizien, ohne Anspruch auf die Identifikation kausaler Zusammenhänge zu erheben.

Ein weiteres Phänomen ist der sogenannte „Ankereffekt". Er beschreibt das Phänomen, dass eine Zahl, die von einer Person wahrgenommen wird, sich auf unmittelbar anschließende Schätzungen auswirkt. Eine Person, die die Zahl 10 hört, und anschließend nach dem Prozentsatz der afrikanischen Staaten in den Vereinten Nationen gefragt wird, nennt im statistischen Mittel einen niedrigeren Wert als eine Person, die initial die Zahl 65 gehört hat.[303]

Ein Phänomen, welches ebenfalls das potenziell ungerechtfertigte assoziative Denken des Gehirns verdeutlicht, ist die Repräsentativitätsheuristik. Im Rahmen dieses Phänomens richtet sich die Schätzung einer Wahrscheinlichkeit daran aus, inwiefern ein geschildertes Phänomen dem Stereotyp eines bestimmten erwarteten Phänomens entspricht.[304] In einer Studie von KAHNEMAN bewerten die Teilnehmenden für einen gegebenen Zeitraum die Wahrscheinlichkeit eines katastrophalen Erdbebens in San Francisco höher als die Wahrscheinlichkeit einer katastrophalen Flut in den USA.[305] Dies widerspricht den tatsächlichen statistischen Wahrscheinlichkeiten, entspricht aber den Bildern, die Personen als präsenter aus ihrer Vergangenheit wahrnehmen.

---

[298] Vgl. Kahneman (2013), Thinking, fast and slow, S. 111

[299] Vgl. Cox (2002), The Theory of the Design of Experiments, S. 46 ff.

[300] Vgl. Büttner (2009), Kausalität - Die Wahrnehmung von Ursache und Wirkung, S. 4 f.

[301] Vgl. Cowan (2001), The magical number 4 in short-term memory, S. 90 f.

[302] Vgl. Mach (1964), Kausalität und Erklärung, S. 88; Mach (1976), Knowledge and Error, S. 204

[303] Vgl. Kahneman (2013), Thinking, fast and slow, S. 118 f.

[304] Vgl. Tversky und Kahneman (2018), Judgment under uncertainty: heuristics and biases - Introduction, S. 4; Myers (2008), Psychologie, S. 437

[305] Vgl. Kahneman (2013), Thinking, fast and slow, S. 159

Das Phänomen der Repräsentativitätsheuristik tritt insbesondere dann auf, wenn zusätzliche Informationen die Plausibilisierung von Schlussfolgerungen durch das Gehirn unterstützen. Zusätzliche Informationen ohne erkennbaren Bezug zum Sachverhalt verursachen gemäß KAHNEMAN dieses Phänomen nicht.[306]

Ein Phänomen mit hoher Bedeutung für die Abschätzung von Risiken ist die Verfügbarkeitsheuristik. Diese Verfügbarkeitsheuristik besagt, dass Personen eine Abschätzung zukünftiger Ereignisse auf Basis der verfügbaren Erinnerungen machen.[307] TALEB verdeutlicht dieses Phänomen anhand der Mästung eines Truthahns. Gemäß seiner Erfahrung muss das Tier davon ausgehen, jeden Morgen erneut gefüttert zu werden und keine Gefahren fürchten zu müssen. Der Zweck der Fütterung ist gemäß den Informationen, die dem Tier zur Verfügung stehen, nicht identifizierbar. Die Extrapolation der erfahrungsbasierten Annahme weist eine fatale Abweichung gegenüber dem tatsächlichen Endzustand auf (siehe Abbildung 2-21).

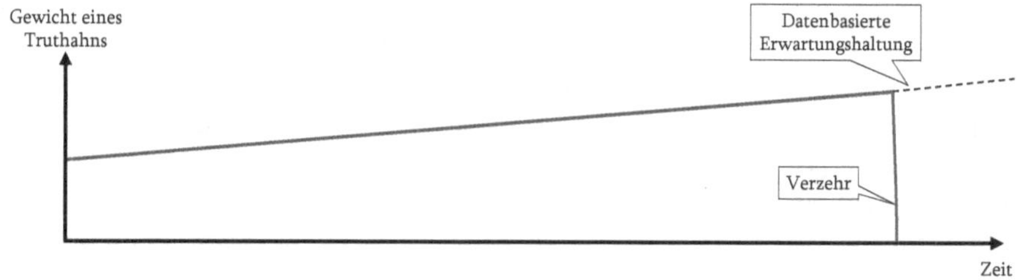

Abbildung 2-21: Fütterung eines Truthahns als Beispiel für mögliche Auswirkungen ungerechtfertigter Extrapolation gemäß TALEB[308]

Es lässt sich resümieren, dass erfahrungsbasierte Aussagen zwar Indikatoren für die Abwägung von Handlungsalternativen darstellen können, jedoch keine Vorhersage für die Resultate der Handlungen ermöglichen.

Nach der allgemeinen Einführung von Heuristiken und Intuition sowie ihrer Grenzen folgt im kommenden Abschnitt die Erläuterung der Anwendung im Entwicklungsmanagement.

---

306 Vgl. Kahneman (2013), Thinking, fast and slow, S. 160
307 Vgl. Tversky und Kahneman (2018), Availability: A heuristic for judging frequency and probability, S. 164
308 Vgl. Taleb (2007), The black swan, S. 41

2.4.3 Anwendung von Heuristiken im Entwicklungsmanagement

Die Herausforderungen und Limitationen bei der Bildung valider Heuristiken schmälern nicht die Bedeutung von Heuristiken im Kontext der menschlichen Entscheidungsfindung. Die richtige Intuition ist weiterhin Grundlage für Entscheidungsprozesse fachkundiger Personen, die auch in komplexen Entscheidungssituationen zu praktikablen Lösungen kommen.[309] Es ist demnach eine entscheidende Qualifikation für Managerinnen und Manager.[310]

Im nachfolgenden Abschnitt wird diskutiert, wo Heuristiken im Objektbereich des Entwicklungsmanagements etabliert sind. Zunächst werden Beispiele für Heuristiken in der Produktentwicklung aufgezeigt. Anschließend werden Heuristiken in der Entscheidungsfindung von Managerinnen und Managern diskutiert.

Heuristiken in der Produktentwicklung

Ein Beispiel für den bewussten Aufbau heuristischer Ansätze in der Produktentwicklung stellt die Theorie zur Lösung erfinderischer Probleme (Russisch „teoriya resheniya izobretatelskikh zadatch“, TRIZ) dar.[311] Im Zentrum von TRIZ steht die Identifikation der Ursache des Systemwiderspruchs, der eine direkte und einfache Lösung verhindert.[312] Die TRIZ-Methode untergliedert sich in drei Schritte sowie in einen konkreten und einen abstrakten Lösungs- und Problemraum, wie es in Abbildung 2-22 dargestellt ist. Ausgehend von einem konkreten Problem wird der Lösungskonflikt abstrahiert, im abstrakten Raum der Systemwiderspruch aufgelöst und die Lösung in den konkreten Raum übertragen. Dieses Schema wird durch diverse Prinzipien zur Lösungsfindung im abstrakten Raum unterstützt.[313]

Neben den systematischen und bewusst definierten heuristischen Ansätzen in der Produktentwicklung, wie TRIZ, lassen sich auch informelle Leitsätze und Faustregeln gemäß der Definition nach GIGERENZER UND TODD als Heuristiken verstehen.[314] Hierbei sind insbesondere erfahrungsbasierte Leitprinzipien zu betrachten, die in Lehrbüchern

[309] Vgl. Ahel (2020), Intuition Im Management, S. 3

[310] Vgl. Akinci und Sadler-Smith (2012), Intuition in Management Research: A Historical Review, S. 117

[311] Vgl. Altshuller (1996), And suddenly the inventor appeared

[312] Vgl. Orloff (2006), Grundlagen der klassischen TRIZ, S. 38

[313] Vgl. Savransky (2000), Engineering of creativity, S. 21 ff.

[314] Vgl. Gigerenzer und Todd (2001), Simple heuristics that make us smart, S. 171

und in Vorträgen expliziert werden. Beispiele aus der Produktentwicklung sind in diesem Kontext die Werke von PAHL UND BEITZ[315], LINDEMANN[316] und SCHUH[317], die Studierenden an Universitäten und Hochschulen als Grundlage für die spätere Handhabung komplexer Entwicklungsaufgaben dienen. Doch auch generelle Leitsätze mit handlungsweisendem Charakter wie FRICKE ET AL. [318] lassen sich hierunter fassen. Bedeutsam ist dies im Kontext der Untersuchungen zu Urteilsheuristiken nach KAHNEMAN[319], wonach die intuitionsbasierte Generalisierung von Erfahrungen anfällig für Fehlschlüsse ist, die dennoch plausibel und rationalisierbar sind.

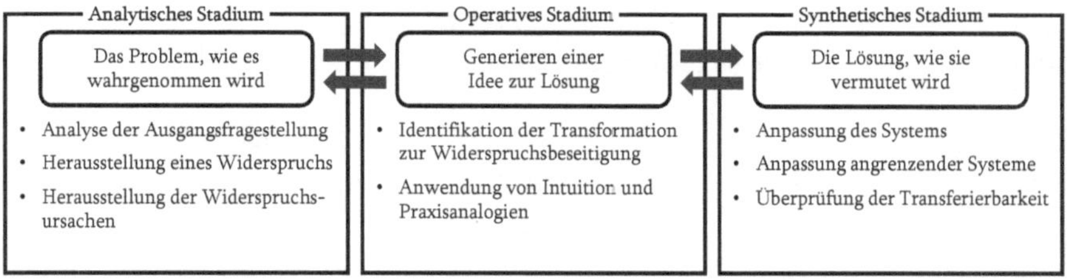

Abbildung 2-22: TRIZ als Beispiel für eine Heuristik in der Produktentwicklung nach ORLOFF[320]

Heuristiken in der Entscheidungsfindung von Managerinnen und Managern

Im Kontext der Wirtschaftswissenschaften werden Heuristiken im Rahmen der Operationsforschung (Englisch „Operations Research“, OR) angewandt. OR befasst sich mit der unternehmerischen Entscheidungsunterstützung anhand mathematischer Modelle.[321] In diesem Kontext werden Ansätze untersucht, die optimale Lösungen für Probleme finden, deren Optimum sich aufgrund der exponentiellen Komplexität nicht analytisch bestimmen lässt. Damit entsprechen die Ansätze dem Verständnis einer Heuristik nach GIGERENZER UND TODD. Ein derartiges Problem ist das Problem des Handelsreisenden (siehe Abbildung 2-23), bei dem eine Reihe von Zielen mit der kürzesten Gesamtstrecke besucht werden sollen, ohne dass ein Ziel doppelt besucht wird. Durch

[315] Vgl. Bender (2021), Pahl/Beitz Konstruktionslehre
[316] Vgl. Lindemann (2016), Handbuch Produktentwicklung
[317] Vgl. Schuh et al. (2012), Innovationsmanagement
[318] Vgl. Fricke und Lohse (1997), Entwicklungsmanagement, S. 187
[319] Vgl. Kahneman (2013), Thinking, fast and slow
[320] Vgl. Orloff (2006), Grundlagen der klassischen TRIZ, S. 38
[321] Vgl. Domschke et al. (2015), Einführung in Operations Research, S. 1 ff.

Algorithmen, die mit heuristischen Annahmen arbeiten, lassen sich Lösungen für das Problem identifizieren.[322]

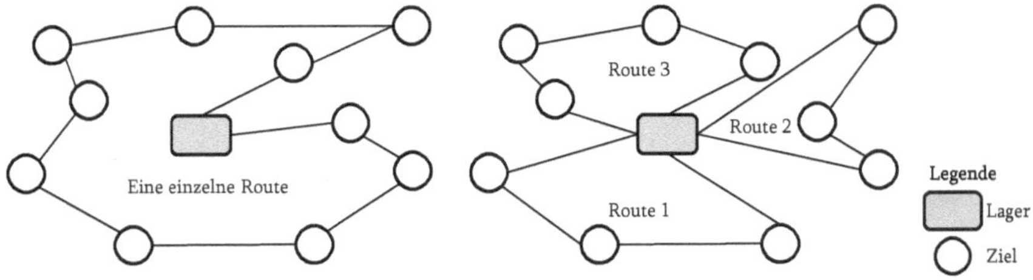

Abbildung 2-23: Problem des Handelsreisenden nach MENGER[323] und LIU ET AL.[324]

Für den Einsatz von OR muss das Problem mathematisch formulierbar sein.[325] Dies ist für die im Rahmen der Arbeit diskutierten Probleme nicht gewährleistet, was OR als Ansatz für die vorliegende Arbeit unzulässig macht.

Teilkapitel 2.4 befasste sich mit Heuristiken und Intuition im Kontext des Entwicklungsmanagements. Es wurde erläutert, wie diese Konzepte in der Arbeit verstanden werden und welche Rolle Heuristiken in der Entscheidungsfindung spielen. Darüber hinaus wurden heutige Anwendungen von Heuristiken in der Produktentwicklung diskutiert. Das Grundlagenkapitel schließt mit einem Zwischenfazit, bevor bestehende Ansätze zum datenbasierten Entwicklungsmanagement vorgestellt werden.

---

[322] Vgl. Rego et al. (2011), Traveling salesman problem heuristics, S. 427

[323] Vgl. Menger (1932), Das Botenproblem, S. 12

[324] Vgl. Liu et al. (2014), Minimizing the Carbon Footprint for the Time-Dependent Heterogeneous-Fleet Vehicle Routing Problem with Alternative Paths, S. 4662

[325] Vgl. Domschke et al. (2015), Einführung in Operations Research, S. 127

2.5 Zwischenfazit: Grundlagen und Definitionen

Nachdem in Kapitel 1 die Motivation und Zielsetzung der Arbeit dargelegt wurde, wurden in Kapitel 2 die erforderlichen Grundlagen und Definitionen eingeführt. Das Kapitel ist dabei in vier Bereiche untergliedert.

In Teilkapitel 2.1 wurden die Grundlagen des Entwicklungsmanagements beschrieben. Zunächst wurde der Objektbereich der Produktentwicklung als Zusammenführung der Phasen „Produktplanung" und „Produktgestaltung" dargestellt und verschiedene Formen der Entwicklungsarbeit sowie beteiligte Disziplinen und Stakeholder aufgezeigt. Anschließend wurden die Rolle des Entwicklungsmanagements als Koordinationsrolle in der Entwicklung eingeführt und verschiedene Definitionen diskutiert. Das Entwicklungsmanagement unterstützt demnach die an der Entwicklung beteiligten Personen durch die Definition von Zielen und Rahmenbedingungen sowie durch das Ausräumen von Zielkonflikten. Darüber hinaus wurde unterstrichen, dass das Entwicklungsmanagement keine Position, sondern Teil der Aufgabe vieler Positionen ist, wobei der Anteil im Aufgabenprofil variiert. Abschließend wurden die Handlungsebenen des Entwicklungsmanagements eingeführt, wonach das Entwicklungsmanagement auf strategischer, taktischer und operativer Ebene stattfindet. Die Aufgaben und Steuerungsgrößen der Ebenen unterscheiden sich grundlegend. Während das strategische Entwicklungsmanagement die Ziele und Rahmenbedingungen der Entwicklungsprojekte gestaltet, ist es die Aufgabe des taktischen Managements, dies in konkrete Entwicklungsprojekte und Leitlinien zu übersetzen, die auf operativer Ebene umgesetzt werden.

In Teilkapitel 2.2 wurden die im Rahmen der Entwicklung entstehenden Metadaten diskutiert, die für eine Analyse zur Unterstützung des Entwicklungsmanagements relevant sein können. Es wurden Metadaten auf den verschiedenen Ebenen des Entwicklungsmanagements vorgestellt. Anschließend wurden Ansätze zur Aggregation von Metadaten und die Rolle von Data Governance in der Handhabung von Daten vorgestellt und die Beurteilung der Qualität von Daten diskutiert. Abschließend wurden verschiedene Quellen von Metadaten im Kontext der Produktentwicklung aufgezeigt. Es wurde unterstrichen, dass in der industriellen Praxis die Aggregation von Daten in hohem Grade unternehmensindividuell erfolgt und unternehmensintern nicht als einheitlich angenommen werden kann.

In Teilkapitel 2.3 wurde die explorative Datenanalyse als Ansatz zur Nutzbarmachung der zuvor diskutierten Daten vorgestellt. Zunächst wurde die explorative Datenanalyse abgegrenzt und definiert. Ziel der explorativen Datenanalyse ist die Identifikation von

Hypothesen. Hierdurch kann die Begrenzung von Analysen auf die Verifikation vorgefasster Annahmen umgangen werden. Im Rahmen der explorativen Datenanalyse wurde KDD als Prozess der Erkenntnisgewinnung aus Daten eingeführt. Anschließend wurden mit PCA, MCA und FAMD mathematische Methoden zur Dimensionsreduktion aufgezeigt und die Bedeutung der Dimensionsreduktion im Kontext der explorativen Datenanalyse diskutiert. Durch die Reduktion der Dimensionen eines Datensatzes kann dem sogenannten „Fluch der Dimensionen" entgegengewirkt werden und die Qualität der Ergebnisse gesteigert werden. Abschließend wurde die Rolle von KI in der explorativen Datenanalyse diskutiert. Während KI in diversen Kontexten großes Potenzial zeigt, ist eine durch Menschen interpretierbare Steigerung der Transparenz in der explorativen Datenanalyse bislang nicht möglich, da das Feld der erklärbaren KI nach wie vor Gegenstand von Forschung ist. KI ist im Kontext dieser Arbeit kein geeignetes Werkzeug.

In Teilkapitel 2.4 wurde das Konzept der Heuristiken vorgestellt. Zunächst wurden die Konzepte der Intuition und der Heuristik voneinander abgegrenzt. Intuition ist demnach durch die unterbewusste Vernetzung von Informationen erlangtes Wissen, wohingegen Heuristiken unbewusste oder bewusste Strategien zur Lösungsfindung bei begrenzter Zeit und/oder begrenzter Informationslage sind. Die Potenziale und Grenzen von heuristischen Ansätzen wurden diskutiert. Abschließend wurde die Rolle von Heuristiken in der Produktentwicklung und in der Entscheidungsfindung erläutert.

3 Bestehende Ansätze zum datenbasierten Entwicklungsmanagement

Grundlage für die wissenschaftliche Arbeit ist gemäß VOM BROCKE ET AL. die systematische Analyse der bestehenden wissenschaftlichen Literatur, um den aktuellen Forschungsstand bei der Erarbeitung eines Themas berücksichtigen zu können.[326] Dies ist das Ziel des Kapitels. Es schließt somit an die in Kapitel 2 eingeführten etablierten Grundlagen an.

In Teilkapitel 3.1 werden zunächst die Herausforderungen beleuchtet, die eine generelle wissenschaftliche Thematisierung erforderlich machen. In Teilkapitel 3.2 werden Ansätze aus der Literatur beschrieben und mit Bezug auf die Arbeit eingeordnet. Teilkapitel 3.3 schließt mit einem Zwischenfazit des Forschungsbedarfs.

3.1 Herausforderungen in der Praxis

Während der wachsende Bedarf für datenbasierten Erkenntnisgewinn in Teilkapitel 1.1 erläutert wurde, wird im Folgenden dargelegt, warum Unternehmen bei der Umsetzung bislang auf Herausforderungen stoßen, die eine Realisierung der bestehenden Potenziale verhindern. Es lassen sich drei wesentliche Aspekte des Praxisdefizits identifizieren: Herausforderungen bei der Messung des Erfolgs von Entwicklungsprojekten, mangelnde Datenqualität in Entwicklungsprojekten und Herausforderungen im datenbasierten Erkenntnisgewinn aus Entwicklungsdaten. Die drei Aspekte werden im Folgenden näher erläutert.

Herausforderungen bei der Messung des Erfolgs von Entwicklungsprojekten

Die Messung des Erfolgs eines Entwicklungsprojekts ist Grundlage für den Erkenntnisgewinn, jedoch ist sie in der industriellen Praxis vieler Unternehmen kein standardisierter Prozess. Der Austausch mit Industriepartnern zeigt, dass mit sinkender Un-

[326] Vgl. vom Brocke et al. (2009), Reconstructing the giant, S. 2206

ternehmensgröße die Unschärfe der Zielerfassung zunimmt. Die Bemessung kann außerdem in Abhängigkeit von zum Zeitpunkt der Bewertung laufenden Initiativen und Bestrebungen erfolgen.[327] Ein Effekt des Fehlens einer systematischen Bestimmung von Zielen ist eine große Uminterpretierbarkeit der Projektergebnisse. In facettenreichen Projekten ist die Frage nach dem Projekt schwer eindeutig zu beantworten: Selbst, wenn einzelne Ziele verfehlt wurden, kann an anderer Stelle signifikanter Mehrwert geschaffen worden ein. War das Projekt ein Erfolg oder ein Misserfolg? Neben der Beantwortung dieser Frage je Projekt muss zum Lernen eine Vergleichbarkeit zwischen Projekten bestehen. Dies setzt einheitliche Beschreibungen von Zielen und deren Erfassung voraus, die in vielen Unternehmen bislang nicht besteht.[328] Somit lassen sich zwar Zielwerte erheben, Muster in abgeschlossenen Projekten zu identifizieren ist jedoch nicht möglich.

Ein weiterer Aspekt, der die Bemessung von Zielen in der Praxis erschwert, sind „innenpolitische" Implikationen im Unternehmen. Der Ruf von Leuten kann durch schlechte Zielerreichung beeinträchtigt werden, auch kann ein Be- und Verurteilungseindruck entstehen. Diese Effekte führen in Unternehmen zu Abwehrhaltungen und erschweren die vergleichende Erfassung quantitativer Ziele über verschiedene Projekte. Die persönlichen Konsequenzen von Zielen für Mitarbeitende können sich über soziale Effekte hinaus auch monetär niederschlagen. Bonus-Zahlungen sind verbreitet an die Erfüllung von Kennzahlen geknüpft, was Kennzahlen auf persönlicher Ebene für Mitarbeitende relevant macht.[329] Unternehmen haben Defizite darin, vergleichbare Ziele zu definieren, die ein Lernen aus vergangenen Projekten ermöglichen.

Defizite der Datengrundlage und der Datenqualität

Während zunehmend Daten erhoben werden, sind diese Erhebungen bei vielen Industriepartnern, mit denen einen Austausch stattfand, bislang bruchstückhaft.[330] Datenerfassung passiert durch Projekte von Intrapreneuren oder auf Basis der Digitalisierungsstrategie eines Unternehmens.[331] Während bestehende Systeme viele der erforderlichen Daten bereits abbilden, ist die Aggregation und Aufbereitung dieser Daten bislang meist eine manuelle Aufgabe. Diese Aufgabe umfasst die individuelle Überprüfung aller Daten hinsichtlich Vollständigkeit, Korrektheit und Vergleichbarkeit.[332] Fehlende Verfügbarkeit der Verantwortlichen abgeschlossener Projekte begrenzt den

[327] Vgl. Heim et al. (2017), Building an integrated technology road map to drive successful innovation, S. 4

[328] Vgl. Otto et al. (2020), Data sharing in industrial ecosystems, S. 5 ff.

[329] Vgl. Chao et al. (2020), Talent retention and selection in M&A, S. 7

[330] Vgl. Schuh et al. (2022), Konsortial-Benchmarking-Studie Digital Product Development

[331] Vgl. Leybold et al. (2021), One Data Strategy to rule them all, S. 20 ff.

[332] Vgl. Riesener et al. (2022), Methodology for Automated Master Data Management using AI, S. 1276

analysierbaren Zeitraum. Die Überprüfung von Daten ohne Verfügbarkeit der Ansprechpersonen, in deren Verantwortung das jeweilige Projekt war, kann mit signifikanten Mehraufwänden verbunden sein.[333] Es lässt sich zusammenfassen, dass die Hemmschwelle der Datenerfassung zur explorativen Analyse ohne eine unterstützende Methodik für Unternehmen hoch ist. Sie ist bestimmt durch manuellen Aufwand und ungewissen Mehrwert.

Defizite beim Lernen aus Daten

Das Lernen aus vergangenen Projekten umfasst, wenn es stattfindet, bei vielen Unternehmen standardisierte oder formlose Aufbereitungen von Lessons Learned. Ein systematischer Aufbau eines vermittelbaren Erfahrungswissens findet mangels methodischer Unterstützung nicht statt.[334] Auch in Unternehmen, wo eine entsprechende Datenbasis vorliegt, beruht das Lernen aus Daten zumeist auf punktuellen Anfragen von Projektverantwortlichen bei Abteilungen zur Datenanalyse, falls solche Abteilungen existieren. Die Abhängigkeit von dedizierten Abteilungen ist auch darin begründet, dass die bestehenden Ansätze für Projektverantwortliche meist nicht interpretierbar sind. Zwar lässt sich mittels frei verfügbarer Bibliotheken und kostenloser Software ein neuronales Netz anlernen, die Interpretation und Einbindung der Ergebnisse ist jedoch weniger zugänglich.[335] Dem Entwicklungsmanagement fehlt es an Möglichkeiten, die zunehmend verfügbaren Daten systematisch zum Wissensaufbau zu nutzen.

Zusammenfassend lässt sich feststellen, dass in der Praxis ein Defizit bei der Nutzung datenbasierter Potenziale für das Entwicklungsmanagement besteht. Das Defizit betrifft die Auswahl zu erhebender Daten, die Aufbereitung der Daten und die methodische Unterstützung in der Analyse und Interpretation der Daten. Verantwortliche benötigen eine transparente Entscheidungsunterstützung, deren Ergebnisse ohne umfangreiche Weiterbildung interpretierbar sind.

Die Betrachtung des Defizits in der Praxis gibt keinen Aufschluss darüber, inwiefern ein Defizit auf der wissenschaftlichen Seite besteht. Aus diesem Grund wird im Folgenden der Stand der Wissenschaft präsentiert und bezüglich seines für die vorliegende Arbeit relevanten Defizits analysiert.

[333] Vgl. Schuh et al. (2023), Digital Product Development, S. 10 f.
[334] Vgl. Leybold et al. (2021), One Data Strategy to rule them all, S. 11
[335] Vgl. Nieto-Rodriguez und Viana Vargas (2023), How AI Will Transform Project Management, S. 4

3.2 Darstellung und Bewertung bestehender Ansätze aus der Wissenschaft

Teilkapitel 3.2 befasst sich mit der Darstellung und Bewertung bestehender Ansätze der wissenschaftlichen Literatur. Hierzu werden in Abschnitt 3.2.1 Bewertungskriterien zur systematischen Einordnung bestehender Ansätze hergeleitet. In Abschnitt 3.2.2 werden Ansätze der Literatur vorgestellt und im Kontext der Arbeit eingeordnet. Abschnitt 3.2.3 schließt mit der Bewertung der Ansätze anhand der hergeleiteten Bewertungskriterien und leitet daraus das Forschungsdefizit und die Teilforschungsfragen ab.

3.2.1 Kriterien zur Bewertung bestehender Ansätze

Die vergleichbare Beurteilung des Stands der Forschung in Form der wissenschaftlichen Ansätze bedingt die Nutzung einheitlicher Bewertungskriterien. Im Kontext der Arbeit wird eine Unterscheidung zwischen Objektbereich, Zielbereich und Lösungshypothese durchgeführt.

Der Objektbereich beschreibt den Kontext und wissenschaftlichen Hintergrund eines Ansatzes. Er zeigt auf, wo die Transferierbarkeit scheinbar passender Lösungen gegeben ist. Die Kriterien des Objektbereichs prüfen, ob die Ansätze für die vorliegende Arbeit relevant sind und die spezifischen Charakteristika des Entwicklungsumfelds berücksichtigen.

Im **Objektbereich** der Arbeit werden vier Bewertungskriterien definiert:

- **Fokus auf die Entwicklung technischer Produkte:** Der Ansatz berücksichtigt die spezifischen Rahmenbedingungen der Entwicklung technischer Produkte und bezieht sich auf die technische Entwicklung als Anwendungsgebiet.

- **Fokus auf das Entwicklungsmanagement:** Der Ansatz berücksichtigt koordinierende Tätigkeiten im Kontext der Produktentwicklung.

- **Fokus auf Daten abgeschlossener Entwicklungsprojekte:** Der Ansatz berücksichtigt die Analyse von Daten von abgeschlossenen Ereignissen, Prozessen oder Zuständen im Kontext der Produktentwicklung.

- **Betrachtung von projektbezogenen Einflussfaktoren:** Der Ansatz berücksichtigt die Betrachtung von Faktoren und Rahmenbedingungen, die einen Einfluss auf die Ergebnisse von Entwicklungsprojekten nehmen können.

Der Zielbereich beschreibt den Zweck eines Ansatzes und seiner Methodik. Ein einheitliches Zielbild weist auf eine Relevanz der Ansätze für die vorliegende Arbeit und eine potenzielle Transferierbarkeit der methodischen Grundlagen hin. Bei einer hohen Übereinstimmung des Zielbereichs ist darzulegen, inwiefern keine methodische Redundanz der Ansätze vorliegt.

Im **Zielbereich** der Arbeit werden drei Bewertungskriterien definiert:

- **Bestimmung der Zielerreichung abgeschlossener Entwicklungsprojekte:** Der Ansatz berücksichtigt die Bestimmung des Grades, zu dem abgeschlossene Entwicklungsprojekte erstrebenswerte Ziele erreichen konnten oder verfehlt haben.

- **Beschreibung der für Entwicklungsprojekte relevanten Einflussmerkmale zur Anwendung explorativer Analyse:** Der Ansatz berücksichtigt die Bestimmung von Einflussmerkmalen im Kontext von Entwicklungsprojekten, die eine Relevanz für die explorative Analyse haben.

- **Betrachtung der Auswirkung von Einflussmerkmalkombinationen auf die Zielerreichung:** Der Ansatz berücksichtigt die Auswirkungen der Kombination mehrerer Einflussmerkmale auf die Zielerreichung, beispielsweise durch die Anwendung explorativer Analyse.

Die Lösungshypothese ist die der Arbeit zugrundeliegende Annahme, die in der Validierung zu belegen ist. Sie leitet die wissenschaftliche Arbeit und umschreibt das Forschungsziel. Dieser Arbeit liegt die Hypothese zugrunde, dass die explorative Analyse von Daten abgeschlossener Entwicklungsprojekte Rückschlüsse auf empfehlenswerte Rahmenbedingungen zukünftiger Aktivitäten zulässt und somit wertvoll für das Management von Entwicklungsprojekten ist. Die Lösungshypothese lässt sich wie folgt zusammenfassen:

Durch die explorative Analyse der Daten abgeschlossener Entwicklungsprojekte kann die erforderliche Transparenz über Zusammenhänge im Entwicklungsumfeld geschaffen werden, um Heuristiken für das Entwicklungsmanagement abzuleiten.

3.2.2 Darstellung bestehender Ansätze

Aus der verfügbaren wissenschaftlichen Literatur werden im Folgenden Ansätze präsentiert, die als relevant identifiziert wurden. Bei der Recherche wurde eine Recherchematrix verwendet, die in Anhang A.1 zu finden ist.

Wissenschaftliche Ansätze wurden in vier verschiedenen Feldern betrachtet, die gemäß der zu lösenden Aufgabe strukturiert wurden. Zunächst wurden Ansätze betrachtet, die das **Entwicklungsmanagement strukturieren** und beschreiben, welche Aufgaben dem Entwicklungsmanagement zugeordnet werden können. Hierdurch wird der Objektbereich der zu entwickelnden Methodik beschrieben und sichergestellt, dass die zu identifizierenden Heuristiken für die verschiedenen Bereiche des Entwicklungsmanagements anwendbar sind. Darüber hinaus wurde Literatur betrachtet, die sich bereits mit **Einflüssen auf das Entwicklungsmanagement** beschäftigt und strukturiert untersucht, welche Einflüsse relevant für die Erreichung der Ziele des Entwicklungsmanagements sind. Dies unterstützt die Plausibilisierung zu betrachtender Einflüsse und wirkt dem Fluch der Dimensionen (vgl. Abschnitt 2.3.2) entgegen. Es wurden weiterhin Ansätze untersucht, die sich mit der **Dimensionsreduktion im Kontext der explorativen Datenanalyse** beschäftigen. Dies ist für die Bestimmung der relevanten Einflussfaktoren erforderlich. Abschließend wurden Ansätze betrachtet, die sich mit **datenbasierter Intuition im Entwicklungsmanagement** und darüber hinaus beschäftigen und somit den Zielbereich und die Lösungshypothese der Arbeit in besonderer Weise adressieren. Die Darstellung der Literatur wird sich an der Gliederung in diese vier Bereiche orientieren. Die Beiträge werden innerhalb der Felder in chronologischer Reihenfolge sortiert, wobei mit dem ältesten Beitrag des Bereichs begonnen wird.

Strukturierung des Entwicklungsmanagements

Die folgenden Ansätze adressieren die beschreibende Strukturierung des Entwicklungsmanagements.

Entwicklungsmanagement nach FRICKE UND LOHSE

FRICKE UND LOHSE[336] stellen in ihrem Werk eine Beschreibung des Entwicklungsmanagements sowie Werkzeuge zur Unterstützung der Tätigkeiten des Entwicklungsmanagements vor. Ziel ist ein ganzheitliches Verständnis der Rolle des Entwicklungsmanagements in Unternehmen und die Unterstützung von Verantwortlichen in der operativen Arbeit. Als Handlungsfelder des Entwicklungsmanagements fokussieren die Autoren die Aufbau- und Ablauforganisation, innerhalb derer Entwicklungsprojekte stattfinden. Auf der Seite der Aufbauorganisation werden Organisationsformen wie die Projektorganisation, die Linienorganisation und die Matrixorganisation gegenübergestellt und ihre Auswirkungen diskutiert. Auf der Seite der Ablauforganisation diskutieren die Autoren Möglichkeiten der Projektorganisation, Planungswerkzeuge wie die Kostenplanung und die Kapazitätsplanung sowie Ansätze zur Projektsteuerung. Abschließend werden Werkzeuge der elektronischen Datenverarbeitung mit Bezug zur Optimierung von Entwicklungsprozessen vorgestellt.

Während die Autoren mit ihrem Werk einen Beitrag zur Arbeit von Entwicklungsmanagerinnen und -managern leisten, wird keine systematische Beschreibung der Zuständigkeitsbereiche vorgenommen. Eine Abgrenzung des Entwicklungsmanagements gegenüber anderen Rollen wird nicht ermöglicht.

Entwicklungsmanagement nach HOLZBAUR

In seinem Werk stellt HOLZBAUR[337] das Entwicklungsmanagement sowie damit verbunden Ansätze und Methoden vor und aggregiert bestehendes Wissen zu einer ganzheitlichen Darstellung des Entwicklungsmanagements. Ziel des Beitrags ist die Befähigung von Entwickelnden und Entwicklungsmanagerinnen und -managern zur Planung und Durchführung erfolgreicher Entwicklungsprojekte. HOLZBAUR fokussiert dabei ein klares Verständnis der Produktentwicklung und der Rolle des Entwicklungsmanagements. Nach der Darstellung des Entwicklungsprozesses und des Projektmanagements widmet sich der Autor dem Management der Entwicklung. Er differenziert die Aufgabe des Entwicklungsmanagements in das Management der Entwicklung im Unternehmen, das Management der Entwicklungsabteilungen und das Management

[336] Vgl. Fricke und Lohse (1997), Entwicklungsmanagement

[337] Vgl. Holzbaur (2007), Entwicklungsmanagement

der Entwicklungsprojekte. Anhand dieser Sicht werden die Aufgaben und Verantwortlichkeiten innerhalb des Entwicklungsmanagements differenziert. Dabei stellt der Autor die Zusammenhänge des Entwicklungsmanagements auf den unterschiedlichen Ebenen und anderen Unternehmensbereichen wie der Produktion, dem Marketing oder der Unternehmensführung dar. Es erfolgt eine organisatorische Einbettung der Rolle ins Unternehmen. Diese Einbettung wird ergänzt durch grundlegendes betriebswirtschaftliches Wissen und Leitsätze für gute Entwicklung sowie disziplinspezifische Managementaspekte, etwa zur koordinativen Begleitung von Software- oder Elektronikprojekten.

HOLZBAUR präsentiert eine differenziert organisatorische Einbettung des Entwicklungsmanagements in den Unternehmenskontext und liefert ein umfassendes Verständnis der Rolle des Entwicklungsmanagements. Eine Darstellung der Handlungsfelder des Entwicklungsmanagements, die eine Adressierung der inhaltlichen Aspekte des Entwicklungsmanagements ermöglichen würde, erfolgt nicht.

Innovationsmanagement nach SCHUH ET AL.

SCHUH ET AL.[338] stellen in ihrem Werk das Innovationsmanagement als Disziplin in der Produktentwicklung sowie zugehörige Methoden und Strategien vor. Ziel ist ein einheitliches Verständnis sowie die Unterstützung der Beteiligten in der operativen Arbeit. Das Verständnis des Innovationsmanagements der Autoren weist dabei Überschneidungen zum Verständnis des Entwicklungsmanagements dieser Arbeit (vgl. Abschnitt 2.1.2) auf. Das Innovationsmanagement adressiert gemäß den Autoren als Handlungsfelder die Innovationskultur, das Innovationsprogramm, die Innovationsorganisation und das Führungsverhalten. Demnach gibt es Überschneidungen bei der Gestaltung und Umsetzung von Entwicklungsprojekten. Eine explizite Abgrenzung zum Entwicklungsmanagement wird nicht vorgenommen. Neben den Handlungsfeldern beschreiben die Autoren die Kernprozesse des Innovationsmanagements, beginnend mit der Gestaltung der Innovationsstrategie über die Gestaltung des Produkts bis zur Produkt- und Prozessentwicklung sowie die der Produktpflege. Außerdem wird das Innovationscontrolling und das PLM als Aufgabe des Innovationsmanagements gesehen.

Während der Fokus des Beitrags auf der koordinativen Begleitung von konkreten Innovationsvorhaben mehr denn auf der ganzheitlichen Koordination von Entwicklungsprojekten liegt, ermöglicht der Beitrag die Ableitung konkreter Handlungsfelder für das Entwicklungsmanagement für die vorliegende Arbeit.

[338] Vgl. Schuh et al. (2012), Innovationsmanagement

Research Hotspots and Frontiers of Product R&D Management nach LIU ET AL.

In ihrem Beitrag untersuchen LIU ET AL.[339] Schwerpunkte und neue Gebiete der Forschung zum Entwicklungsmanagement vor dem Hintergrund zunehmender Digitalisierung. Ziel des Beitrags ist die Schaffung einer Übersicht der Handlungsschwerpunkte des Entwicklungsmanagements und ihrer Änderungen über die letzten Jahre. Grundlage der Untersuchung ist die bibliometrische Analyse von 5007 Beiträgen aus den Jahren 2000 bis 2009, die kriterienbasiert aus einer ursprünglichen Menge von 8998 Beiträgen selektiert wurden. LIU ET AL. identifizieren als sieben Cluster der Forschung zum Entwicklungsmanagement „Innovation", „Design", „Product development", „Identification", „Simultaneous Engineering", „Consequence" und „Stage/gate model". „Identification" bezieht sich gemäß LIU ET AL. auf Risiken und ihre Auswirkungen („Consequences") in Entwicklungsprozessen. Neben den allgemeinen Clustern der Analyse wird ein Wandel im Schwerpunkt des Entwicklungsmanagements identifiziert. In den Jahren bis 2010 fokussiert sich die Literatur auf die Untersuchung von Fallstudien erfolgreicher Entwicklungsarbeit sowie dem Aufbau der allgemeinen Produktmodellierung und -konzeptionierung. Ab 2011 verschiebt sich der Fokus gemäß LIU ET AL. hin zu einer stärkeren Fokussierung auf Nachhaltigkeit sowie auf die Perspektive von Kundinnen und Kunden. Zu Schlagwörtern, die ab 2011 an Bedeutung gewinnen, zählen „collaborative product development", „exploitation", „dynamic capability" und „sustainability". Diese stehen jeweils stellvertretend für eine Gruppe von Schlagwörtern, etwa „natural product" und „ecodesign".

Der Beitrag von LIU ET AL. erlaubt einen umfangreichen Einblick in die Literatur zum Entwicklungsmanagement und zu den Themen, die dem Entwicklungsmanagement zugesprochen werden. Es wird gezeigt, welche Rolle Themen von der operativen Ebene mit der Konzeptionierung von Produkten bis zur strategischen Ebene mit der Gestaltung von Nachhaltigkeit im Entwicklungsmanagement haben. Eine Aggregation und Aufbereitung dieser Handlungsfelder findet im Rahmen des Beitrags jedoch nicht statt.

[339] Vgl. Liu et al. (2021), Research Hotspots and Frontiers of Product R&D Management under the Background of the Digital Intelligence Era—Bibliometrics Based on Citespace and Histcite

Sustainable Innovation nach SCHUH UND DÖLLE

In ihrem Werk befassen sich SCHUH UND DÖLLE[340] mit der Verankerung der Nachhaltigkeit in der Entwicklung durch die Anpassung bestehender Prozesse und Strukturen. Ziel des Beitrags ist die Befähigung von Verantwortlichen zur langfristigen Verankerung von Nachhaltigkeit in produzierenden Unternehmen. Durch den Fokus auf das Innovationsmanagement und damit auf einen Bereich des Entwicklungsmanagements ist der Beitrag für die vorliegende Arbeit relevant. Die Autoren präsentieren einen Ordnungsrahmen, der aus den vier Feldern der Marktentwicklung, der Projektstrukturierung, der Produktrealisierung und der Domänenintegration besteht, wobei die Domänenintegration als Querschnittsfeld zu verstehen ist. Die Bereiche werden weiter detailliert und die Aufgaben des Innovationsmanagements innerhalb der untergliederten Ordnungsrahmenfelder unterteilt.

Es ist zu beachten, dass gemäß dem Verständnis der Autoren eine direkte Schnittstelle zwischen dem Entwicklungsmanagement und dem Marketing besteht, indem es die gemeinsame Aufgabe ist, die Produkte im Marktumfeld zu positionieren. Mit dem PLM und der Gestaltung der zugehörigen Entwicklungswerkzeuge wird auf der einen Seite ein methodisches Feld angeführt, auf der anderen Seite liegt hier bei der Gestaltung der Entwicklungsumgebungen eine direkte Schnittstelle zur IT des Unternehmens vor. Darüber hinaus zeigen die Autoren Schnittstellen zum Vertrieb auf, der in Abstimmung mit der Entwicklung kontinuierliche Innovation bei Kundinnen und Kunden einbringt. Der Beitrag liefert somit wertvolle Anhaltspunkte für die Abgrenzung des Entwicklungsmanagements und Schnittstellen zu Bereichen außerhalb der Entwicklung. Gleichzeitig besteht ein Forschungsbedarf bei der Abgrenzung des Entwicklungsmanagements abseits des Innovationsmanagements und zu nicht-koordinierenden Tätigkeiten. Eine ganzheitliche Beschreibung des Entwicklungsmanagements findet nicht statt.

[340] Vgl. Schuh und Dölle (2021), Sustainable Innovation

Einflussfaktoren auf das Entwicklungsmanagement

Die folgenden Ansätze adressieren die Untersuchung von Faktoren, die Einfluss auf die Erreichung der Ziele des Entwicklungsmanagements haben.

Analyse und Steigerung der Innovationsproduktivität nach NONN

In seinem Beitrag präsentiert NONN[341] ein methodisches Vorgehen zu Steigerung der Innovationsproduktivität bei der Entwicklung technischer Produkte. Ziel ist es, die Innovationsproduktivität zu definieren und messbar zu machen, die Auswirkungen der Innovationsproduktivität auf das Gesamtunternehmen aufzuzeigen und Möglichkeiten zur Steigerung der Innovationsproduktivität zu identifizieren. Innovationsproduktivität wird als das Verhältnis der verwendeten Ressourcen im Rahmen der Forschung und Entwicklung (F&E) und den erreichten Zielen verstanden. Die vorgestellte Methodik untergliedert sich in vier Schritte. Im ersten Schritt wird auf Ebene der Kompetenzen untersucht, welche Fähigkeiten dem Unternehmen zur Verfügung stehen, strukturiert in acht Kompetenzfelder wie etwa die Entwicklungskollaboration, die Kundenorientierung und die Nutzung von Informationstechnologie (IT). Im zweiten Schritt werden auf Ebene der Innovationsproduktivität Typen von Innovationen differenziert. Im dritten Schritt wird ein Kennzahlensystem aufgebaut, anhand dessen die Innovationsproduktivität quantitativ bestimmt werden kann. In das Kennzahlensystem fließen unter anderem Einzelprojekt- und Mehrprojektaufwände ebenso ein wie physische und Personalressourcen. Die Auswirkungen der Innovationsproduktivität auf das Unternehmen werden durch eine Modellierung des Marktes, der Unternehmenswerte, der F&E sowie des Produktentstehungsprozesses abgebildet.

NONN betrachtet in seiner Veröffentlichung diverse Einflussgrößen, die einen Beitrag auf die Effizienz von Innovations- und damit Entwicklungsprojekten leisten können. Während eine Vergleichbarkeit der absoluten Werte der Innovationsproduktivität zwischen Unternehmen aufgrund schwer vergleichbarer Bilanzgrenzen kritisch zu beurteilen ist, wird dennoch eine Kennzahl für die Effizienz der Entwicklung detailliert beschrieben. Dies ist von großem Wert für die vorliegende Arbeit, da es als Referenz für die Auswirkungen von Einflussgrößen heranziehbar ist. Gleichzeitig bleibt der Betrachtungsumfang der Beschreibungsgrößen auf die Fähigkeiten des Unternehmens beschränkt. Auch die Wechselwirkung zwischen der Innovationsproduktivität und anderen Entwicklungszielen ist nicht Teil der Betrachtung. Die explizite Modellierung der Unternehmenssysteme beschränkt darüber hinaus die Erkenntnisse auf die Bereiche, die eine explizite Modellierung ermöglichen.

---

[341] Vgl. Nonn (2009), Analyse und Steigerung der Innovationsproduktivität

Quantitatives Entwicklungsmanagement nach HAHN ET AL.

In ihrem Werk präsentieren HAHN ET AL.[342] eine allgemeine Darstellung des Entwicklungsmanagements unter der Maßgabe einer modellbasierten, quantifizierbaren Darstellung. Ziel ist die Objektivierung von Einschätzungen in Entwicklungsprozessen zur Steigerung der Entscheidungs- und Ergebnisgüte. Hierzu leiten die Autoren mit einer Einführung in die Produktentwicklung und die Vorstellung modellbasierter Entwicklungsansätze wie das Systems Engineering ein. Die Autoren präsentieren anschließend das Entwicklungsmanagement analog zu HOLZBAUR[343] auf strategischer, taktischer und operativer Ebene als Abwägung der Qualität und des Umfangs des zu entwickelnden Produkts. Zu beiden Bereichen werden Definitionen gegeben und verschiedene Methoden der Quantifizierung vorgestellt. Auf dieser Basis werden konkrete Vorgehensweisen zur entwicklungsbegleitenden Quantifizierung und Steuerung des Umfangs und der Qualität definiert, einschließlich der Gestaltung von Produktstrukturen und Prozessen.

HAHN ET AL. leisten einen wertvollen Beitrag zur entwicklungsbegleitenden Operationalisierung von Entwicklungsgrößen, was von großer Relevanz für die vorliegende Arbeit ist. Die von HAHN ET AL. fokussierte Objektivierung von Entwicklungsentscheidungen kann durch den datenbasierten Erkenntnisgewinn und die Ableitung von Heuristiken erweitert werden. Der Beitrag fokussiert sich auf die Schaffung von Transparenz und adressiert somit nicht die datenbasierte Gewinnung neuer Erkenntnisse und die Ableitungen übergreifender Heuristiken.

Determining factors in the unforeseeable uncertainty management in innovation projects nach RUSSO ET AL.

In ihrem Beitrag untersuchen RUSSO ET AL.[344] Faktoren im Management unvorhersehbarer Ungewissheiten in Innovationsprojekten mit dem Ziel, Transparenz hinsichtlich dieser unbekannten Unbekannten in Innovationsprojekten zu schaffen und Entwickelnde bei der Handhabung zu unterstützen. Es wurden im Rahmen einer Studie 152 Entwicklungsprojekte untersucht, wobei in 16 Projekten 35 unvorhergesehene Ereignisse identifiziert und tiefer untersucht wurden. Zur Bewertung der Ereignisse wurde die Identifizierbarkeit und das Maß der negativen Auswirkungen des Ereignisses betrachtet. 15 der 16 Projekte hatten zu Beginn einen strukturierten Projektplan, ein

[342] Vgl. Hahn et al. (2013), Quantitatives Entwicklungsmanagement

[343] Vgl. Holzbaur (2007), Entwicklungsmanagement, S. 163

[344] Vgl. Russo et al. (2013), Determining factors in the unforeseeable uncertainty management in innovation projects

Projekt war experimentell gestaltet. Dem gegenüber verlief der Umgang mit dem unvorhergesehenen Ereignis nur bei 20 % der Projekte mit einem Plan, in 63 % der Projekte wurde improvisiert. 14 % der Projekte wurde versucht, die Herausforderung auszusitzen. Als relevanteste Faktoren, die eine Handhabung eines negativen unvorhergesehenen Ereignisses hemmten, wurden in je sieben Fällen fehlende oder mangelhafte Erfahrung der Beteiligten und überzogenes Selbstbewusstsein sowie in jeweils fünf Fällen Planungsprobleme und Fehler in der Kommunikation identifiziert.

Die Studie zeigt die Komplexität von Entwicklungssituationen und den Bedarf für eine systematische Beschreibung und Untersuchung der Einflussfaktoren der Entwicklungsumgebung. Eine Untersuchung der Relevanz von Kombinationen von Einflüssen findet im Rahmen der Studie nicht statt.

Using Analytics to Predict Project Management Success nach SUMMERFIELD ET AL.

Die von SUMMERFIELD ET AL.[345] durchgeführte Studie beschäftigt sich mit der Vorhersage der Personenstunden und der Gesamtprojektdauer von IT-Entwicklungsprojekten auf Basis von Einflussfaktoren. Zu den untersuchten Einflussgrößen gehörten die Anzahl der Aufgaben, die bereitgestellte personelle Kapazität, die Anzahl der unterbeauftragten Unternehmen sowie Faktoren der Teamzusammenstellung. Ziel der Studie war der Vergleich der Vorhersageverfahren Entscheidungsbaum, Latent Dirichlet Allocation, Support Vector Machine, Künstliches Neuronales Netzwerk und Logistische Regression. Grundlage für die Studie ist ein Datensatz von 434 IT-Entwicklungsprojekten und einem Gesamtarbeitsumfang von 69371 abgerechneten Personenstunden. Insgesamt untersuchte die Studie 131 Variablen. Die Autoren können anhand der Vorhersagemodelle zeigen, dass der größte Einfluss auf Verzüge bei der Gesamtprojektdauer und der Personenstundenzahl bei der Anzahl der Aufgaben, den verfügbaren Ressourcen sowie bei der Kontinuität in der Projektleitung liegt.

Die Autoren zeigen in ihrer Studie die Bedeutung der statistischen Analyse von Einflussfaktoren und können durch Ansätze wie Künstliche Neuronale Netze und Entscheidungsbäume auch Kombinationen von Einflussmerkmalen berücksichtigen. Durch den Objektbereich in der IT ist die Übertragbarkeit der konkreten Ergebnisse auf die Entwicklung technischer Produkte offen.

[345] Vgl. Summerfield et al. (2018), Using Analytics to Predict Project Management Success

The drivers of success in new-product development nach COOPER

Der Beitrag von COOPER[346] analysiert wissenschaftliche Studien zu Erfolgsfaktoren bei der Neuproduktentwicklung (Englisch: New Product Development, NPD) mit dem Ziel, einen Überblick über die bestehenden Erfolgsfaktoren zu erstellen und diese Erfolgsfaktoren zu kategorisieren. Die untersuchten Studien konzentrieren sich schwerpunktmäßig auf die Entwicklung physischer Produkte, wobei sowohl B2B (Business to Business) als auch B2C (Business to Consumer) betrachtet werden. Grundlage des Beitrags sind empirische Studien und Benchmarkings aus den Jahren 1988 bis 2018. Aus diesen Studien leitet COOPER zwanzig Erfolgsfaktoren in drei Kategorien ab: Taktische und operative Erfolgsfaktoren mit Bezug zu individuellen Projekten, Erfolgsfaktoren für den Erfolg eines Unternehmens einschließlich organisatorischer und strategischer Faktoren und Erfolgsfaktoren in den Methoden und Werkzeugen, mit denen ein Unternehmen Neuentwicklungsprojekte managt. Zu den Erfolgsfaktoren individueller Projekte werden unter anderem eine attraktive Produktdifferenzierung, Marktorientierung und iteratives Entwicklungsvorgehen gezählt. Zu den strategischen Erfolgsfaktoren des Unternehmens werden die Fokussierung auf interne Kernkompetenzen, verfügbare Ressourcen, innovationsfördernde Kultur und die Adressierung passender Marktsegmente gezählt. Zu den Erfolgsfaktoren des Managements von Entwicklungsprojekten werden das Arbeiten mit Qualitygates, die Beschleunigung der Prozesse unter Beachtung der Prozessqualität und eine effektive Ideenfindung gezählt.

Die von COOPER identifizierten Erfolgsfaktoren lassen einen direkten Rückschluss auf wesentliche Einflussfaktoren in Neuentwicklungsprojekten zu. Gleichzeitig findet im Beitrag keine vergleichende Betrachtung der Faktoren oder eine Diskussion der Quantifizierbarkeit statt, was die Anwendbarkeit der Ergebnisse einschränkt und eine systematische Gestaltung der Neuentwicklungsprojekte erschwert.

Context-Specific Influencing Factors within a Transfer of Innovation from Corporate Incubators nach SCHUH ET AL.

In ihrem Beitrag präsentieren SCHUH ET AL.[347] ein Beschreibungsmodell für Einflussfaktoren, die sich auf den Transferprozess zwischen einem Inkubator und dem Hauptunternehmen auswirken. Ziel des Beitrags ist die Minderung von Transferverlusten durch die Gestaltung eines Modells, das Handelnden die Berücksichtigung aller relevanten Faktoren ermöglicht. Es werden zehn Einflussfaktoren als relevant identifiziert, die sich auf den Inkubator-Kontext, den Unternehmens-Kontext und den gemeinsamen

[346] Vgl. Cooper (2019), The drivers of success in new-product development

[347] Vgl. Schuh (2019), Context-Specific Influencing Factors Within A Transfer Of Innovation From Corporate Incubators

Kontext beziehen lassen. Im gemeinsamen Kontext wird die Prozesskompatibilität zwischen Inkubator und Unternehmen verortet. Im Inkubator-Kontext werden der temporäre Entwicklungsschwerpunkt, der Standort, die organisatorische Verankerung, die Rechtsform und das Involvement des Unternehmens angeführt. Im Unternehmenskontext werden die Kompetenzen, die organisatorische Flexibilität, die Unterstützung des Managements und die Unternehmenskultur genannt. Der Beitrag beschreibt die Faktoren durch eine Morphologie, in der jedem Faktor Ausprägungen zugeordnet werden. Im Folgenden diskutiert der Beitrag die Effekte bestimmter Konstellationen innerhalb der Morphologie und ein jeweils angemessenes Vorgehen.

Der Beitrag unterstreicht anhand des Beispiels von Inkubatoren als besonderer Form der Entwicklungsarbeit die Bedeutung einer umfassenden Betrachtung von Einflussfaktoren. Der Betrachtungsumfang der Einflussfaktoren ist an die spezifischen Gegebenheiten des Unternehmens und seiner Entwicklung anzupassen. Ein entsprechender holistischer Ansatz wurde in der Literatur bislang nicht identifiziert und stellt einen Forschungsbedarf dar.

A context-model for adapting design processes and methods nach WILMSEN ET AL.

In ihrem Beitrag präsentieren WILMSEN ET AL.[348] ein Modell zur Auswahl von Entwicklungsmethoden unter Berücksichtigung der vorhandenen Einflussfaktoren. Ziel ist die Befähigung von Verantwortlichen zur Wahl von einer geeigneten statt einer vertrauten Entwicklungsmethode. Gemäß dem Modell lassen sich Einflüsse auf ein Projekt nach ihrem Ursprung in die fünf Kategorien „Umwelt", „Unternehmen", „Unternehmensbereich", „Entwicklungsprojekt" und „Projektfortschritt" unterteilen. Einflussgrößen wurden danach beurteilt, ob sie Auswirkungen haben auf die ursprüngliche Projektplanung wie Deadlines und Meilensteine, auf ungeplante Entwicklungsschleifen wie sich ändernde Ziele, auf die Auswahl von Methoden und Prozessschritten wie die Einbindung von Anwendenden, auf die Durchführung eines Projektschritts wie verfügbare Ressourcen oder auf weiche Faktoren des Teams wie das Arbeitsklima. WILMSEN ET AL. identifizieren 946 mögliche Einflussfaktoren in der Literatur, wobei die Schwerpunkte auf Einflussfaktoren aus dem Unternehmenskontext mit 334 Faktoren und auf Einflussfaktoren aus dem Entwicklungsprojektkontext mit 325 Faktoren liegen. Im weiteren Vorgehen werden die Einflussfaktoren den oben aufgeführten Auswirkungen zugeordnet, um durch die resultierende Transparenz Verantwortliche bei der Auswahl geeigneter Methoden zu unterstützen. Die nähere Unterstützung der Auswahl stellt gemäß WILMSEN ET AL. den Gegenstand zukünftiger Forschung dar.

[348] Vgl. Wilmsen et al. (2019), A context-model for adapting design processes and methods

Während der Beitrag sich nicht näher mit der Analyse oder Operationalisierung der Faktoren auseinandersetzt, stellt er einen sehr wertvollen Beitrag zur Strukturierung der Einflussgrößen dar und bietet eine Alternative zur Strukturierung nach strategischer, taktischer und operativer Ebene.

***Factors Influencing Organizational Performance* nach CERA UND KUSAKU**

In ihrem Beitrag zu Einflüssen auf die Leistung einer Organisation fokussieren sich CERA UND KUSAKU[349] auf die Auswirkungen der Organisationskultur, der Arbeitsumgebung, der Weiterbildung von Beschäftigten sowie des Managements. Ziel des Beitrags ist die quantitative Beurteilung der Auswirkungen der Faktoren auf die Leistung einer Organisation. Grundlage der Studie war ein Fragebogen mit 28 Fragen, der von 162 Mitarbeitenden öffentlicher Einrichtungen auswertbar ausgefüllt wurde. Die Leistung einer Organisationsleitung wurde im Rahmen der Studie durch wahrgenommene Produktivität, Umsatz, Gleichbehandlung und Wertschätzung im Team definiert und abgefragt. Die Organisationskultur wurde durch die Beachtung der Meinung der Teammitglieder, wahrgenommene Kooperation im Team, Rückhalt bei der Teamleitung, fairen Umgang und Schutz der Mitarbeitenden beschrieben. Der Schutz der Mitarbeitenden betrifft hierbei insbesondere politischen und öffentlichen Druck, der durch das Arbeiten bei der Behörde entstehen kann. Die Arbeitsumgebung wurde durch die Büroausstattung, das Equipment sowie die Lärmbelastung am Arbeitsplatz charakterisiert. Die Weiterbildungsmöglichkeiten wurden durch kontinuierliches Training, Effektivität des vorhandenen Trainings und die Möglichkeit ausgedrückt, erworbene Fähigkeiten im Tagesgeschäft zum Einsatz zu bringen. Das Management wurde beschrieben durch die Freiheit der Meinungsäußerung, die Leistung der Führungskraft, das Verhältnis zur Führungskraft sowie die Möglichkeit, Feedback zum Führungsverhalten zu geben. Die Ergebnisse der Studie zeigen einen geringen Zusammenhang zwischen der Organisationskultur und der Leistungsfähigkeit, während das Management, die Weiterbildungsmöglichkeiten und auch die Arbeitsumgebung einen signifikanten Einfluss haben.

Die Studie zeigt die Bedeutung weicher Einflussfaktoren auf die Leistungsfähigkeit einer Organisation. Sie arbeitet anhand von Indikationen durch subjektive Bewertungen, zeigt jedoch keinen Pfad auf, diese organisationsübergreifend vergleichbar zu erheben. Darüber hinaus untersucht die Studie nicht die Auswirkungen von Kombinationen von Rahmenbedingungen, sondern fokussiert sich ausschließlich auf die direkte Korrelation der Einflüsse zur Leistungsfähigkeit der Organisation.

---

349 Vgl. Cera und Kusaku (2020), Factors Influencing Organizational Performance

Integrating sustainability into new product development* nach *OBAL ET AL.

Der Beitrag von OBAL ET AL.[350] untersucht den Einfluss von Führung und Kultur in Organisationen bei der Integration von Nachhaltigkeit in die Neuproduktentwicklung. Nachhaltigkeit wird im Rahmen des Beitrags als soziale, ökologische und ökonomische Nachhaltigkeit definiert. Es wird ein Rahmenwerk definiert, anhand dessen sich eine innovative Führung und Kultur zur Förderung einer Ausrichtung zur Nachhaltigkeit und einer gesteigerten ökonomischen Leistungsfähigkeit erreichen lässt. Das Rahmenwerk leitet sich aus fünf Hypothesen ab: 1) Gute Projektleitung fördert die Nachhaltigkeitsausrichtung eines Unternehmens; 2) Globales Arbeiten fördert die Nachhaltigkeitsausrichtung eines Unternehmens; 3) Aktive Incentivierung der Teams in der Neuproduktentwicklung fördert die Nachhaltigkeitsorientierung eines Unternehmens; 4) Aktive Gestaltung der Innovationskultur fördert die Nachhaltigkeitsorientierung eines Unternehmens und 5) Fokussierung auf Patentanmeldungen fördert die Nachhaltigkeitsorientierung eines Unternehmens. Eine sechste Hypothese besagt, dass Nachhaltigkeitsorientierung in der Entwicklung den Markterfolg eines Unternehmens fördert. Die Hypothesen wurden anhand einer Studie unter Mitgliedsunternehmen der Product Development Management Association mit einer Stichprobe von 349 auswertbaren Antworten aus verschiedenen Ländern und Kontinenten sowie aus verschiedenen Branchen untersucht. Die Untersuchung bestätigt gemäß der statistischen Auswertung der Autoren die sechs Hypothesen der Studie und bildet somit die Grundlage für das präsentierte Rahmenwerk. Demnach sind die fünf beschriebenen Bereiche auszubauen, um Nachhaltigkeit und Markterfolg in der Neuproduktentwicklung zu steigern.

Die Studie zeigt datenbasiert konkrete Handlungsempfehlungen für Unternehmen auf und ist damit von besonderer Relevanz für die vorliegende Arbeit. Sie zeigt die Bedeutung der organisatorischen Rahmenbedingungen von Entwicklungsprojekten für den nachhaltigkeitsorientierten und ökonomischen Erfolg von Unternehmen. Gleichzeitig suggeriert die Studie einen kausalen Zusammenhang zwischen der ökonomischen Leistungsfähigkeit und Nachhaltigkeit, der aufgrund komplexer Geschäftsumgebungen näher zu untersuchen ist. Im Rahmen der Studie war dies gemäß den Autoren nicht in der erforderlichen Tiefe darstellbar und begrenzt somit das Level an Komplexität, das die Ergebnisse widerspiegeln. Darüber hinaus basiert die Studie auf Umfragewerten, die von Personen aktiv ausgefüllt und subjektiv bewertet werden müssen, weshalb der Ansatz innerhalb von Entwicklungsorganisationen nur begrenzt skalierbar ist.

[350] Vgl. Obal et al. (2020), Integrating sustainability into new product development

The Influence of Competition on New Product Development Project Planning Decisions nach SOLAN UND SHTUB

Der Einfluss von Wettbewerb auf Entscheidungen in der Planung von Neuentwicklungsprojekten wird von SOLAN UND SHTUB[351] mit dem Ziel untersucht, Managerinnen und Managern die Einbeziehung der antizipierten Wettbewerbssituation zu ermöglichen. Grundlage der Studie sind Untersuchungen im Rahmen eines simulierten Planspiels, das in den Jahren 2016 und 2017 mit insgesamt 114 Studierenden unterschiedlicher Universitäten durchgeführt wurde. Gegenstand des Planspiels war die Planung der Neuentwicklung eines Radarsystems zur Flugüberwachung. Zu den gesetzten Rahmenbedingungen gehörten neben der Wettbewerbssituation ein Budget, ein Zielkostenwert und ein Zieldatum, wobei der Grad der Zielerreichung bewertet wurde. Die Autoren konnten zeigen, dass Wettbewerbsdruck einen signifikanten Einfluss auf die Gestaltung der Projektplanung hat, der sich zugunsten des Profits des Projekts auswirkt.

Die Untersuchung von SOLAN UND SHTUB unterstreicht die Bedeutung von Einflussfaktoren, die außerhalb der Kontrolle des Unternehmens liegen. Dabei können scheinbar nachteilige Faktoren einen Beitrag zur Erfüllung der Projektziele leisten. Die Untersuchung kann durch die exklusive Durchführung mit Studierenden nur eingeschränkt verallgemeinert werden. Die Autoren zeigen darüber hinaus keine konkreten Schritte auf, wie die Ergebnisse in Planungsphasen genutzt werden können oder welche messbaren Charakteristika einer Wettbewerbssituation einen positiven Beitrag zur Profitabilität eines Neuentwicklungsprojekts beitragen. Somit ist die Anwendbarkeit des Ansatzes in der Planung von Neuentwicklungsprojekten für Managerinnen und Manager eingeschränkt.

Success factors in product development projects nach SOLTÉSZ UND BERÉNYI

In ihrem Beitrag untersuchen SOLTÉSZ UND BERÉNYI[352] Einflüsse in den vier Bereichen Regulierung, Wissensmanagement, Kollaboration und Fokus der Projektleitung. Grundlage der Studie ist eine Online-Befragung mit 100 auswertbaren Antworten von Mitarbeitenden in der Produktentwicklung unterschiedlicher Unternehmen. Gemäß der Studie wird die klare und dokumentierte Definition von Projektzielen als hochrelevant eingeschätzt. Weitere Erkenntnisse konnten im Rahmen der Studie erst nach einer Segmentierung der Teilnehmenden erzielt werden, die eine Differenzierung

[351] Vgl. Solan und Shtub (2021), The Influence of Competition on New Product Development Project Planning Decisions

[352] Vgl. Soltész und Berényi (2021), Success factors in product development projects

nach Rollen zeigte. Es wurde nach Entwickelnden, Testenden, Projektverantwortlichen und Entwicklungsverantwortlichen unterschieden. Dabei zeigt die Auswertung unter anderem, dass Entwickelnde den regelmäßigen Abgleich mit Standards besonders schätzen, während sie gegenüber den anderen Gruppen regelmäßige Teamtreffen für deutlich weniger relevant erachten. Die Studie identifiziert als Erfolgsfaktoren klare und dokumentierte Ziele, Förderung der Kooperation im Team, Fokus der Projektleitung auf das Projektteam, nachvollziehbare Regulierung und die systematische Erhebung von Lehren abgeschlossener Projekte.

Die Studie von SOLTÉSZ UND BERÉNYI unterstreicht die Komplexität von aussagekräftigen Analysen in der Produktentwicklung. Gegenüber zuvor gezeigten Ansätzen ist die Studie nicht auf die Neuproduktentwicklung beschränkt. Im Kontext der geringen Aussagekraft ist die vergleichsweise geringe Stichprobe der Studie zu bedenken, deren Bedeutung durch die Segmentierung der Teilnehmenden verstärkt wird. Es lässt sich resümieren, dass für verwertbare Aussagen in der Produktentwicklung auf eine ausreichend große Stichprobe zu achten ist.

Kontextbasierte Integration agiler und plangetriebener Entwicklungsprozesse nach AYS

In ihrem Werk stellt AYS[353] ein Vorgehensmodell zur Gestaltung hybrider Entwicklungsprozesse produzierender Unternehmen vor. Ziel des Beitrags ist die Steigerung der Prozesseffizienz und -effektivität in der Produktentwicklung durch die Befähigung zur projektspezifischen Ausrichtung der Produktentwicklung. Das Konzept ist in sechs Schritte strukturiert. Im ersten Schritt werden Kontextfaktoren von Entwicklungsprojekten erfasst und beschrieben. Im zweiten Schritt werden auf Basis dieser Faktoren Prozessmerkmale hybrider Entwicklungsprozesse identifiziert, auf deren Basis AYS sechs Grundtypen hybrider Entwicklungsprozesse ermittelt. Anschließend werden die Wirkzusammenhänge zwischen den Grundtypen und den Kontextfaktoren beschrieben und ein Modell zur projektspezifischen Auswahl eines Entwicklungstyps gebildet. Das Modell zur Auswahl erfolgt über die Aufnahme des Projektkontexts, die Ermittlung des passenden Grundtyps und die abschließende Anpassung des Grundtyps an die spezifischen Rahmenbedingungen.

Der Beitrag von AYS ist im Kontext der Arbeit insbesondere durch die Beschreibung und Operationalisierung der Kontextfaktoren wertvoll, die sich auf Entwicklungsprozesse auswirken können. Die anschließende Verknüpfung konkreter Kontextfaktoren mit Grundtypen hybrider Entwicklungsprozesse liefert ergänzenden Kontext. Gleichzeitig erfolgt keine datenbasierte Herleitung relevanter Faktoren, die eine besondere

[353] Vgl. Ays (2022), Kontextbasierte Integration agiler und plangetriebener Entwicklungsprozesse

Berücksichtigung im Zuge der Gestaltung finden sollten. Es besteht somit ein Forschungsbedarf bei der Priorisierung der Kontextfaktoren. Darüber hinaus wird bei Ays ein Ausschnitt des Entwicklungsmanagements betrachtet. Die Betrachtung weiterer Bereiche stellt ebenfalls einen Forschungsbedarf dar.

Dimensionsreduktion in der explorativen Datenanalyse

Die folgenden Ansätze adressieren die Nutzung von explorativer Datenanalyse und Dimensionsreduktion bei der datenbasierten Erkenntnisgenerierung.

Multi-View Cluster Analysis with Incomplete Data to Understand Treatment Effects nach CHAO ET AL.

In ihrem Beitrag präsentieren CHAO ET AL.[354] einen Ansatz zum Umgang mit multidimensionalen, lückenhaften Daten bei Cluster-Analysen medizinischer Studien. Verbreitet beruhen mathematische Analysemethoden auf lückenlosen Datensätzen. Daher reagieren etablierte Verfahren auf das Fehlen von Patientenwerten einer oder mehrerer zu beobachtender Variablen mit dem Verwerfen aller Variablenwerte dieser Person, sodass die Menge der verfügbaren Daten erheblich beeinträchtigt wird und informationsreiche Daten nicht genutzt werden. Alternativ werden fehlende Werte geschätzt, was zu Folgefehlern in der Analyse führen kann. Um beide Fälle zu vermeiden, führen die Autoren eine Matrix $\boldsymbol{A}$ ein, welche die gleichen Dimensionen wie die Matrix der Beobachtungen $\boldsymbol{X}$ hat:

$$A_{ij} = \begin{cases} 1\,, & X_{ij} \text{ is observed} \\ 0\,, & X_{ij} \text{ is missing} \end{cases} \tag{3.1}$$

Durch die Unterdrückung fehlender Werte bleiben diese bei der Clusterbildung unberücksichtigt, ohne alle Variablen der Person auszuschließen. Die Autoren zeigen die Wirksamkeit der Anwendung anhand einer medizinischen Studie mit Heroinpatienten.

Der Ansatz zeigt die Möglichkeiten der Clusterbildung in hochdimensionalen Räumen bei fehlenden Werten und stellt somit einen wertvollen Beitrag zur Methodik dar. Die Grenzen der Dimensionen, bei denen Cluster identifiziert werden können, werden nicht diskutiert.

An exploratory analysis of the project management and corporate sustainability capabilities for organizational success nach YAZICI

[354] Vgl. Chao et al. (2019), Multi-View Cluster Analysis with Incomplete Data to Understand Treatment Effects

In ihrem Beitrag untersucht YAZICI[355] den kausalen Einfluss von Corporate Sustainability Capability und von Project Management Maturity auf wahrgenommenen internen und externen Erfolg von Organisationen. Grundlage der Untersuchung ist eine Fragebogenstudie mit 66 Managerinnen und Managern sowie 41 erhobenen Indikatoren, zu denen der Marktanteil, der Grad an Kollaboration mit Geschäftspartnern und das Maß an Incentivierung der Mitarbeitenden zählen. Die Studie differenziert in der Analyse zwischen inkrementellen Projekten, Plattformprojekten und Durchbruchprojekten. In ihrer Analyse der Ergebnisse untersucht YAZICI neun Hypothesen, die sich darauf beziehen, dass PMM und soziale, ökologische und ökonomische Nachhaltigkeit sich positiv auf den Erfolg einer Organisation auswirken. Die Studie zeigt signifikante Zusammenhänge zwischen CSC und PMM auf der einen und dem Erfolg einer Organisation auf der anderen Seite, die von der Autorin als kausal bezeichnet werden. Es bestehen gemäß der Studie Einschränkungen beim Zusammenhang zwischen ökologischer Nachhaltigkeit und dem Erfolg der Organisation. Zur explorativen Bestimmung der Zusammenhänge wurden Strukturgleichungsmodelle, generalisierte lineare Modelle und Varianzanalyse verwendet.

Die Studie zeigt das Potenzial explorativer Untersuchungen im Geschäftsumfeld. Die Ursachen der durch Hypothesen formulierten und verifizierten Zusammenhänge wurden explorativ ermittelt. Im Kontext einer rein datenbasierten Analyse ohne Vergleichsmenge steht die Bezeichnung der Zusammenhänge als „kausal“ jedoch im Gegensatz zur etablierten wissenschaftlichen Forschung.

Differentiating between fatal and non-fatal mining accidents using artificial intelligence techniques nach GERASSIS ET AL.

In ihrem Beitrag untersuchen GERASSIS ET AL.[356], welche Faktoren maßgeblich für die Fatalität von Minenunfällen sind. Hierzu wenden sie MCA auf Daten historischer Minenunfälle an, um die wesentlichen Faktoren zu identifizieren, die zu einem Unfall mit fatalen Folgen beitragen. Auf Basis der Faktoren präsentieren die Autoren ein Bayes‘sches Netz, mit dem eine präventive Risikobeurteilung von Minen ermöglicht werden soll. Grundlage der Untersuchungen sind Daten von 598 Minenunfällen in Spanien aus den Jahren 2004 bis 2017. Daten mit fehlenden Variablenwerten sowie Ausreißer wurden aus der Analyse ausgeschlossen, sodass 477 Datenpunkte verwertet wurden. Zu den 15 erhobenen Variablen je Unfall gehörten die Schwere, die Art und

[355] Vgl. Yazici (2020), An exploratory analysis of the project management and corporate sustainability capabilities for organizational success

[356] Vgl. Gerassis et al. (2020), Differentiating between fatal and non-fatal mining accidents using artificial intelligence techniques

der Ort des Unfalls sowie die Abbautechniken und das Erfahrungslevel der Arbeitenden. Die Analyse der Daten identifizierte die Art der Tätigkeiten und die Art des Minenprodukts, etwa ob Edelsteine oder industrielle Mineralien gefördert wurden, als wesentliche Faktoren für die Fatalität von Unfällen. Eine enge Korrelation bestand zwischen der Art des Minenprodukts, den Abbautechniken sowie des umliegenden Gesteins. Auch der Tätigkeitsort innerhalb einer Mine hat einen hohen Einfluss auf das Risiko fataler Unfälle.

Die Autoren zeigen das Potenzial der praktischen Nutzbarmachung explorativer Datenanalysen durch verbreitet interpretierbare Aufbereitung der Analyseergebnisse. Im konkreten Fall konnte durch ein Bayes'sches Netz eine ergänzende Risikobeurteilung zu einem Arbeitsplatz bestimmt werden. Durch den allgemeinen Aufbau ist der Ansatz nicht auf die Anwendung in der Minenindustrie beschränkt, sondern kann transferiert werden. Der Ansatz ist mit 15 Variablen in seiner Dimensionalität beschränkt und vereinfacht numerische Werte wie das Erfahrungslevel der Mitarbeitenden durch Diskretisierung, wodurch Informationen verloren gehen. Eine direkte Einbeziehung gemischter Daten ohne derartige Informationsverluste wird durch die Autoren nicht diskutiert.

Adaptations of data mining methodologies nach PLOTNIKOVA ET AL.

In ihrem Beitrag untersuchen PLOTNIKOVA ET AL.[357] die Anwendung von Data Mining-Ansätzen in der Praxis und betrachten mögliche Adaptionen. Dies erfolgte durch eine systematische Literaturüberprüfung. Von 1.715 aus Literaturdatenbanken extrahierten Beiträgen wurden 298 Beiträge aus den Jahren 1997 bis 2018 als relevant identifiziert und vollständig evaluiert, von denen 207 peer-reviewed sind. Der Fokus der Untersuchung lag darauf, ob bestehende Ansätze unverändert oder adaptiert angewandt wurden, welche Adaptionen vorgenommen wurden und warum bestehende Ansätze verändert wurden. Die Studie zeigt, dass in zwei Dritteln der Beiträge bestehende Ansätze in adaptierter Form angewandt wurden. Die zeitliche Betrachtung zeigt dabei einen wachsenden Trend hin zur Adaption von Ansätzen an die Rahmenbedingungen des Anwendungsfalls. Im Hinblick auf die Art der Anpassung von Ansätzen identifizieren die Autoren drei Szenarien: 1) „Modifikation“: Die Adaption bestehender Ansätze um Unteraufgaben und neue Ausgabewerte zur Anpassung an den Use-Case. 2) „Erweiterung“: Das Hinzufügen signifikanter Umfänge, etwa zur Schaffung einer integrierten Data Mining-Lösung in Systemumgebungen von Unternehmen. 3) „Integration“: Die Zusammenführung einer Referenz-Methodik wie KDD mit Analyse-Ansätzen anderer

[357] Vgl. Plotnikova et al. (2020), Adaptations of data mining methodologies: a systematic literature review

Domänen, mit Methodiken wie der Balanced Scorecard oder mit Big Data-Umgebungen. Die Autoren resümieren, dass die ursprünglichen Ansätze zunehmend den komplexen Anforderungen heutiger Datenumgebungen nicht gerecht werden können.

Die Untersuchung diskutiert die Adaption von Data Mining-Ansätzen und die zugrundeliegende Motivation. Es wird gezeigt, dass es einen Trend hin zur Individualisierung von Ansätzen gibt, und die Hypothese aufgestellt, dass dies mit der gestiegenen Komplexität von Datensystemen zusammenhängt. Die Autoren führen jedoch keine Überprüfung ihrer Erkenntnisse mit Industriepartnern und Anwendenden durch, was beurteilbare Anwendungsfälle auf solche beschränkt, die sich in der wissenschaftlichen Literatur wiederfinden.

Interactive Dimensionality Reduction for Comparative Analysis nach FUJIWARA ET AL.

In ihrem Beitrag präsentieren FUJIWARA ET AL.[358] einen Ansatz zur interaktiven Analyse hochdimensionaler Daten mittels vereinheitlichter linearer vergleichender Analyse. Die Motivation liegt in der Einbindung der Intuition der analysierenden Person in den Analyseprozess, da bestehende Ansätze der Dimensionsreduktion eine beschränkte Flexibilität in der Analyse aufweisen. Eine weitere Motivation liegt in der Vereinfachung der Auswertung der Analyseergebnisse. Die Autoren heben die Bedeutung von Dimensionsreduktion in der Analyse hochdimensionaler Daten hervor. ULCA ist ein Ansatz der Autoren, der die bestehenden Ansätze der Diskriminanzanalyse und des kontrastiven Lernens aus dem Bereich des maschinellen Lernens zusammenführt. Nach der Datenvorbereitung und der Anwendung von ULCA werden die Ergebnisse visualisiert und können auf Parameterebene durch die analysierende Person manipuliert und ausgewertet werden. Die Autoren zeigen Validierungen anhand einer politischen Meinungsumfrage in den USA aus dem Jahr 2018 und anhand der MNIST-Datenbank für Handschrift.

Die Autoren zeigen durch ULCA und die interaktive Oberfläche die Relevanz der Verwertbarkeit von Analyseergebnissen durch Einbindung von Personen sowie das Potenzial der Kombination von Analyseansätzen. Die Kombination mit maschinellem Lernen macht dies in besonderer Weise erforderlich, da kontrastives Lernen zum selbstüberwachten Lernen zu zählen ist und im Prozess nicht durch eine menschliche Person auf Plausibilität geprüft wird. Gleichzeitig bleibt ihr Ansatz auf nicht-gemischte Daten beschränkt und ist demnach für die im Kontext der Arbeit relevanten Daten nicht anwendbar.

---

[358] Vgl. Fujiwara et al. (2022), Interactive Dimensionality Reduction for Comparative Analysis

Datenbasierte Intuition im Entwicklungsmanagement

Die folgenden Ansätze adressieren den datenbasierten Erkenntnisgewinn. Der Schwerpunkt liegt dabei auf Ansätzen mit Bezug zum Entwicklungsmanagement.

A Literature Review on Approaches for the Retrospective Utilisation of Data in Engineering Change Management nach TALE-YAZDI ET AL.

In ihrem Beitrag untersuchen TALE-YAZDI ET AL.[359] Ansätze der a posteriori-Datenanalyse im Kontext des Änderungsmanagements. Ziel des Beitrags ist die Befähigung von Unternehmen zur Erschließung von KDD-Potenzialen im Änderungsmanagement durch die Verknüpfung vorhandener Daten. Der Fokus liegt auf dem Lernen aus vergangenen Änderungsprozessen zur besseren Gestaltung zukünftiger Änderungen. Grundlage der Literaturanalyse waren 55 Beiträge, von denen 41 sich mit der a priori-Analyse und 14 mit der a posteriori-Analyse befassen, was gemäß den Autoren ein Ungleichgewicht in der wissenschaftlichen Forschung widerspiegelt und einen Forschungsbedarf im Kontext der retrospektiven Datennutzung zum Erkenntnisgewinn in der Entwicklung darstellt. Zur Gegenüberstellung der Ansätze werden die Anforderungen an datengestützte Änderungsprozesse aus der identifizierten Literatur extrahiert und in die fünf Kategorien „Inputorientiert", „Gestaltungsorientiert", „Anwendungsorientiert", „Outputorientiert" und „Funktionsorientiert" untergliedert. Die Autoren gleichen die identifizierten a posteriori-Ansätze mit diesen fünf Kategorien bezüglich der Erfüllung der Anforderungen ab.

Der Beitrag von TALE-YAZDI ET AL. zeigt am Beispiel des Änderungsmanagements ein steigendes Maß an wissenschaftlicher Forschung zur datenbasierten Erkenntnisgenerierung in der Produktentwicklung. Gleichzeitig wird der Forschungsbedarf im Änderungsmanagement und anderen Entwicklungsbereichen durch die Autoren hervorgehoben.

Extraction of Fundamental KPIs in New Product Development Using Bayesian Network Analysis nach TAKUMA UND IWAKAMI

In ihrem Beitrag befassen sich TAKUMA UND IWAKAMI[360] mit der Extraktion relevanter Kennzahlen für die Neuproduktentwicklung. Ziel des Beitrags ist die Präsentation einer Methode zur Steigerung der Entscheidungsgüte von Verantwortlichen durch die Fokussierung auf relevante Kennzahlen. TAKUMA UND IWAKAMI unterscheiden in ihrem

---

[359] Vgl. Tale-Yazdi et al. (2018), A Literature Review on Approaches for the Retrospective Utilisation of Data in Engineering Change Management

[360] Vgl. Takuma und Iwakami (2019), Extraction of Fundamental KPIs in New Product Development Using Bayesian Network Analysis

Ansatz „Key Perfomance Indicators", also unabhängige Variablen wie die Anzahl externer Partner, und „Key Goal Indicators", also abhängige Variablen wie den Umsatz. Ihr Ansatz untergliedert sich in drei Schritte. Im ersten Schritt werden Kennzahlen vergangener Neuproduktentwicklungsprojekte durch Umfragen mit Verantwortlichen gesammelt und mit einer Clusternummer, einer Bezeichnung, dem Datenformat und der Kennzeichnung als Key Performance Indicator oder Key Goal Indicator erfasst. Im zweiten Schritt wird ein Bayes'sches Netz auf die Daten angewandt und iterativ trainiert. Im dritten Schritt werden aus dem Bayes'schen Netz Schlüssel-Key Performance Indicators extrahiert, die als entscheidend für die Werte der Key Goal Indicators identifiziert wurden. Anhand einer Studie mit 250 Werten werden als die sechs Schlüssel-Key Performance Indicators der Eindruck auf Stakeholder, die Reaktion der Medien, der Anteil des Beitrags externer Organisationen, die Anzahl von Venture Capital Organisationen im Projekt, die Anzahl der wissenschaftlichen Beiträge aus dem Projekt und die Anzahl der Belobigungen interner Berichte identifiziert. Die Autoren weisen auf einen Bedarf für die Analyse größerer Datensätze hin.

Der Beitrag von TAKUMA UND IWAKAMI zeigt wertvolle Erkenntnisse bezüglich KDD für das Entwicklungsmanagement. Es wird ein explorativer Ansatz gezeigt, mit dessen Hilfe die Relevanz von Einflussgrößen auf unterschiedliche Projektziele ermittelt werden kann. Dies kann als direkte Entscheidungsunterstützung für Verantwortliche dienen. Während eine Sensibilisierung für Schlüsselfaktoren erfolgt, wird jedoch keine Möglichkeit zur Erfassung der Zusammenhänge und zur Steigerung der Intuition der Entscheidungsträger aufgezeigt. Eine Wenn-Dann-Beziehung für Entscheidungssituationen wird nicht vorgestellt.

Consideration of Fundamental KPIs and Their Relationship with Environmental Protection in New Product Development nach TAKUMA UND IWAKAMI

Basierend auf ihrem zuvor vorgestellten Ansatz zur Extraktion von Schlüsselfaktoren in der Neuproduktentwicklung befassen sich TAKUMA UND IWAKAMI[361] mit dem Zusammenhang zwischen Schlüsselfaktoren sowie ökologischen und sozialen Auswirkungen in der Neuproduktentwicklung. Ziel des Beitrags ist die datenbasierte Analyse der ökologischen und sozialen Nachhaltigkeit und der Produktentwicklung zur Unterstützung der Verantwortlichen in der Entscheidungsfindung. Die Analyse erfolgt wie im vorherigen Beitrag beschrieben. Die als Ziele angenommenen Indikatoren sind Umsatz, Absatzzahl, Marktanteil, Gewinn und Gewinnrate, jeweils über drei Jahre. Die Autoren zeigen, dass gemäß ihrer Analyse Maßnahmen zur Nachhaltigkeit im sozialen und

[361] Vgl. Takuma und Iwakami (2019), Consideration of Fundamental KPIs and Their Relationship with Environmental Protection in New Product Development Using Bayesian Network Analysis

ökologischen Umfeld keinen direkten Einfluss auf die Gewinngrößen haben und somit als unbedenklich einzustufen sind. Gleichzeitig wird ermittelt, dass sich die Maßnahmen positiv auf die persönliche Entwicklung der Mitarbeitenden und die Zusammenarbeit mit externen Partnern auswirken und somit indirekt einen positiven Zielbeitrag leisten können.

Der Beitrag zeigt ein erweitertes Potenzial der Bayes'schen Netze im datenbasierten Erkenntnisgewinn für die Produktentwicklung durch die Ableitung von konkreten Entscheidungen auf. Es wird die Anwendung des Bayes'schen Netzes demonstriert. Gleichzeitig beruht der Ansatz auf der Richtigkeit des Netzes, welches in seinem Aufbau und den Abhängigkeiten der Faktoren stark sensitiv gegenüber den verwendeten Daten ist. Die Autoren sehen einen Bedarf für über 1.000 Einträge zur fundierten Beurteilung von Zusammenhängen, was die Anwendbarkeit des Ansatzes einschränkt.

Towards an integrated process model for new product development with data-driven features nach Li et al.

In ihrem Beitrag präsentieren Li et al.[362] ein neues Prozessmodell für die Neuproduktentwicklung unter Berücksichtigung der Potenziale datengetriebener Ansätze. Ziel ist die integrale Verankerung von Daten in den Entwicklungsprozessen und die Unterstützung der Kollaboration von Beteiligten der Daten- und der Ingenieurwissenschaften im Entwicklungsprozess. Der Fokus der Betrachtung liegt auf der frühen Entwicklungsphase. Das vorgestellte NPD³-Modell (Englisch: New Product Development with Data-Driven Features) wird als Informationsnetzwerk dargestellt, in dem Entwicklungsinformationen zwischen den Beteiligten ausgetauscht werden. NPD³ ist in die drei Ebenen der physischen Produktentwicklung, des Projektmanagements und der Datenproduktentwicklung strukturiert. Auf Ebene der physischen Produktentwicklung werden die Identifikation von Konzepten, die Gestaltung und Umsetzung der Konzepte sowie die Beurteilung der Konzepte zur näheren Auswahl durchlaufen. Auf Ebene des Projektmanagements findet eine initiale Spezifikation statt, gefolgt von der koordinativen Begleitung der Gestaltung, der Umsetzung und des Testens sowie von der Definition einer finalen Spezifikation auf Basis der ausgewählten Konzepte. Auf der Ebene der Datenproduktentwicklung werden die Identifikation und Aggregation von Daten, die deskriptive Analyse und die darauf aufbauende Unterstützung der Entwicklung durch datenbasierte Entscheidungsunterstützung durchlaufen. Das Modell

[362] Vgl. Li et al. (2019), Towards an integrated process model for new product development with data-driven features (NPD3)

wird anhand der Fallstudie der Entwicklung eines unbemannten Flugsystems validiert und demonstriert.

Der Beitrag zeigt den Bedarf für die integrale Einbindung datenbasierter Erkenntnisgenerierung auf, der in der Aufbau- und der Ablauforganisation besteht. Die Kollaboration in komplexen Entwicklungsumgebungen wird schlüssig dargelegt. Gleichzeitig findet keine Ausarbeitung statt, welche Erkenntnisse datenbasierter Analysen auf welche Weise in Entscheidungen einbezogen werden können. Das Rahmenwerk bleibt auf der konzeptuellen und prozessualen Ebene.

Integrating intuition and artificial intelligence in organizational decision-making nach VINCENT

In seinem Beitrag präsentiert VINCENT[363] einen Ansatz zur Integration von Werkzeugen der Künstlichen Intelligenz in Entscheidungsprozesse in Organisationen. Ziel des Beitrags ist die Unterstützung von Verantwortlichen bei der Wahl, ob und wenn ja wie KI in Entscheidungen eingebunden werden kann. Der Ansatz unterscheidet bei einer Entscheidungssituation zwischen Fällen mit vielen und wenigen Optionen. Bei wenigen Optionen, dem Bestätigungsfall, wird eine intuitive Wahl durch Expertinnen und Experten vorgeschlagen, die durch Künstliche Intelligenz bewertet wird. Im Fall vieler Optionen, dem explorativen Fall, wird eine Analyse durch KI vorgeschlagen, deren Ergebnisse auf intuitiver Basis in eine Entscheidung überführt werden. Sollte es bei einer fehlenden Eindeutigkeit der getroffenen Wahl Zeitdruck geben, wird für beide Fälle die Nutzung von Intuition vorgeschlagen. Andernfalls kann der Entscheidungsprozess wiederholt werden. VINCENT differenziert nach strategischen, taktischen und operativen Entscheidungen und sieht das Potenzial des Ansatzes insbesondere bei strategischen Entscheidungen. Diese sind ihm zufolge durch unstrukturierte Informationen und große Unsicherheiten charakterisiert.

Der Beitrag von VINCENT adressiert eine wesentliche Herausforderung bei der Einbindung datenbasierter und teils zeitintensiver Analysen in operative, teils zeitkritische Entscheidungsprozesse. Es adressiert somit auch eine Lücke in den Ansätzen von LI ET AL. und von MASSMANN ET AL.. Gleichzeitig werden die Charakteristika von Entscheidungen auf strategischer Ebene nicht systematisch hergeleitet. Es wird nicht diskutiert, welche Potenziale eine Einbindung datenbasierter Entscheidungsunterstützung auf taktischer und operativer Ebene bietet und welche Entscheidungen wirkungsvoll unterstützbar sind.

---

[363] Vgl. Vincent (2021), Integrating intuition and artificial intelligence in organizational decision-making

Advancing mathematics by guiding human intuition with AI nach DAVIS ET AL.

In ihrem Beitrag präsentieren DAVIS ET AL.[364] einen methodischen Ansatz zur Unterstützung menschlicher Intuition bei der Bestimmung von Mustern und der Ableitung von Theoremen. Während sich der Beitrag somit in erster Linie an Mathematikerinnen und Mathematiker wendet, liegt ein Transferpotenzial auf Fragestellung des Entwicklungsmanagements vor. Der Ansatz ist in sechs Schritte strukturiert. Im ersten Schritt werden grundsätzliche Hypothesen über mathematische Zusammenhänge gebildet. Zu diesen werden im zweiten Schritt Daten generiert und im dritten Schritt genutzt, um überwacht ein lernendes Modell zu trainieren. Im vierten Schritt werden mithilfe des Modells Muster identifiziert. Im fünften Schritt werden auf Basis der Daten aus Schritt zwei, des Modells aus Schritt drei und der Muster aus Schritt vier Kandidaten für mathematische Strukturen identifiziert. Mit diesen werden die Hypothesen aus Schritt eins verfeinert und der Zyklus so lange durchlaufen, bis auf Basis der Strukturen ein Theorem bewiesen werden kann.

Der Ansatz zeigt ein Vorgehen zur interaktiven und explorativen Steigerung menschlicher Intuition durch datenbasierte Erkenntnisgenerierung. Im Beitrag werden jedoch weder die mathematischen Grenzen des Verfahrens noch die Validierung der Erkenntnisse anhand von realen Datenpunkten diskutiert, wie sie im Entwicklungsmanagement vorliegen. Hierin besteht ein Forschungsbedarf in Bezug auf die Unterstützung menschlicher Intuition durch datenbasierte Verfahren.

Produktportfoliosteuerung mittels präskriptiver Datenanalyseverfahren nach JANK

In ihrem Werk präsentiert JANK[365] ein Vorgehensmodell zur datenbasierten Steuerung von Produktportfolien. Ziel des Beitrags ist die Steigerung der Effizienz und Effektivität in der Produktportfoliosteuerung. Das Vorgehen gliedert sich in vier Teilschritte. Im ersten Teilschritt werden das Produktportfolio datenbasiert beschrieben und entsprechende Kennzahlen hergeleitet. Im zweiten Schritt erfolgt eine datenbasierte Beschreibung des Zielsystems des Unternehmens, sodass sowohl das Zielsystem als auch das Portfolio eines Unternehmens für mathematische Ansätze zugänglich sind. Anschließend werden auf Basis neuronaler Netze Wirkzusammenhänge zwischen dem Produktportfolio und dem Zielsystem des Unternehmens ermittelt. Eine systematische Betrachtung des möglichen Portfolioraums mit dem trainierten neuronalen Netz erlaubt im letzten Schritt die Ableitung präskriptiver Handlungsempfehlungen für Unternehmen.

[364] Vgl. Davies et al. (2021), Advancing mathematics by guiding human intuition with AI

[365] Vgl. Jank (2021), Produktportfoliosteuerung mittels präskriptiver Datenanalyseverfahren

Der Beitrag von JANK liefert ein Beispiel für die datenbasierte Unterstützung von Verantwortlichen im Entwicklungsmanagement durch KI. Die Einschränkungen der mangelnden Transparenz werden im Beitrag durch das Durchlaufen des gesamten darstellbaren Portfolioraums ausgeglichen, was jedoch bedingt, dass Aussagen getroffen werden, ohne dass eine entsprechende Datenbasis im Bereich der Aussage vorgelegen haben muss. Diese Einschränkung zu umgehen, stellt einen offenen Forschungsbedarf dar.

3.2.3 Bewertung bestehender Ansätze und Positionierung der Arbeit

Im vorangegangenen Abschnitt wurden bestehende Ansätze der wissenschaftlichen Literatur vorgestellt und jeweils bezüglich eines Forschungsbedarfs untersucht. Basierend auf dieser Beschreibung und Einordnung wird in Abschnitt 3.2.3 eine vergleichende Bewertung der Ansätze im Kontext der Zielsetzung der vorliegenden Arbeit vorgenommen. Die Bewertung dient der Gewährleistung der erforderlichen wissenschaftlichen Abgrenzung und der Herleitung eines wissenschaftlichen Defizits als Grundlage der Arbeit und wird durch Ableitung der Teilforschungsfragen am Ende des Abschnitts abgeschlossen.

Abbildung 3-1 zeigt die Bewertung der wissenschaftlichen Ansätze mittels eines Harveyball-Diagramms, in dem der Objektbereich, der Zielbereich und die Lösungshypothese als Spaltenbereich abgegrenzt sind. Die Bewertung erfolgt anhand von Harveyballs in den Kategorien „nicht erfüllt", „kaum erfüllt", „teilweise erfüllt", „weitgehend erfüllt" und „vollständig erfüllt". Die Bewertungskriterien der Spalten wurden aus Abschnitt 3.2.1 übernommen und werden dort erläutert. Die Ansätze sind gemäß der Struktur innerhalb von Abschnitt 3.2.2 in die Bereiche „Strukturierung des Entwicklungsmanagements", „Einflussfaktoren auf das Entwicklungsmanagement", „Dimensionsreduktion in der explorativen Analyse" und „Datenbasierte Intuition im Entwicklungsmanagement" aufgebaut. Dieser Struktur folgen auch die weiteren Ausführungen in diesem Abschnitt.

Forschungsdefizit in der strukturierenden Beschreibung des Entwicklungsmanagements

Die bestehenden Ansätze zur Strukturierung des Entwicklungsmanagements lassen sich in zwei zeitliche Phasen untergliedern. In der ersten Phase bis etwa 2010, die durch FRICKE UND LOHSE[366] sowie durch HOLZBAUR[367] vertreten wird, wird das Feld des

[366] Vgl. Fricke und Lohse (1997), Entwicklungsmanagement
[367] Vgl. Holzbaur (2007), Entwicklungsmanagement

Entwicklungsmanagements grundsätzlich beschrieben. Die Werke liefern merkmalsbezogene Definitionen, die das Feld in seinem Kern beschreiben und in der folgenden Literatur aufgegriffen werden. Gleichzeitig erlauben die angeführten Beschreibungen des Entwicklungsmanagements keine abgrenzende Beschreibung. Die Werke sind komplementär und ein gemeinsamer Kern ist erkennbar, doch ist in keinem Beitrag beschrieben, wo das Feld des Entwicklungsmanagements endet. Dies ist jedoch für die vorliegende Arbeit von großer Bedeutung, da die Einflussfaktoren der Bereiche des Entwicklungsmanagements sich teils stark unterscheiden können. Demnach ist für eine ganzheitliche Beschreibung der Komplexität des Entwicklungsmanagements durch datenbasierte Einflussfaktoren eine abgrenzende Beschreibung des Feldes erforderlich.

Die zweite Phase der wissenschaftlichen Literatur, die ca. 2010 beginnt, fokussiert sich auf die Detaillierung einzelner Bereiche des Entwicklungsmanagements. Dies ist wertvoll für die ganzheitliche Beschreibung des Entwicklungsmanagements, löst jedoch nicht den zuvor identifizierten Forschungsbedarf im Kontext der vorliegenden Arbeit auf. Dieser besteht in einer Erfassung der Handlungsfelder des Entwicklungsmanagements unter Berücksichtigung der industriellen Praxis und der wissenschaftlichen Forschung, sodass eine fundierte Unterstützung der Verantwortlichen durch Heuristiken darstellbar wird. Es fehlt neben Methoden zum Lernen aus abgeschlossenen Projekten im Entwicklungsmanagement bereits an Methoden zur analysierbaren Beschreibung der Eingangsgrößen in Form von Zielen und Merkmalen.

LH = LÖSUNGSHYPOTHESE

		Objektbereich				Zielbereich			LH	
Ansatz	Jahr	Fokus auf die Entwicklung technischer Produkte	Fokus auf das Entwicklungsmanagement	Fokus auf Daten abgeschlossener Entwicklungsprojekte	Betrachtung projektbezogener Einflussfaktoren	Zielerreichung abgeschlossener Entwicklungsprojekte	Relevante Einflussmerkmale zur Anwendung explorativer Analyse	Auswirkung von Einflussmerkmal-kombinationen auf Zielerreichung	Explorative Ableitung von Heuristiken	Ø Erfüllungsgrad
I. Strukturierung des Entwicklungsmanagements										
FRICKE ET AL.	1997	●	●	◔	◔	◔	○	◔	○	38 %
HOLZBAUR	2007	●	●	◔	◔	◔	○	◔	○	38 %
SCHUH ET AL.	2012	●	◕	◔	◔	◔	○	◔	○	34 %
LIU ET AL.	2021	●	●	◔	◔	○	○	○	○	31 %
SCHUH ET AL.	2021	●	◕	◔	◑	◔	○	◔	○	38 %
II. Einflussfaktoren auf das Entwicklungsmanagement										
NONN	2009	●	◑	●	●	◕	◔	◑	◔	66 %
HAHN	2013	●	●	●	●	●	○	◔	◑	72 %
RUSSO ET AL.	2013	●	◕	●	◕	◔	◑	◕	◔	66 %
SUMMERFIELD ET AL.	2018	◑	◑	◕	◕	◕	◕	●	◔	66 %
COOPER	2019	●	◕	●	◕	◕	○	◔	○	56 %
SCHUH ET AL.	2019	●	◑	◔	◑	◔	○	○	○	31 %
WILMSEN ET AL.	2019	●	●	◔	●	◔	○	◔	○	47 %
CERA ET AL.	2020	◔	○	◕	●	◑	○	○	○	31 %
OBAL ET AL.	2020	●	◑	◕	●	◕	◑	●	◔	72 %
SOLAN ET AL.	2021	●	◕	◑	◕	◑	○	◑	○	50 %
SOLTESZ ET AL.	2022	●	◑	◕	●	●	○	◑	◔	63 %
AYS	2022	●	◕	◔	◕	◑	◔	◔	○	47 %
III. Dimensionsreduktion in der explorativen Analyse										
CHAO ET AL.	2019	○	○	◑	●	◕	◑	◔	○	38 %
GERASSIS ET AL.	2020	○	○	◑	●	◕	◕	●	◔	53 %
PLOTNIKOVA ET AL.	2020	◑	◔	◕	◑	◔	◔	◔	○	34 %
YAZICI	2020	◑	◑	●	●	◕	◑	◕	◔	66 %
FUJIWARA ET AL.	2022	○	○	◑	◕	◔	●	◕	○	41 %
IV. Datenbasierte Intuition im Entwicklungsmanagement										
TALE-YAZDI ET AL.	2018	●	◑	◑	◑	◔	○	○	○	34 %
LI ET AL.	2019	●	◑	○	◑	◔	◕	◔	○	41 %
TAKUMA ET AL.	2019	◕	◑	◕	●	◕	◑	◕	◑	69 %
TAKUMA ET AL.	2019	◕	◑	◕	●	◕	◑	◕	◑	69 %
DAVIS ET AL.	2021	○	◔	◔	◑	◕	◑	◕	◑	44 %
JANK	2021	●	◑	●	◕	◕	◑	◑	◔	66 %
VINCENT	2021	◔	◑	◔	◑	◑	◔	◕	◔	41 %
Ø Häufigkeit		75 %	55 %	55 %	71 %	51 %	28 %	43 %	14 %	

Abbildung 3-1: Bewertung relevanter wissenschaftlicher Ansätze

Forschungsdefizit in der Beschreibung von Einflussfaktoren auf das Entwicklungsmanagement

Die Vielzahl bestehender wissenschaftlicher Ansätze zur Beschreibung, Analyse und Interpretation von Einflussfaktoren auf Tätigkeiten des Entwicklungsmanagements zeigt die große Relevanz des Feldes in der Forschung und Praxis sowie den Bedarf für anwendbare Hilfestellungen in der Entscheidungsfindung. Die Schwerpunkte der Ansätze legen den Schluss nahe, dass gerade diese konkreten Unterstützungsbedarfe in Entscheidungsprozessen wegweisend für die wissenschaftlichen Arbeiten waren, da die identifizierten Ansätze überwiegend sehr spezifische Aufgaben behandeln. Hierzu zählen etwa die Auswirkung der Wettbewerbssituation auf Entscheidungsprozesse bei SOLAN ET AL.[368], die Einflüsse von gesteigerter Berücksichtigung von Nachhaltigkeitsaspekten auf den Projekterfolg bei OBAL ET AL.[369] oder Faktoren mit hoher Relevanz für den Erfolg von Neuproduktentwicklungsprojekten bei COOPER[370]. Gemäß dieser Entwicklung besteht ein Forschungsbedarf in der ganzheitlichen Beschreibung von Einflussfaktoren, die Vergleichbarkeit in der Handhabung und Quantifizierung zulässt, wie von WILMSEN ET AL.[371] unterstrichen wird. Diese ganzheitliche Beschreibung wird bislang auch dadurch gehemmt, dass keine ganzheitliche und abgrenzende Beschreibung des Entwicklungsmanagements verfügbar ist.

Forschungsdefizit und explorative Analyse im Anwendungsbereich Entwicklungsmanagement

Die Ansätze zur Nutzung der explorativen Analyse mit Dimensionsreduktion zeigen großes Potenzial für den datenbasierten Erkenntnisgewinn im Entwicklungsmanagement. Insbesondere zeigen GERASSIS ET AL.[372] Möglichkeiten zur Ableitung konkreter und handlungsweisender Leitsätze aus der Analyse multidimensionaler Datensätze auf. Dies unterscheidet sie von einem breiten Feld wissenschaftlicher Forschung im mathematischen Bereich wie bei FUJIWARA ET AL.[373], die einen hohen Mehrwert haben, deren neu bestimmte Dimensionen jedoch teilweise kein Äquivalent in der Wirklichkeit haben, auch wenn sie mathematisch schlüssig sind, und die als Methodik einen hohen Grad an Komplexität haben. Dies erschwert die Anwendbarkeit der Ansätze zur

[368] Vgl. Solan und Shtub (2021), The Influence of Competition on New Product Development Project Planning Decisions

[369] Vgl. Obal et al. (2020), Integrating sustainability into new product development

[370] Vgl. Cooper (2019), The drivers of success in new-product development

[371] Vgl. Wilmsen et al. (2019), A context-model for adapting design processes and methods

[372] Vgl. Gerassis et al. (2020), Differentiating between fatal and non-fatal mining accidents using artificial intelligence techniques

[373] Vgl. Fujiwara et al. (2022), Interactive Dimensionality Reduction for Comparative Analysis

Dimensionsreduktion in der explorativen Analyse für Projekt- und Managementverantwortliche, die keinen vergleichbaren fachlichen Bezug zu den mathematischen Analysen und der Interpretation der Ergebnisse haben. Jedoch ist auch bei GERASSIS ET AL. die Analyse als MCA-basierter Ansatz auf kategorische Daten beschränkt und ermöglicht keine Analyse gemischter Daten. Ein Forschungsbedarf besteht demnach in der Herstellung der Anwendungstauglichkeit explorativer Verfahren mit gemischten Daten für Verantwortliche im Entwicklungsmanagement.

Forschungsdefizit im Kontext der datenbasierten Intuition für das Entwicklungsmanagement

Die bestehende Literatur zur datenbasierten Unterstützung Verantwortlicher bei Aufgaben des Entwicklungsmanagements liefert eine Vielzahl an wertvollen Anwendungsfällen. So zeigen LI ET AL.[374] ein Rahmenwerk zur Integration von Datenanalysen in den Produktentwicklungsprozess, VINCENT[375] untersucht die Integration von Ansätzen der Künstlichen Intelligenz in Entscheidungsprozesse und JANK[376] erläutert einen Ansatz für die Unterstützung von Entscheidungen des Portfoliomanagements durch präskriptive Datenanalyse. Analog zur Betrachtung der Einflussfaktoren legt die Schwerpunktsetzung der identifizierten Ansätze den Schluss nahe, dass sehr konkrete Anwendungsfälle leitend für die wissenschaftliche Forschung waren. In den weiteren Ansätzen werden zumeist spezifische Fragestellungen losgelöst untersucht. Eine ganzheitliche Unterstützung von Fragestellungen des Entwicklungsmanagements wird am ehesten durch TAKUMA UND IWAKAMI[377] in ihren beiden Beiträgen untersucht, wobei nach Darstellung der Autoren das Bayes'sche Netz auf einer großen Anzahl an Datenpunkten beruht und zwar konkrete Fragestellungen beantwortet, jedoch keinen Aufbau natürlicher Intuition unterstützt. Hierin besteht der offene Forschungsbedarf.

Ableitung der Forschungsfragen der Arbeit

Das übergreifende Ziel der Arbeit besteht in der wissenschaftlichen Bearbeitung der zentralen Hauptforschungsfrage der Arbeit:

Wie lassen sich mittels explorativer Analyse historischer Entwicklungsdaten Heuristiken für das Entwicklungsmanagement ableiten?

---

374 Vgl. Li et al. (2019), Towards an integrated process model for new product development with data-driven features (NPD3)

375 Vgl. Vincent (2021), Integrating intuition and artificial intelligence in organizational decision-making

376 Vgl. Jank (2021), Produktportfoliosteuerung mittels präskriptiver Datenanalyseverfahren

377 Vgl. Takuma und Iwakami (2019), Extraction of Fundamental KPIs in New Product Development Using Bayesian Network Analysis

Auf Basis des beschriebenen Forschungsdefizits in den vier zuvor strukturierten Feldern der wissenschaftlichen Literatur werden die folgenden Teilforschungsfragen abgeleitet:

1. Wie lassen sich die Ziele des Entwicklungsmanagements für die Anwendung explorativer Datenanalysen beschreiben?
2. Wie lassen sich Einflussmerkmale auf die Entwicklung für die Anwendung explorativer Datenanalysen beschreiben?
3. Wie lassen sich auf Basis historischer Entwicklungsdaten informationsreiche Einflussmerkmale mittels explorativer Datenanalysen ermitteln?
4. Wie lassen sich auf Basis der identifizierten Zusammenhänge Heuristiken für das Entwicklungsmanagement ableiten?

Die Teilforschungsfragen dienen der Detaillierung der Hauptforschungsfrage und strukturieren die weitere Bearbeitung des Themenfelds. Sie werden in den methodischen Teilschritten des Lösungsansatzes aufgegriffen.

3.3 Zwischenfazit: Forschungsbedarf

Gegenstand von Kapitel 3 war die Untersuchung des wissenschaftlichen Forschungsdefizits, das durch diese Arbeit zu adressieren ist. Hierzu wurden in Teilkapitel 3.1 die aktuelle Situation der industriellen Praxis dargestellt und Herausforderungen abgeleitet. Der Schwerpunkt der Herausforderungen liegt in methodischer Unterstützung beim datenbasierten Erkenntnisgewinn sowie in der Abhängigkeit von subjektivem Expertenwissen.

In Teilkapitel 3.2 wurden der Objektbereich und der Zielbereich der vorliegenden Arbeit detailliert. Objekt- und Zielbereich wurden durch Kriterien definiert, die zur Gewährleistung der Vergleichbarkeit der Ansätze erläutert wurden. Ergänzend zum Objekt- und Zielbereich wurde die Lösungshypothese der Arbeit vorgestellt. Basierend auf einheitlichen Bewertungskriterien wurden Ansätze der wissenschaftlichen Literatur in den Bereichen „Strukturierung des Entwicklungsmanagements", „Einflussfaktoren auf das Entwicklungsmanagement", „Dimensionsreduktion in der explorativen Analyse" und „Datenbasierte Intuition im Entwicklungsmanagement" vorgestellt und eingeordnet. Es wurde eine vergleichende Bewertung der Ansätze vorgenommen und das Forschungsdefizit je Bereich abgeleitet. Aus den Forschungsdefiziten wurden abschließend die Teilforschungsfragen der Arbeit abgeleitet, an denen sich der weitere Aufbau der Kapitel 4 und 5 orientieren wird.

4 Konzeption der Methodik

Nachdem in Teilkapitel 1.1 die Zielsetzung der Arbeit sowie das Defizit in der industriellen Praxis aufgezeigt wurden und in Teilkapitel 3.2 dargelegt wurde, inwiefern ein Defizit in der wissenschaftlichen Literatur besteht, wird in diesem Kapitel das Grobkonzept der Methodik zur Bestimmung datenbasierter Heuristiken für das Entwicklungsmanagement erarbeitet. Damit wird dem Forschungsansatz nach ULRICH UND HILL[378] entsprochen. Das Verständnis einer Methodik wird an EHRLENSPIEL UND MEERKAMM angelehnt, die eine Methodik als „eine planmäßige Verfahrensweise zur Erreichung eines bestimmten Ziels nach einem Vorgehensplan unter Einschluss von Strategien, Methoden, Werkzeugen und Hilfsmitteln"[379] definieren.

Zu diesem Zweck werden in Teilkapitel 4.1 das Zielbild der Methodik erarbeitet und Nutzenpotenziale der Methodik dargelegt. Die Anforderungen inhaltlicher und formaler Art an die Methodik werden in Teilkapitel 4.2 detailliert. Hier wird darüber hinaus der Objektbereich der Arbeit näher beschrieben. Darauf aufbauend wird das Grobkonzept der Methodik in Teilkapitel 4.3 erarbeitet, aus dem in Teilkapitel 4.4 Teilmodelle abgeleitet werden. Teilkapitel 4.5 schließt mit einem Zwischenfazit.

4.1 Zielbild der Methodik und angestrebte Nutzenpotenziale

Die Zielsetzung der Arbeit besteht, wie in Teilkapitel 1.2 dargelegt wurde, in der Verbesserung der Güte projektgestaltender Entscheidungen im Entwicklungsmanagement. Hierzu werden die in zunehmendem Maße verfügbaren Metadaten abgeschlossener Entwicklungsprojekte herangezogen. Die in diesen Daten enthaltenen Muster spiegeln Erfahrungen wider, die ohne methodische Hilfsmittel für Verantwortliche nur ungenügend erschließbar sind. Dieses Defizit zeigt sich in der Industrie durch erfahrungsbasierte Entscheidungen auch bei hoher Kritikalität und die Verkürzung einer komplexen Realität auf teils intransparente Kennzahlen (vgl. Teilkapitel 3.1).

[378] Vgl. Ulrich und Hill (1976), Wissenschaftstheoretische Grundlagen der Betriebswirtschaftslehre, S. 348
[379] Vgl. Ehrlenspiel und Meerkamm (2017), Integrierte Produktentwicklung, S. 173

Das Zielbild der Arbeit ist in Abbildung 4-1 zu sehen und untergliedert sich in vier Bereiche. Entscheidungen des Entwicklungsmanagements werden gemäß dem Austausch mit Industriepartnern noch weitgehend auf Basis der Erfahrung der Verantwortlichen getroffen. Der Bereich unten links in Abbildung 4-1 stellt schematisch dar, dass dies für Entscheidungen geringer Komplexität, also bei weniger Einflussfaktoren, mit hoher Entscheidungsgüte möglich ist. Bei steigender Komplexität nimmt die Entscheidungsgüte jedoch schnell ab. Der zu entwickelnde Ansatz soll gerade an dieser Stelle helfen. Der Ansatz kann keine beliebig hohe Komplexität ausgleichen, gerade weil in solchen Fällen sehr viele Projektdaten erforderlich sind, doch kann der Grad der abbildbaren Komplexität bei hoher Entscheidungsgüte gesteigert werden.

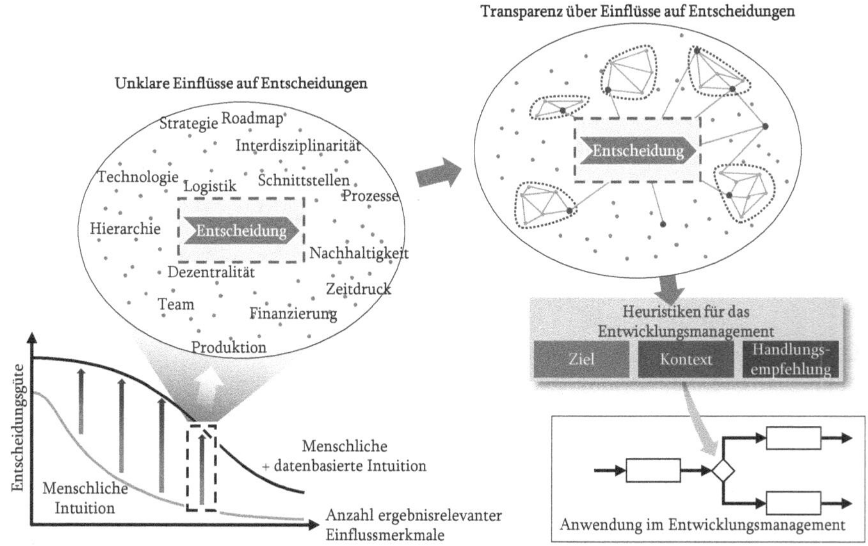

Abbildung 4-1: Zielbild der zu entwickelnden Methodik

Die oberen beiden Bereiche zeigen die Umgebungen von Entscheidungssituationen. Aktuell müssen Verantwortliche auf Basis ihrer Erfahrungen beurteilen, welche der unzähligen möglichen Einflüsse für die Entscheidung relevant sind. Dabei sind sie gemäß COWAN auf bis zu sechs Einflüsse beschränkt, die gleichzeitig kognitiv verarbeitet werden können.[380] Die somit erforderlichen Verkürzungen der Realität in der Entscheidungsfindung schlagen sich bei wachsender Komplexität in einer Minderung der Entscheidungsgüte nieder.

Auf der rechten Seite des oberen Bereichs ist eine Entscheidungssituation dargestellt, in der der Verantwortliche nicht mehr nur auf die eigene Intuition und Erfahrung angewiesen ist, um relevante Einflussfaktoren zu identifizieren. Die Analyse der Metadaten abgeschlossener Projekte erlaubt die Identifikation von Zusammenhängen und Mustern mit Auswirkung auf das Erreichen der Projektziele, die das Ableiten von Heuristiken ermöglicht. Dieses Vorgehen ermöglicht die Anreicherung der natürlichen Intuition der Verantwortlichen und steht somit beispielsweise KI-gestützten Entscheidungsmethoden gegenüber, deren Wirkprinzipien eine Black-Box darstellen und deren Entscheidungen akzeptiert oder verworfen werden können.

Im Rahmen der Methodik ist darüber hinaus zu definieren, auf welche Weise die ermittelten Heuristiken in die Entscheidungsprozesse des Entwicklungsmanagements einbezogen werden können. Neben dem reinen Vorliegen datenbasierter Heuristiken ist es erforderlich, Verantwortlichen Aufschluss darüber zu geben, wann diese Heuristiken verwendet werden können, um die Entscheidungsgüte und damit den Zielerreichungsgrad von Projekten zu verbessern.

Durch die zu entwickelnde Methodik werden Nutzenpotenziale in der Projektdurchführung und im Wissensmanagement anwendender Unternehmen angestrebt. Die Methodik adressiert projektgestaltende Entscheidungssituationen und kann helfen, die Entscheidungsgüte zu steigern. Während auch für Entscheidungen geringer Komplexität die Methodik wertvoll sein kann, liegt das Potenzial insbesondere dort, wo die Komplexität menschliche Verarbeitungsmöglichkeiten übersteigt. Dieser Fall kann auch dann gegeben sein, wenn die Entscheidung scheinbar von geringer Komplexität ist. Entscheidungsgüte ist bemessen als Grad, zu dem die gesetzten Ziele des Projekts erreicht werden können. Wie zuvor erwähnt, ist nicht davon auszugehen, dass die Methodik beliebig komplexe Entscheidungssituationen auflösen kann, da die Anzahl der erforderlichen Daten exponentiell mit der Anzahl der Dimensionen zunimmt.

---

[380] Vgl. Cowan (2001), The magical number 4 in short-term memory, S. 90 f.

Das zweite Nutzenpotenzial der Methodik liegt im Wissensmanagement. In dem Maß, in dem Entscheidungen auf dem impliziten Erfahrungswissen der Beteiligten beruhen, ist das Unternehmen auf diese Verantwortlichen oder Personen äquivalenter Erfahrung angewiesen. Dies bringt Unternehmen in eine Abhängigkeitssituation, deren Relevanz durch die steigende Mobilität am Arbeitsmarkt zunimmt.[381] Die Methodik bietet das Potenzial, einen Teil der erforderlichen Intuition durch Heuristiken abzubilden. Somit wird eine mit der Anzahl durchgeführter Projekte stetig wachsende Wissensquelle geschaffen.

Zusammenfassend sollen Unternehmen durch die Methodik befähigt werden, in komplexen Entwicklungsumgebungen systematisch aus abgeschlossenen Projekten zu lernen, indem anwendungsorientierte Leitlinien, das heißt Heuristiken für das Entwicklungsmanagement geschaffen werden. Der Mehrwert besteht für Unternehmen in einer erhöhten Gewissheit, zur Erreichung der angestrebten Ziele passende Maßnahmen identifizieren zu können. Die sich aus der Zielsetzung ergebenden Anforderungen an die Methodik sind Gegenstand des folgenden Teilkapitels.

4.2 Anforderungen an die Methodik

Im Folgenden werden die Anforderungen an die zu entwickelnde Methodik diskutiert. Hierbei werden die inhaltlichen Anforderungen in Abschnitt 4.2.1 diskutiert, gefolgt von den formalen Anforderungen in Abschnitt 4.2.2.

4.2.1 Inhaltliche Anforderungen

Die systematische Betrachtung der inhaltlichen Anforderungen ist grundlegend für die Realisierung der angestrebten Nutzenpotenziale durch die zu entwickelnde Methodik. Neben einer zielgerichteten Erarbeitung befähigen die inhaltlichen Anforderungen sowohl zur kritischen Reflexion der Arbeit als auch zur Validierung der Methodik.

Die inhaltlichen Anforderungen werden aus der Zielsetzung (vgl. Teilkapitel 1.2), dem Defizit in der industriellen Praxis (vgl. Teilkapitel 3.1), dem Defizit in der Theorie (vgl. Abschnitt 3.2.2 und Abschnitt 3.2.3) sowie dem Objektbereich der Arbeit (vgl. Abschnitt 3.2.1) abgeleitet. Abbildung 4-2 zeigt eine Übersicht der Anforderungen.

Aus der **Zielsetzung der Arbeit** leitet sich ab, dass die Methodik Unternehmen ermöglichen muss, alle projektgestaltenden Entscheidungen des Entwicklungsmanagements

[381] Vgl. Ganesch (2019), Räumliche Mobilität am Arbeitsmarkt, S. 4 ff.

durch Anwendung der Methodik abzubilden. Darüber hinaus muss die Methodik jegliche Einflüsse, die das Unternehmen im Umfeld dieser Entscheidungen identifiziert, einbeziehen können. Dies gilt auch, wenn diese Entscheidungen hochgradig anwendungsspezifisch sind. Abschließend muss die Methodik Unternehmen ermöglichen, aus den Daten abgeschlossener Projekte Heuristiken abzuleiten, die sich in konkrete Entscheidungen des Entwicklungsmanagements einbinden lassen.

Aus dem **Objektbereich der Arbeit** leitet sich ab, dass primäre Anwender der Methodik Unternehmen sind, die technische Produkte entwickeln und dabei eigenes Entwicklungsmanagement betreiben. Es müssen ferner in ausreichendem Maß Projektdaten vergleichbarer Qualität erhoben werden, sowohl zu potenziellen Einflüssen als auch zu den Zielen und der Zielerreichung abgeschlossener Entwicklungsprojekte.

Aus dem **Defizit in der Praxis** leitet sich ab, dass die Methodik Verantwortlichen ermöglichen muss, objektive Messgrößen zur differenzierten Bestimmung des Projekterfolgs zu ermitteln, sowie eine projektübergreifend vergleichbare Datenbasis zu erheben. Darüber hinaus muss die Grenze der Komplexität, ab der, wie in Abbildung 4-1 dargestellt ist, die Entscheidungsgüte sinkt, nach rechts in den Bereich höherer Komplexität verschoben werden. Die Methodik muss Unternehmen außerdem befähigen, systematisch aus abgeschlossenen Projekten Wissen für zukünftige Projekte abzuleiten.

Aus dem **Defizit in der Theorie** leitet sich ab, dass die Methodik Modelle zur Beschreibung des Entwicklungsmanagements und seiner Einflüsse umfassen muss. Die Beschreibung muss dabei eine Abgrenzung des Feldes ermöglichen. Im Kontext der Wissensermittlung muss die Methodik gegenüber bestehenden Ansätzen eine gesteigerte Interpretierbarkeit für Personen abbilden, die nicht mit der zugrundeliegenden Mathematik vertraut sind. Das gewonnene Wissen muss so aufbereitet werden, dass ein Lernen aus abgeschlossenen Projekten ermöglicht wird.

Zielsetzung der Arbeit	Objektbereich der Arbeit
• Handlungsfeldbasierte Beschreibung des Entwicklungsmanagements • Beschreibung von Einflussfaktoren auf das Entwicklungsmanagement • Datenbasierte Identifikation informationsreicher Einflussmerkmale • Ableitung von Heuristiken für das Entwicklungsmanagement	• Entwicklung technischer Produkte • Entscheidungen des Entwicklungsmanagements • Betrachtung von Projektdaten abgeschlossener Entwicklungsprojekte • Einflussfaktoren auf Entwicklungsprojekte
Defizit in der Praxis	**Defizit in der Theorie**
• Fehlende methodische Unterstützung bei der Messung des Projekterfolgs • Mangelhafte Interpretierbarkeit bei Methoden für den datenbasierten Erkenntnisgewinn • Mangelhafte Datenqualität der Projektmetadaten	• Fehlende abgrenzende Beschreibung des Entwicklungsmanagements • Fehlende Beschreibung von Einflussmerkmalen auf Entwicklungsentscheidungen • Mangelnde Interpretierbarkeit bestehender explorativer Ansätze • Fehlende Ansätze zum Lernen aus vergangenen Projekten

Abbildung 4-2: Inhaltliche Anforderungen an die zu entwickelnde Methodik

4.2.2 Formale Anforderungen

Während die bisher beschriebenen Anforderungen spezifisch für die vorliegende Aufgabe sind, existieren allgemeine Anforderungen an die Entwicklung einer Methodik und zugehöriger Modelle. Es wird sich hierbei an PATZAK angelehnt, der folgende zu erfüllende Aspekte darstellt:[382]

- Die **empirische Richtigkeit** beschreibt die Übereinstimmung zwischen dem Verhalten des Modells in Form des Systems sowie seiner Elemente auf der einen und der Realität auf der anderen Seite.
- Die **formale Richtigkeit** beschreibt die Systemkonsistenz, also die Widerspruchsfreiheit des Modells und seiner Darstellung ohne formale Fehler. Darüber hinaus wird von den Ergebnissen gefordert, reproduzierbar und validierbar zu sein.
- Die **Nutzungsfreundlichkeit** beschreibt die Eigenschaft des Modells, für Anwendende intuitiv und nachvollziehbar in der Handhabung zu sein. Dieser Aspekt ist insbesondere für die Akzeptanz des Modells in der Praxis wesentlich.
- Die **Zweckbezogenheit** beschreibt die Konformität des Modells mit den Rahmenbedingungen seines Einsatzes. Hierbei muss das Modell sowohl formal als auch inhaltlich den Anforderungen des Zwecks genügen.

[382] Vgl. Patzak (1982), Systemtechnik - Planung komplexer innovativer Systeme, S. 309 f.

- Die **Wirksamkeit** beschreibt die Fähigkeit des Modells, die gesetzte Aufgabe so zu lösen, dass der erwartete Mehrwert für die Anwendenden realisiert werden kann. Hierbei steht das Aufwand-Nutzen-Verhältnis der Anwendenden im Fokus.

Eine Betrachtung der Anforderungen zeigt, dass die formalen Anforderungen teils zu Zielkonflikten führen können, die von PATZAK diskutiert werden.[383] Ein Beispiel ist der Konflikt zwischen der empirischen Richtigkeit und dem günstigen Aufwand-Nutzen-Verhältnis, wie es im Rahmen der Wirksamkeit gefordert wird. Es ist demnach eine Abwägung zu treffen, die die zuvor beschriebenen Nutzenpotenziale (vgl. Teilkapitel 4.1) berücksichtigt.

4.3 Grobkonzept der Methodik

Im Rahmen der Arbeit ist eine Methodik zu entwickeln, die den zuvor detaillierten Anforderungen genügt. Das Grobkonzept dieser Methodik wird im Folgenden dargelegt und lässt sich in vier zu lösende Aufgaben unterteilen. Abbildung 4-3 zeigt die vier zu lösenden Aufgaben im Überblick.

Abbildung 4-3: Übersicht der zu lösenden Aufgaben

[383] Vgl. Patzak (1982), Systemtechnik - Planung komplexer innovativer Systeme, S. 310

Die erste Aufgabe ist Gegenstand von Abschnitt 4.3.1 und befasst sich mit der abgrenzenden und vollständigen Beschreibung des Entwicklungsmanagements. Auf Basis dieser Beschreibung in Form von Handlungsfeldern ist ein Vorgehen zu definieren, mit dem quantitative Ziele des Entwicklungsmanagements hergeleitet werden können. Diese bilden die Grundlage für die spätere Ableitung von Heuristiken. Erst durch die Beurteilung, ob eine Handlung erfolgreich war oder nicht, lässt sich Intuition bilden. Dies gilt für datenbasierte Intuition ebenso wie für natürliche Intuition.

Die zweite Aufgabe ist Gegenstand von Abschnitt 4.3.2 und befasst sich mit der Beschreibung der Einflüsse auf das Entwicklungsmanagement. Es ist zu bestimmen, wie Einflüsse zu beschreiben sind und durch welches Vorgehen plausible Einflüsse identifiziert werden können. Die Vorselektion ist zentral für die Adressierung des Zielkonflikts zwischen Erkenntnistiefe auf der einen Seite und mathematischer Stabilität der Analyse auf der anderen Seite.

Die dritte Aufgabe ist Gegenstand von Abschnitt 4.3.3 und befasst sich mit der Entwicklung eines Vorgehens zur Identifikation von Einflüssen, zu denen Daten mit hohem Informationsgehalt vorliegen. Diese Analyse ist erforderlich, um sicherzustellen, dass die identifizierten Heuristiken die wesentlichen, durch Daten belegbaren Leitsätze widerspiegeln, statt auf einem vorurteilsbasierten Stichprobenfehler zu beruhen.

Die vierte Aufgabe ist Gegenstand von Abschnitt 4.3.4 und befasst sich mit der Entwicklung eines Vorgehens zur datenbasierten Ableitung von Heuristiken sowie der Bewertung der Validität einer datenbasierten Heuristik. Auf diese Weise wird sichergestellt, dass die Fundiertheit der Aussage nachvollzogen werden kann, wenn sie in operative Entscheidungen einbezogen wird.

Die aufgeführten Teilschritte werden in den folgenden Abschnitten konzipiert und beschrieben. Eine Detaillierung erfolgt anschließend in Kapitel 5.

4.3.1 Beschreibung des Entwicklungsmanagements

Die Identifikation von Heuristiken und deren Einbindung in das Entwicklungsmanagement erfordert zunächst eine Beschreibung des Entwicklungsmanagements und seiner Ziele, die Gegenstand des ersten Teilschritts der Methodik ist. Die Beschreibung des Entwicklungsmanagements adressiert dabei die formalen Anforderungen an Zweckbezogenheit und Wirksamkeit. Die Beschreibung quantitativer Ziele ermöglicht es, bei der Identifikation von Heuristiken aus Daten zu beurteilen, welche Projektaspekte in der Vergangenheit vorteilhaft und welche nachteilig waren, und ist somit essenziell für die Bildung datenbasierter Intuition.

Abbildung 4-4 skizziert die vier Aktivitäten zur Beschreibung des Entwicklungsmanagements, die im Folgenden weiter konzipiert werden.

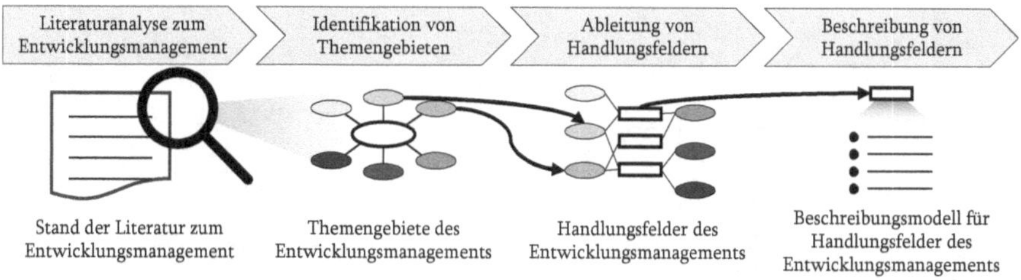

Abbildung 4-4: Konzept zur Beschreibung des Entwicklungsmanagements

Durch eine Literaturanalyse zum Entwicklungsmanagement können analytisch-deduktiv wissenschaftliche Sichten auf das Entwicklungsmanagement identifiziert werden. Basierend auf der Evolution des wissenschaftlichen Verständnisses des Entwicklungsmanagements sind nachfolgend Themengebiete als erste Beschreibungsgrundlage abzuleiten und zu strukturieren. Da nicht gewährleistet ist, dass die Themengebiete die Anforderungen an Handlungsfelder gemäß HOMFELDT[384] erfüllen, ist anschließend eine systematische Ableitung von Handlungsfeldern und deren Beschreibung erforderlich.

Während für die Einhaltung der formalen und inhaltlichen Anforderungen eine abgrenzende Beschreibung des Entwicklungsmanagements erforderlich ist, reicht diese nicht aus, um die übergreifende Aufgabe zu erfüllen. Die Ableitung datenbasierter In-

[384] Vgl. Homfeldt (2003), Handlungsfelder der sozialen Arbeit

tuition erfordert die Möglichkeit, quantitativ zu beurteilen, inwiefern ein abgeschlossenes Projekt vorteilhaft oder nachteilig war. Abbildung 4-5 zeigt die Aktivitäten, die im Rahmen der Methodenentwicklung hierzu durchgeführt werden.

Die Literatur zeigt, dass Ziele und die Beurteilung von „vorteilhaft“ und „nachteilig“ divers und in hohem Maße anwendungsspezifisch sind. Um dem gerecht zu werden, ist ein Vorgehen zu erarbeiten, mit dessen Hilfe Ziele definiert und beschrieben werden können. Die individuelle Definition von Zielen adressiert die inhaltlichen Anforderungen. Insbesondere mit Bezug auf das Defizit in der Praxis, wo die Bemessung von „gut“ oder „schlecht“ teils aus unternehmenspolitischen Gründen in der Retrospektive vermieden wird[385], besteht ein Handlungsbedarf. Das Vorgehen muss dabei die Definition von Zielen auf verschiedenen Handlungsebenen (vgl. Abschnitt 2.1.3) und unabhängig von der Branche des entwickelnden Unternehmens ermöglichen.

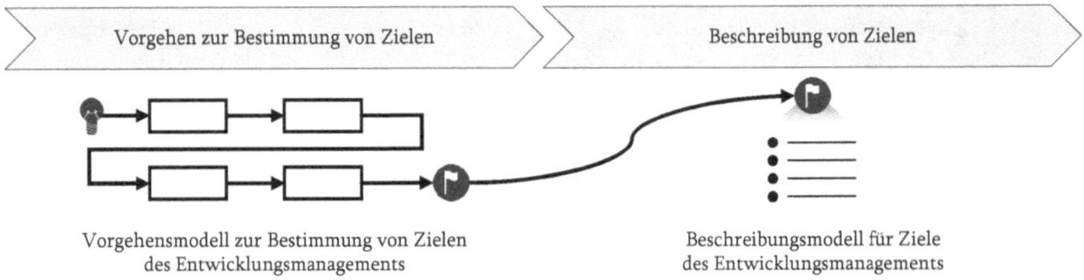

Abbildung 4-5: Konzept zur Beschreibung quantitativer Ziele des Entwicklungsmanagements

Die anschließende Beschreibung soll die formale Anforderung der Nutzbarkeit adressieren, indem zu gewährleisten ist, dass die erhobenen Ziele datenbasiert erhoben werden können und mit der zu entwickelnden Methodik kompatibel sind. Die Beschreibung muss gewährleisten, dass eine Nachvollziehbarkeit der Ziele über mehrere Jahre hinweg und unabhängig von der anwendenden Person gewährleistet bleibt, da die Datenerhebung sich über mehrere Jahre erstrecken kann und dabei die Vergleichbarkeit gewährleistet bleiben muss. Darüber hinaus muss die Rückverfolgbarkeit der Quellen für die Datenerhebung gewährleistet sein, sodass auch bei Anpassungen der Infrastruktur der Datenerhebung eine konsistente Datenbasis gewährleistet bleibt.

385 Vgl. Balconi et al. (2019), To Rate or Not to Rate?, S. 179

4.3.2 Beschreibung der Einflüsse auf das Entwicklungsmanagement

Die Menge der wissenschaftlichen Literatur zu Einflüssen auf das Entwicklungsmanagement spiegelt die Vielfalt der Einflüsse und die Komplexität der Entscheidungen wider. Eine Analyse über Projekte in einem Zeitraum von mehreren Jahren beruht auf der Vergleichbarkeit der zugrundeliegenden Daten, die wiederum eine systematische Beschreibung der zu erhebenden Informationen voraussetzt. Abbildung 4-6 zeigt die drei Aktivitäten, die im Rahmen der Arbeit zu diesem Zweck durchgeführt werden.

Zunächst ist eine Literaturanalyse zu bekannten Einflussmerkmalen durchzuführen. Wie zuvor erwähnt, existiert hierzu umfangreiche Forschung, die jedoch meist einen spezifischen Aspekt oder eine besondere Art von Einflussmerkmalen untersucht. Die Recherche soll demnach eine Liste potenzieller Einflussmerkmale liefern, die Unternehmen als Orientierung und als Anknüpfungspunkt dienen kann. Eine Vollständigkeit dieser Liste ist nicht zu erwarten, da die Literatur zeigt, dass Einflüsse in hohem Maße anwendungsspezifisch sein können.

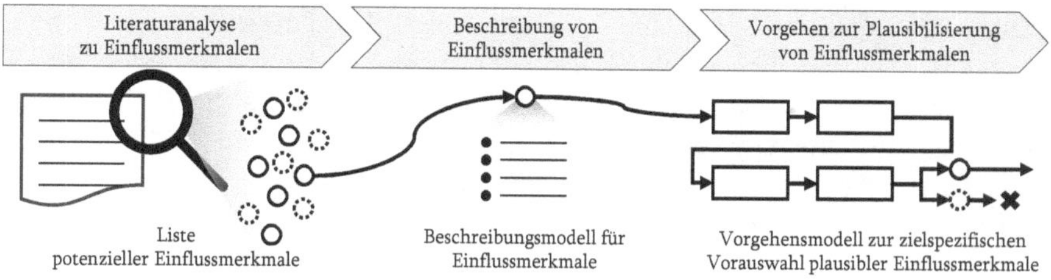

Abbildung 4-6: Konzept zur Beschreibung potenzieller Einflussfaktoren auf Aktivitäten und Ziele des Entwicklungsmanagements

Darüber hinaus ist durch die Analyse zu untersuchen, welche bestehenden Ansätze zur Beschreibung von Einflussmerkmalen existieren. Wie bei den Zielen (vgl. Abschnitt 4.3.1) ist durch die Beschreibung zu gewährleisten, dass die erhobenen Daten über mehrere Jahre und unabhängig von der anwendenden Person in sich konsistent und vergleichbar bleiben. Ein entsprechendes Beschreibungsmodell ist zu definieren, in dem die wesentlichen Attribute von Einflussmerkmalen aufgeführt werden. Durch das Beschreibungsmodell ist zu gewährleisten, dass durch Unternehmen ergänzte Einflussmerkmale im Rahmen der Analyse nutzbar sind. Dies betrifft zum einen ein einheitliches Verständnis der datenbasiert zu erfassenden Informationen. Während Datenquellen in Form von Softwarewerkzeugen mit der Zeit abgelöst werden können, sind die Informationen auch über solche infrastrukturellen Wechsel hinweg konsistent zu erfassen. Dies gilt auch dann, wenn zusätzlich Personalwechsel stattfinden. Zum anderen ist nachvollziehbar zu regeln, über welche Quellen die Informationen zu einem gegebenen Zeitpunkt zu erheben sind und wie Widersprüche aufzulösen sind. Widersprüchliche Informationen können beispielsweise entstehen, wenn es die genutzten Softwarewerkzeuge erforderlich machen, Datenbanken manuell abzugleichen. Derartige Effekte dürfen keinen Einfluss auf die Qualität der Datenbasis haben und müssen durch die Methodik antizipiert werden.

Abschließend ist die Plausibilität der Einflussmerkmale zu beurteilen, um eine Vorselektion zu treffen. Der Grund hierfür liegt in der Gefahr zufälliger Korrelation sowie in der Stabilität der mathematischen Analyse. In einem beispielhaften, fiktiven Fall von 15 relevanten Einflüssen unter 50.000 vorhandenen Einflüssen ist die Gefahr einer zufälligen, irreführenden Korrelation erheblich höher, als bei 15 relevanten Einflüssen unter 50 vorhandenen Einflüssen. Des Weiteren steigt die benötigte Anzahl an Projekten mit erfassten Daten exponentiell mit der Anzahl der Faktoren. Gleichzeitig schränkt eine auf Expertise beruhende Vorauswahl den Erkenntnisgewinn ein. Dieser Zielkonflikt ist bereits Gegenstand der wissenschaftlichen Literatur und im Kontext explorativer Datenanalyse nicht unüblich.[386] Es ist demnach ein systematisches Vorgehen zu definieren, wie bei möglichst geringem negativem Einfluss auf die Erkenntnistiefe eine priorisierende Plausibilisierung der zuvor beschriebenen Einflüsse durchgeführt und die Menge der in der späteren Datenanalyse verwendeten Einflüsse reduziert werden kann.

4.3.3 Ermittlung informationsreicher Einflussmerkmale

Der datenbasierte Erkenntnisgewinn beruht auf einem Fokus auf das Wesentliche, um hieraus Erkenntnisse abzuleiten. Die zunehmende Datenerfassung bedingt auch, dass mehr und mehr Daten erfasst werden, die nur scheinbar relevant sind. Die Reduktion der plausiblen Einflussmerkmale (vgl. Abschnitt 4.3.2) auf die Einflussmerkmale, in denen Informationen enthalten sind, ist die Aufgabe des dritten Teilschritts der zu entwickelnden Methodik. Die datenbasierte, explorative Analyse gewährleistet, dass nicht die vorgefasste Meinung der Verantwortlichen neuartige Erkenntnisse unterdrückt, indem nur solche Daten betrachtet werden, die erfahrungsgemäß wichtig sind, auch wenn sie statistisch lediglich einen Randaspekt darstellen. Stattdessen werden die gemäß der Datenlage informationsreichsten Einflüsse zur Ableitung von Heuristiken

[386] Vgl. Fayyad et al. (1996), Knowledge discovery and data mining: towards a unifying framework, S. 83 f.

herangezogen. Die Erarbeitung soll gemäß Abbildung 4-7 durch drei Aktivitäten erfolgen.

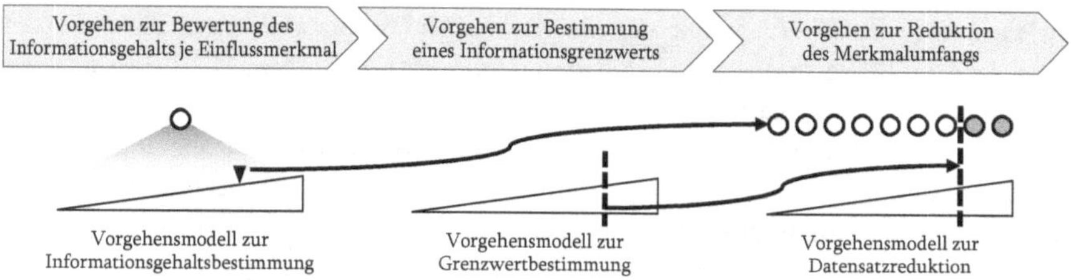

Abbildung 4-7: Konzept zur Ermittlung informationsreicher Einflussmerkmale

Zunächst ist durch explorative Analyse der relative Informationsgehalt aller Einflussmerkmale zu bestimmen. Der relative Informationsgehalt erlaubt eine Priorisierung der Einflussmerkmale. Die Analyse hat eine Reduktion des Datensatzes um einen solchen Umfang zu ermöglichen, dass bei einer verfügbaren Menge abgeschlossener Projekte Heuristiken identifiziert werden können. Um die Reduktion durchführen zu können, ist demnach ein Wert erforderlich, anhand dessen Verantwortliche in Unternehmen beurteilen können, welche Einflussmerkmale relevant sind.

Da die Bewertung relativ ist, benötigen Unternehmen neben der Bewertung des relativen Informationsgehalts der Einflussmerkmale ein Vorgehen, um einen Grenzwert zu bestimmen. Während eine absolute Bewertung des Informationsgehalts einen allgemeinen Grenzwert ermöglichen würde, ist bei der relativen Bewertung der Grenzwert für jede Durchführung individuell zu bestimmen. Dies wird als erforderlich erachtet, um den individuellen Rahmenbedingungen entwickelnder Unternehmen gerecht zu werden. Erst durch den Grenzwert sind Unternehmen in der Lage, die Menge der vorliegenden Einflussmerkmale zu reduzieren. Das Vorgehen hat zu gewährleisten, dass mögliche vorgefasste Meinungen der Anwendenden nicht ausschlaggebend dafür sind, ob ein Einflussmerkmal für die spätere Analyse hinzugezogen wird oder nicht. Dies adressiert die formale Anforderung der formalen Richtigkeit, insbesondere in Bezug auf die Reproduzierbarkeit der Ergebnisse der Methodik.

Auf Basis der Bewertung des relativen Informationsgehalts der Einflussmerkmale und der Definition eines Grenzwerts ist abschließend ein Vorgehen zur Reduktion des Datensatzes zu beschreiben. Hierbei wird der Umfang der betrachteten Einflussmerkmale reduziert. Sowohl die betrachteten Zielsetzungen als auch die betrachteten Projekte bleiben unvermindert Teil des Datensatzes.

4.3.4 Ableitung und Nutzung von Heuristiken

Durch die ersten drei Teilschritte der Methodik soll die Grundlage für datenbasierten Erkenntnisgewinn im Kontext des Entwicklungsmanagements geschaffen werden. Ziele und Einflüsse sind zu beschreiben und zu operationalisieren. Einflüsse sind darüber hinaus auf informationsreiche Einflussmerkmale zu reduzieren. Im vierten und letzten Teilschritt der Methodik ist zu definieren, wie Heuristiken abgeleitet und im Rahmen von Entscheidungsprozessen eingesetzt werden können. Abbildung 4-8 zeigt die drei Aktivitäten, die hierzu im Rahmen der Arbeit durchgeführt werden.

Zunächst sind im verbleibenden Datenraum auf Basis abgeschlossener Projekte Heuristiken zu ermitteln. Die Methodik muss beschreiben, wie bei der Identifikation von Heuristiken vorzugehen ist und worauf Verantwortliche achten müssen. Hierzu ist gegenüber dem aktuellen Stand der wissenschaftlichen Literatur das Konzept einer datenbasierten Heuristik näher zu beschreiben. Die Bestandteile datenbasierter Heuristiken sowie ihre Grenzen sind zu detaillieren. Die Identifikation datenbasierter Heuristiken findet im gesamten verbleibenden Datenraum statt. Heuristiken können jedoch aus den zuvor genannten Gründen hochgradig anwendungsspezifisch sein. Im Rahmen der Methodik ist zu detaillieren, woran die Anwendbarkeit der Heuristik festgestellt werden kann und wie Heuristiken untereinander differenziert werden, ohne die Anwendbarkeit der Methodik auf spezifische Rahmenbedingungen zu beschränken.

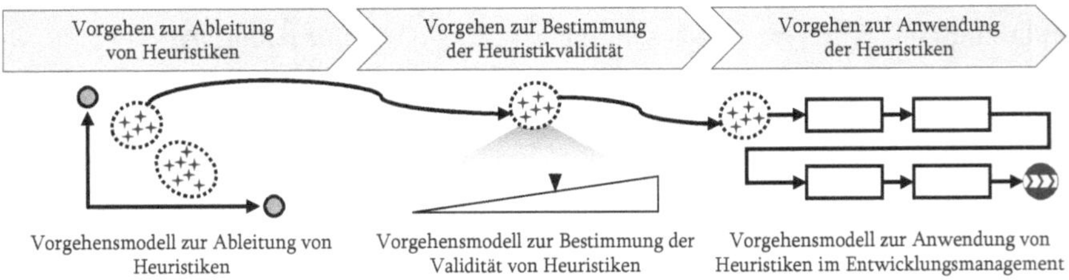

Abbildung 4-8: Konzept zur Ermittlung von Heuristiken für das Entwicklungsmanagement

Da die Heuristiken für jedes anwendende Unternehmen anhand der individuellen Daten zu bestimmen sind, können Heuristiken nur widerspiegeln, was in den jeweiligen Daten an Erkenntnissen enthalten ist. Es ist demnach nicht gewährleistet, dass jede Heuristik mit der gleichen Sicherheit aus den Daten bestimmbar ist. Da datenbasierte

Heuristiken nur so aussagekräftig sind, wie die Daten, auf deren Basis sie ermittelt wurden, ist für jede Heuristik ein Maß für die Aussagekraft zu bestimmen, das im Folgenden als Heuristikvalidität bezeichnet wird. Die Methodik hat ein Vorgehen zu definieren, anhand dessen Unternehmen die Heuristikvalidität ihrer datenbasierten Heuristiken ermitteln können. Dies ist ein essenzieller Schritt für die Anwendung der Heuristiken in Entscheidungen des Entwicklungsmanagements.

Das reine Vorliegen datenbasierter Heuristiken stellt noch keinen Mehrwert für entwickelnde Unternehmen dar. Sie reihen sich ein in eine lange Liste an Werkzeugen, deren Nutzung den Verantwortlichen frei zur Verfügung steht, jedoch kaum mit dem Tagesgeschäft zu vereinen ist. Um dieser Situation entgegenzuwirken, ist im Rahmen der Methodik ein Vorgehen zu definieren, gemäß dem die identifizierten Heuristiken in konkrete Entscheidungen des Entwicklungsmanagements eingebunden werden können. Gemäß der Datengrundlage, die sich auf abgeschlossene Entwicklungsprojekte bezieht, hat die Methodik auch bei der Einbindung ein Entwicklungsprojekt als Ganzes zum Gegenstand der Betrachtung zu machen. Es ist zu definieren, in welche Arten von Entscheidungen Heuristiken Eingang finden können und anhand welcher Fragen entschieden werden kann, ob der Einsatz der verfügbaren, datenbasierten Heuristiken gerechtfertigt ist.

Nach der Detaillierung der zu lösenden Aufgaben werden im Folgenden Teilmodelle abgeleitet und die Konzeptionierung damit beendet.

4.4 Ableitung von Teilmodellen

Auf Basis des in Teilkapitel 4.3 vorgestellten Grobkonzepts werden im Folgenden Teilmodelle für die Bearbeitung abgeleitet. Die Teilmodelle ermöglichen die Strukturierung der zu entwickelnden Methodik und unterteilen Bereiche unterschiedlichen Vorgehens.

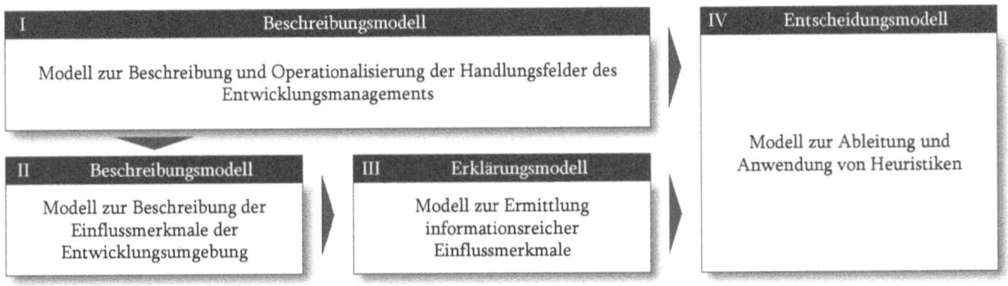

Abbildung 4-9: Teilmodelle zur datenbasierten Identifikation von Heuristiken für das Entwicklungsmanagement

Die Abgrenzung des Entwicklungsmanagements erfolgt durch ein Beschreibungsmodell, das sich mit der deskriptiven Herleitung und Detaillierung der Handlungsfelder des Entwicklungsmanagements befasst. Durch dieses wird ein vollständiges Abbild des Entwicklungsmanagements und seiner Schnittstellen zu anderen Bereichen gewährleistet.

Ein zweites Beschreibungsmodell befasst sich mit der deskriptiven Operationalisierung der Einflüsse des Entwicklungsmanagements und umfasst ein Vorgehen für Unternehmen, um eigene Einflüsse zu beschreiben.

Ein sich anschließendes Erklärungsmodell befasst sich mit der Identifikation der informationsreichen Einflüsse und stellt damit einen wesentlichen Schritt des datenbasierten Erkenntnisgewinns dar. Das zu entwickelnde Erklärungsmodell umfasst demnach ein Vorgehen zur datenbasierten Steigerung der Transparenz im Entscheidungsumfeld und schafft die Grundlage für die Ableitung von Heuristiken

Die Ableitung von Heuristiken und die Einbindung in Entscheidungsprozesse ist Gegenstand des abschließenden Entscheidungsmodells. Im Rahmen des Modells ist ein Vorgehen zu entwickeln, durch das Heuristiken datenbasiert identifiziert und in ihrer Aussagekraft bewertet werden können.

4.5 Zwischenfazit: Konzeption der Methodik

Das vierte Kapitel befasste sich mit der Entwicklung des Grobkonzepts der zu entwickelnden Methodik. Dies umfasst das Zielbild, die Nutzenpotenziale, die Anforderungen, das Grobkonzept und die daraus abgeleiteten Teilmodelle.

Teilkapitel 4.1 präsentiert die vier Bereiche des Zielbilds der Methodik, das sich darauf fokussiert, Transparenz für Verantwortliche des Entwicklungsmanagements zu schaffen, um so die Güte komplexer Entscheidungen zu steigern. Das Lösungsvehikel sind die durch explorative Analyse historischer Projektdaten ermittelten Heuristiken. Im Rahmen der Arbeit ist auch zu beschreiben, durch welches Vorgehen diese Heuristiken im Entwicklungsmanagement eingesetzt werden können. Neben der Steigerung der Entscheidungsgüte bietet die Methodik Unternehmen ein Werkzeug des Wissensmanagements, um sich vor Personalwechsel-bedingtem Wissensabfluss zu schützen.

Teilkapitel 4.2 befasst sich mit den formalen und inhaltlichen Anforderungen an die Methodik. Die inhaltlichen und somit spezifischen Anforderungen an die Methodik leiten sich aus den Zielen, dem Defizit in der Praxis, dem Defizit in der Theorie sowie dem Objektbereich der Arbeit ab. Die allgemeinen, formalen Anforderungen sind an PATZAK angelehnt.[387]

Teilkapitel 4.3 befasst sich mit dem Grobkonzept der Methodik in vier Schritten. Zunächst ist eine abgrenzende Beschreibung des Entwicklungsmanagements zu erarbeiten. Diese ist zu ergänzen durch eine operationalisierte Beschreibung der Einflüsse, die auf die Zielerreichung von Entwicklungsprojekten wirken. Es ist ein exploratives Vorgehen zu erarbeiten, um diese Einflüsse datenbasiert zu filtern. Abschließend ist ein Vorgehen zu beschreiben, gemäß dem Heuristiken für das Entwicklungsmanagement abgeleitet, bewertet und in Entscheidungen eingebunden werden können.

Teilkapitel 4.4 schließt mit der Ableitung von Teilmodellen aus dem Grobkonzept, um die Entwicklung der Methodik zu strukturieren.

---

[387] Vgl. Patzak (1982), Systemtechnik - Planung komplexer innovativer Systeme

5 Detaillierung der Methodik

Gegenstand des fünfen Kapitels ist die Erarbeitung und Detaillierung der Methodik zur datenbasierten Identifikation von Heuristiken für das Entwicklungsmanagement. Die Struktur der Erarbeitung orientiert sich dabei am in Teilkapitel 4.3 dargelegten Grobkonzept der Methodik und den in Teilkapitel 4.4 abgeleiteten Teilmodellen.

Teilkapitel 5.1 widmet sich dem Beschreibungsmodell des Entwicklungsmanagements und seiner Ziele. Es wird dargelegt, welche Aspekte zum Entwicklungsmanagement zu zählen sind und wie Ziele des Entwicklungsmanagements zur Anwendung der Methodik beschrieben werden können. Teilkapitel 5.2 widmet sich dem Beschreibungsmodell der Einflüsse auf das Entwicklungsmanagement und der Auswahl plausibler Einflussmerkmale zur weiteren Analyse. Teilkapitel 5.3 widmet sich dem Erklärungsmodell informationsreicher Einflussmerkmale und einem Vorgehen zur Reduktion des Datensatzes hinsichtlich dieser Merkmale. Auf Basis der so definierten Vorarbeiten widmet sich Teilkapitel 5.4 dem Entscheidungsmodell zur Ableitung, Bewertung und Nutzung datenbasierter Heuristiken. Teilkapitel 5.5 schließt mit einem Zwischenfazit.

5.1 Beschreibung des Entwicklungsmanagements

Ziel in Teilkapitel 5.1 ist es, eine Grundlage für die Bewertung von Heuristiken zu schaffen. Erst durch ein Bewusstsein für die Auswirkungen abgeschlossener Ereignisse lassen sich Schlüsse für zukünftige Gestaltungsentscheidungen treffen. Hierzu werden zwei Methodenschritte durchgeführt, die in Abbildung 5-1 zu sehen sind.

Der erste Methodenschritt von Teilkapitel 5.1 befasst sich in Abschnitt 5.1.1 mit der abgrenzenden Beschreibung des Entwicklungsmanagements. Dies adressiert die formalen Anforderungen der Wirksamkeit und die inhaltlichen Anforderungen der Zielsetzung und des Objektbereichs. Es stellt sicher, dass alle Aspekte des Entwicklungsmanagements durch die Methodik adressierbar sind, ohne die Methodik übermäßig generisch werden zu lassen. Hierzu werden Handlungsfelder charakterisiert, Themengebiete aus der Literatur bestimmt und in Handlungsfelder überführt.

Der zweite Methodenschritt von Teilkapitel 5.1 befasst sich in Abschnitt 5.1.2 mit der Entwicklung eines Vorgehens zur Definition von Zielen des Entwicklungsmanagements. Ziele können in hohem Maße anwendungsspezifisch sein, weswegen ein offenes Vorgehen den Rahmenbedingungen von Unternehmen besser gerecht wird als eine abgeschlossene Liste an Zielen. Ziele des Entwicklungsmanagements werden charakterisiert, es wird ein Vorgehen zur Ermittlung entwickelt und ein Beschreibungsmodell zur Dokumentation der Ziele vorgestellt.

Kap 5.1.1
Handlungsfelder des Entwicklungsmanagements

- Charakterisierung von Handlungsfeldern
- Bestimmung der Themengebiete des Entwicklungsmanagements
- Ableitung von Handlungsfeldern des Entwicklungsmanagements

Kap 5.1.2
Ziele des Entwicklungsmanagements

- Charakterisierung von Zielen des Entwicklungsmanagements
- Vorgehen zur Bestimmung von Zielen des Entwicklungsmanagements
- Vorgehen zur Dokumentation von Zielen des Entwicklungsmanagements

Abbildung 5-1: Übergeordnete Methodenschritte in Teilkapitel 5.1

5.1.1 Handlungsfelder des Entwicklungsmanagements

Zur Beschreibung des Entwicklungsmanagements wurden im Zuge der Arbeit Handlungsfelder ausgewählt, da sie geeignet sind, ein sich entwickelndes Fachgebiet vollständig zu beschreiben. Sie ermöglichen ausreichende Flexibilität, um bei einer Weiterentwicklung der Inhalte aussagekräftig zu bleiben. Für den weiteren Verlauf der Arbeit ist ein einheitliches Verständnis des Konzepts eines Handlungsfelds unerlässlich. Die Arbeit lehnt sich an das Konzept eines Handlungsfelds nach HOMFELDT an (siehe Abbildung 5-2).

Definition von Handlungsfeldern im Kontext der Arbeit

Die Beschreibung eines Fachgebiets durch Handlungsfelder beruht darauf, dass sich ein Fachgebiet durch seine Aufgabe beschreiben lässt. Diese zweckbasierte Definition ist in Übereinstimmung mit dem Ansatz nach HAHN ET AL.[388]

Zur Definition von Handlungsfeldern wird die Aufgabe in zwei Bereiche unterteilt: Den Problemraum und den Lösungsraum. Der Lösungsraum ist dabei die Menge aller Maßnahmen und Hilfsmittel, die von Verantwortlichen genutzt werden können, um eine an sie gestellte Aufgabe zu lösen. Hierunter fallen auch sich gegenseitig ausschlie-

[388] Vgl. Hahn et al. (2013), Quantitatives Entwicklungsmanagement, S. 48

ßende und sich gegenseitig bedingende Maßnahmen und Hilfsmittel. Der Problemraum ist die Menge aller Probleme im Kontext der Aufgabe, zu deren Lösung Maßnahmen und Hilfsmittel herangezogen werden. Mit Blick auf die Definition des Lösungsraums wird deutlich, dass der Problemraum der Aufgabe selbst entspricht, während der Lösungsraum der Aufgabe zugeordnet wird.

Als **Handlungsfelder des Entwicklungsmanagements** werden thematisch zusammenhängende Bereiche des Problemraums bezeichnet, für die sich thematisch zusammenhängende Maßnahmen definieren lassen.

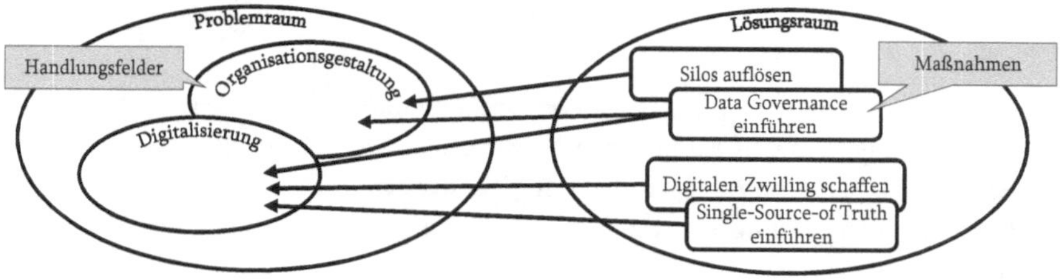

Abbildung 5-2: Konzept von Handlungsfeldern nach HOMFELDT[389]

Aus diesem Verständnis eines Handlungsfelds ergeben sich relevante Eigenschaften, von denen die erste die **Vollständigkeit** der Aufgabenbeschreibung ist. Da der Problemraum, wie zuvor diskutiert, der Aufgabe selbst entspricht und ein Handlungsfeld auch durch ein einzelnes Problem dargestellt sein kann, folgt, dass die Handlungsfelder den durch Maßnahmen adressierbaren Teil der Aufgabe vollständig abdecken können. Alles, wozu sich Maßnahmen bestimmen lassen und somit Relevanz für Heuristiken besteht, ist durch Handlungsfelder abbildbar.

Die zweite Eigenschaft von Handlungsfeldern ist die **Möglichkeit der Überschneidung**. Da Maßnahmen mehr als ein Handlungsfeld adressieren können, ist nicht zu gewährleisten, dass Handlungsfelder überschneidungsfrei sind. Sie genügen damit nicht dem MECE-Konzept, das Mengen beschreibt, deren Elemente überschneidungsfrei sind und dabei eine Gesamtheit vollständig abbilden (Englisch: Mutually exclusive, collectively exhaustive).

Die dritte Eigenschaft ist die **Mehrdeutigkeit**. Handlungsfelder werden durch zusammenhängende Probleme mit zusammenhängenden Maßnahmen definiert, wodurch

[389] Vgl. Homfeldt (2003), Handlungsfelder der sozialen Arbeit

ein Interpretationsspielraum besteht. Es ist dabei zu betonen, dass auch ohne die Bestimmbarkeit einer eindeutig richtigen Menge an Handlungsfeldern zur Charakterisierung eines Problemfelds die Vollständigkeit gewährleistet bleibt, solange alle Probleme mindestens einem Handlungsfeld zugeordnet werden.

Vorgehen zur Bestimmung von Handlungsfeldern

Die Bestimmung der Handlungsfelder im Zuge der Arbeit erfolgt empirisch-induktiv und analytisch-deduktiv, wie es in Abbildung 5-3 dargestellt wird. Dieses Verfahren gewährleistet die wissenschaftliche Rigidität ebenso wie den praktischen Anwendungsbezug, wie er gemäß den formalen Anforderungen zur Nutzbarkeit sicherzustellen ist.

Die rechte Seite der Abbildung zeigt Fachbereiche und in der Forschung betrachtete Konzepte, die gemäß den Vorarbeiten im Zuge der Arbeit eine Relevanz für die Bestimmung von Handlungsfeldern des Entwicklungsmanagements haben. Die technische Produktentwicklung und die Neuproduktentwicklung adressieren Kernaspekte des Entwicklungsmanagements im Kontext technischer Produkte. Ihre Relevanz für die Bestimmung von Handlungsfeldern aus der wissenschaftlichen Literatur ist somit offensichtlich. Andere Elemente wie das Projektmanagement und die Betriebswirtschaftslehre adressieren Bereiche, deren Aufgaben Schnittmengen zum Entwicklungsmanagement haben, ohne selbst dem Entwicklungsmanagement zugeordnet zu werden. Durch ihre Betrachtung sind Schnittstellen des Entwicklungsmanagements zu anderen Fachgebieten abzubilden, um eine vollständige Beschreibung zu gewährleisten.

Die analytisch-deduktive Betrachtung hat zum Ziel, eine Auswahl an Themengebieten zu identifizieren, aus denen sich durch Analyse der inhaltlichen Zusammenhänge Handlungsfelder ableiten lassen. Das methodische Vorgehen wird an den entsprechenden Stellen erläutert. An dieser Stelle ist der Unterschied zwischen Themengebieten und Handlungsfeldern zu diskutieren. Als Handlungsfelder wurden thematisch zusammenhängende Teilmengen des Problemraums bezeichnet (siehe Seite 111). Dies schließt Maßnahmen oder Hilfsmittel zur Lösung von Problemen aus. Hierin unterscheiden sich Handlungsfelder von Themengebieten, die im Kontext der vorliegenden Arbeit als thematisch zusammenhängende Teilmenge der ganzheitlichen Aufgabe des Entwicklungsmanagements zu verstehen sind. Sie können demnach eine Teilmenge des Problemraums, des Lösungsraums oder beider Räume sein.

Auf der linken Seite der Abbildung ist die empirisch-induktive Analyse aufgeführt. Die direkte Einbeziehung unterschiedlicher Quellen aus der industriellen Praxis ist ein Weg, um die Nutzbarkeit der Ergebnisse zu gewährleisten. Im Zuge der Erarbeitung wurden die Ergebnisse in verschiedenen Formaten mit Industriepartnern diskutiert. In regelmäßig stattfindenden Arbeitskreisen mit leitenden Vertretern der Industrie und einem Themenschwerpunkt auf der Datennutzung im Innovationsprozess wurden die Analyse mehrfach adressiert und Themengebiete des Entwicklungsmanagements reflektiert. In bilateralen Projekten zur Gestaltung des Entwicklungsmanagements wurden zugeordnete Umfänge und Zusammenhänge zwischen Aspekten des Entwicklungsmanagements geprüft. Darüber hinaus wurden Ergebnisse einer Konsortialstudie zur durchgängigen Digitalisierung sowie der bilaterale Austausch mit Studienpartnern in die Erarbeitung einbezogen.

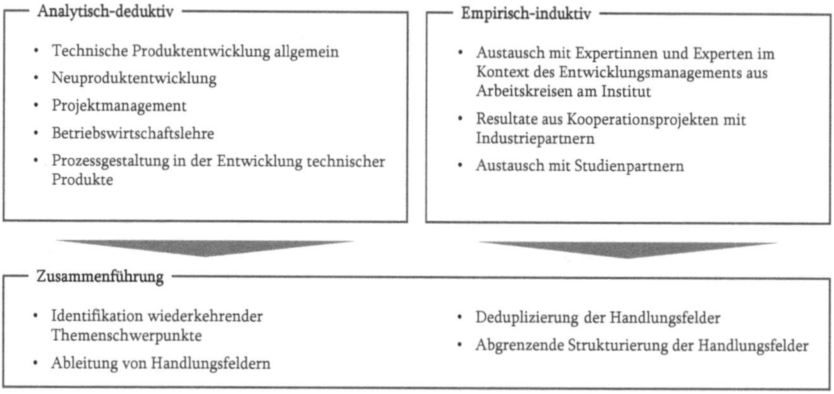

Abbildung 5-3: Methodisches Vorgehen zur Ermittlung von Handlungsfeldern im Entwicklungsmanagement

Die Impulse der empirisch-induktiven Analyse wurden verwendet, um die Zusammenhänge zwischen analytisch-deduktiv identifizierten Themengebieten zu bewerten und Handlungsfelder abzuleiten. Es fand somit eine Reflexion und Ergänzung des auf wissenschaftlicher Literatur basierenden Impulses statt, was dem unteren Bereich in Abbildung 5-3 entspricht. Die Zusammenführung adressiert darüber hinaus die Deduplizierung der identifizierten Handlungsfelder. Die Vielfalt der einbezogenen Quellen macht diesen Schritt erforderlich, da eine Redundanzfreiheit der Handlungsfelder nicht ohne weiteres gewährleistet ist. Die Redundanz ist von der Überschneidung zu unterscheiden und als vollständige Überdeckung der Inhalte zweier Handlungsfelder zu verstehen.

Vorgehen der bibliometrischen Analyse zur Bestimmung von Handlungsfeldern

Die analytisch-deduktive Analyse erfolgt durch eine bibliometrische Analyse gemäß dem Vorgehen von ARIA UND CUCCURULLO, wie es in Abbildung 5-4 dargestellt ist, und nutzt deren Software. Unter bibliometrischer Analyse wird die strukturierte Analyse großer Literaturumfänge verstanden, in der übergreifende Zusammenhänge zwischen Beiträgen sowie zeitliche Trends identifiziert werden können.[390] Das Vorgehen untergliedert sich in drei Phasen, die im Folgenden vorgestellt werden.[391] Anschließend werden die Ergebnisse der Analyse präsentiert.

Die erste Phase befasst sich mit der **Aggregation** der zu analysierenden Daten. Diese Phase beginnt mit dem Finden von Daten. Es ist zu definieren, welche Quellen für die Analyse herangezogen werden und welche Rahmenbedingungen wie Sprache oder Zeitraum festgelegt werden. Anschließend sind die Daten in eine analysierbare Form zu konvertieren und abschließend zu bereinigen.

Die zweite Phase der **Datenanalyse** befasst sich mit der Identifikation von Zusammenhängen und Trends. Zunächst werden die Beiträge durch ihre Attribute beschrieben. Die Beschreibung der Attribute erlaubt den Aufbau einer Matrix der Dokumente und ihrer Attribute, auf deren Basis mit mathematischen Hilfsmitteln Muster analysiert werden können. Hierzu zählen Autorennetzwerke, die sich intensiv gegenseitig zitieren oder ähnlichen Instituten zugeordnet sind. Auch die Analyse zeitlicher Trends der Themenschwerpunkte ist möglich. Es lässt sich so ermitteln, wie sich das Verständnis eines Themas über die Zeit verändert. Ein weiteres Werkzeug ist die Bestimmung zusammenhängender Schlüsselworte, die Aufschluss über thematische Schwerpunkte in den wissenschaftlichen Beiträgen geben. Dieses Werkzeug ist insbesondere für die Identifikation von Themenclustern innerhalb der Beiträge wertvoll und bildet somit einen Schwerpunkt der Betrachtung im Rahmen der Arbeit. Auf diese Weise werden im Zuge der Erarbeitung Themengebiete identifiziert und geclustert, die für das Entwicklungsmanagement von Bedeutung sind. Sie geben Aufschluss über das wissenschaftliche Verständnis der Aufgabe des Fachgebiets.

---

390 Vgl. Aria und Cuccurullo (2017), bibliometrix : An R-tool for comprehensive science mapping analysis, S. 959

391 Vgl. Aria und Cuccurullo (2017), bibliometrix : An R-tool for comprehensive science mapping analysis, S. 960 ff.

Die letzte Phase der Analyse befasst sich mit der **Visualisierung** der Ergebnisse. Es kommen Netzwerkkarten, Balkendiagramme und Punktewolken ebenso zum Einsatz wie zeitliche Verläufe. Auch Mischgraphen werden verwendet. Nach der Beschreibung des Vorgehens der bibliometrischen Analyse werden im Folgenden die Umsetzung und die Ergebnisse im Kontext der Arbeit dargelegt.

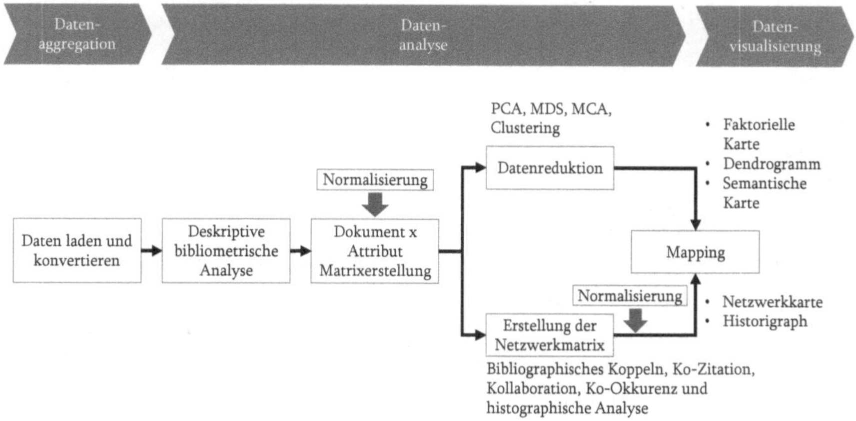

Abbildung 5-4: Ablauf der bibliometrischen Analyse nach ARIA UND CUCCURULLO[392]

Im Zuge der Arbeit erfolgte die Datenaggregation aus der Datenbank *Scopus.com*, die eine verbreitete Referenzquelle für bibliometrische Analysen ist und den Export großer Metadatenumfänge für die bibliometrische Analyse ermöglicht. Ein Auszug des am 01. Februar 2023 verwendeten Suchstrings ist nachfolgend abgebildet. Der vollständige Suchstring ist in Anhang A.2 zu finden.

TITLE-ABS-KEY (("product development management" OR "r&d management" OR "engineering management" OR "development management" AND NOT ("construction"))) AND PUBYEAR > 1989 AND PUBYEAR < 2024 AND (EXCLUDE (SUBJAREA , "COMP") OR EXCLUDE (SUBJAREA , "MATE") OR EXCLUDE (SUBJAREA , "SOCI") [...] AND (LIMIT-TO (LANGUAGE , "English"))

Der Suchstring wurde in mehreren Iterationen definiert und besteht aus mehreren Segmenten. Im ersten Segment werden die Schlagworte definiert, nach denen Beiträge

---

[392] Vgl. Aria und Cuccurullo (2017), bibliometrix : An R-tool for comprehensive science mapping analysis

für die Suche ausgewählt werden. Es wird mit Variationen der Bezeichnung des Entwicklungsmanagements gearbeitet. Der Bereich des Bauingenieurwesens wird aufgrund umfangreicher Literatur ohne Bezug zum Objektbereich der Arbeit explizit ausgeschlossen. Andere Fachbereiche der Literatur sind in diesem Segment nicht eingeschränkt.

Wie in Abschnitt 2.1.2 erläutert bildete sich das heutige Verständnis des Begriffs „Entwicklungsmanagement" in den 90er Jahren, weswegen im zweiten Segment Literatur vor diesem Zeitraum ausgeschlossen wird. Es ist nicht gewährleistet, dass vorher geschriebene Beiträge den gleichen Aufgabenbereich adressieren, den nachfolgende Literatur adressiert. Die Einschränkung des Zeitraums auf Literatur vor dem Jahr 2024 ist dem Suchalgorithmus der Plattform geschuldet und hat keine Auswirkungen auf die Ergebnisse der Recherche.

Ergebnisse der bibliometrischen Analyse zur Bestimmung von Handlungsfeldern

Eine initiale Sichtung der Ergebnisse zeigte eine große Bandbreite identifizierter Literatur ohne Bezug zum Objektbereich der vorliegenden Arbeit. Der Objektbereich beschreibt die Entwicklung technischer Produkte, die Entscheidungsfindung des Entwicklungsmanagements in diesem Kontext, die Betrachtung abgeschlossener Projekte anhand ihrer Metadaten sowie die Einflüsse auf Entscheidungen des Entwicklungsmanagements. Gemäß dem Objektbereich wurde die Literatur verschiedener Fachgebiete aus den Ergebnissen ausgeschlossen. Der dargestellte Suchstring zeigt das Ausschließen von Ergebnissen der Computerwissenschaften, der Mathematik und der Sozialwissenschaften. Der Ausschluss erfolgt anhand des Fachgebiets, nicht anhand der Schlüsselworte. Es sind weiterhin mathematische Beiträge der Ingenieurwissenschaften in der Menge der analysierten Literatur.

Im letzten Segment des Suchstrings wird die Sprache der Beiträge auf Englisch reduziert, wobei andere Sprachen einen vernachlässigbaren Anteil der Ergebnisse ausmachen. Die Einschränkung ist dennoch erforderlich, um die Qualität der Begriffsanalysen nicht nachteilig zu beeinflussen.

Wie zuvor erläutert, ist die Analyse zusammenhängender Schlüsselworte das zentrale Instrument in der bibliometrischen Analyse der vorliegenden Arbeit. Durch die entsprechende Ko-Okkurenzanalyse, deren Netzwerk als Auszug in Abbildung 5-5 visualisiert ist, wurden 49 Themengebiete im Zusammenhang mit dem Entwicklungsmanagement identifiziert. Die vollständige Darstellung ist in Anhang A.2 aufgeführt. Die Dicke der Linien zeigt die Stärke der jeweiligen inhaltlichen Verbindung der Themengebiete. Es lässt sich erkennen, dass einige Themengebiete gemäß der bibliometrischen

Analyse einen überdurchschnittlich starken Bezug zueinander aufweisen, wodurch eine Ableitung der Aufgabenschwerpunkte des Entwicklungsmanagements aus wissenschaftlicher Sicht durchgeführt werden kann.

Der Schwerpunkt der direkten fachlichen Aufgabe lässt sich aus starken Verbindungen zu den Themengebieten Produktentwicklung und Projektmanagement ableiten. In ihnen findet sich die koordinative Begleitung von Entwicklungsprojekten wieder, die das Entwicklungsmanagement prägt.

Strategische Aspekte der Aufgabe des Entwicklungsmanagements, die über die koordinative Begleitung operativer Entwicklungsprojekte hinausgehen, lassen sich aus starken Verbindungen zu den Themengebieten strategische Planung und Investitionen ableiten. Auch der Bereich Organisationen und Institutionen kann diesem Aufgabenaspekt zugeordnet werden.

Die Schnittstellenfunktion des Entwicklungsmanagements zwischen Entwicklungsbereichen und anderen Unternehmensbereichen lässt sich aus der starken Verbindung zum Marketing ableiten. Auch hier werden produktstrategische Aspekte adressiert.

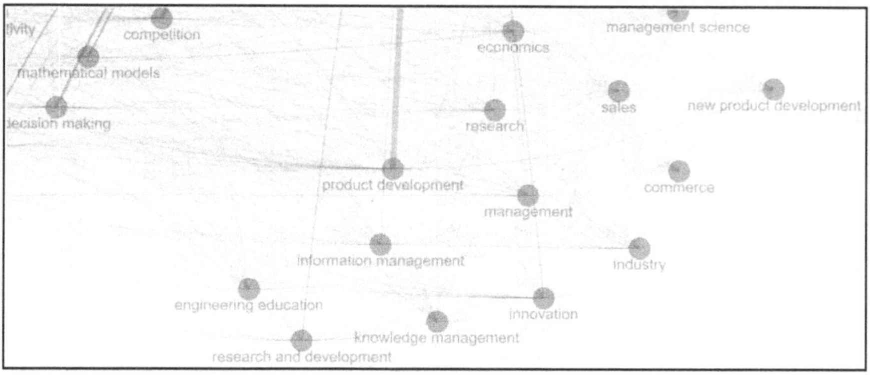

Abbildung 5-5: Auszug des Ko-Okkurenznetzwerks

Die Liste der Themengebiete ist zur besseren Lesbarkeit und Übersicht in Abbildung 5-6 auf der folgenden Seite dargestellt.

Themengebiet	Themengebiet	Themengebiet
Information Technology	Economic and Social Effects	Technology Transfer
Mathematical Models	Public Policy	Knowledge Management
Computer Software	Strategic Planning	Competition
Computer Simulation	Management Science	Laws and Legislation
Industrial Research	Engineering Management	Personnel
Research	Project Management	Engineering Education
Engineering Research	Industrial Management	Industry
Research and Development	Management	Societies and Institutions
Information Management	Managers	Professional Aspects
Cost Effectiveness	R&D Management	Customer Satisfaction
Risk Assessment	Innovation	Sales
Decision Making	Sustainable Development	Commerce
Productivity	Product Development	Marketing
Investments	Technology	Quality Control
Costs	Product Design	Manufacture
Industrial Economics	New Product Development	
Economics	Patents and Inventions	

Abbildung 5-6: Schlüsselbegriffe des Entwicklungsmanagements gemäß bibliometrischer Analyse

Die Liste der Themengebiete bestätigt die Darstellungen aus Abschnitt 2.1.2 und erweitert diese um inhaltliche Elemente, die mit der Aufgabe des Entwicklungsmanagements zusammenhängen. Beide Aspekte werden im Folgenden anhand entsprechender Beispiele aus der Liste diskutiert.

Zu den Kernelementen des Entwicklungsmanagements ist nach Sichtung der Literatur und der Grundlagen aus Abschnitt 2.1.2 das Themengebiet der Innovation zu zählen. Während das Innovieren ein nicht-deterministischer Prozess bleibt,[393] ist durch das Entwicklungsmanagement zu gewährleisten, dass verfügbare Innovationen aus eigener Forschung oder aus einer Entwicklung im Markt in anschließende Entwicklungsprojekte einbezogen werden. Darüber hinaus ist sicherzustellen, dass die in Innovation investierten Mittel direkt oder mittelbar auf übergeordnete Ziele des Unternehmens einzahlen oder aber diese erweitern.

Auch das Wissensmanagement kann im Kontext der Entwicklungsprojekte den Kernelementen des Entwicklungsmanagements zugeordnet werden und schließt an die Darstellung gemäß HAHN ET AL. an.[394] Hierzu zählen die Koordination der Speicherung und Einbindung des unternehmensinternen Wissens sowie die Sicherstellung der Qua-

[393] Vgl. Paulukuhn (2004), Typologisierung von Entwicklungsprojekten im Maschinenbau, S. 21
[394] Vgl. Hahn et al. (2013), Quantitatives Entwicklungsmanagement, S. 21

lität des gespeicherten Wissens. Diese Tätigkeiten sind auch innerhalb des Entwicklungsbereichs eines Unternehmens als disziplinübergreifend zu verstehen, da sie mehrere Fachgebiete umfassen können.

Neben Themengebieten, die sich aus der Betrachtung der Grundlagenliteratur (vgl. Abschnitt 2.1.2) hätten ableiten lassen, sind Themengebiete anderer Fachdisziplinen zu erkennen, zu denen die Aufgabe des Entwicklungsmanagements inhaltliche Schnittstellen hat. Hierzu zählt das Themengebiet der Public Policy, die ein Gegenstand der Unternehmensführung und der Öffentlichkeitsarbeit eines Unternehmens ist. Da Entscheidungen der Public Policy Auswirkungen auf koordinative Entscheidungen in der Entwicklung haben können, ist diese inhaltliche Schnittstelle bei der Betrachtung des Entwicklungsmanagements zu beachten.

Eine weitere Schnittstelle ist das Themengebiet Produktion. Es befasst sich mit der Fertigung und Montage der zuvor entwickelten technischen Produkte. Umfangreiche Literatur existiert zu Koordination der Zusammenarbeit dieser Bereiche und schlägt sich in der bibliometrischen Analyse als thematische Schnittstelle nieder. Es ist zu beachten, dass das Aufführen der Schnittstelle nicht bedeutet, dass die Koordination der Produktion Gegenstand des Entwicklungsmanagements ist. Vielmehr ist die Zusammenarbeit mit der Produktion Gegenstand des Entwicklungsmanagements.

Überführung von Themengebieten in Handlungsfelder

Die bisherigen Betrachtungen verdeutlichen, dass zur Überführung der Themengebiete in Handlungsfelder zunächst die Strukturierung der Themengebiete erforderlich ist. Als methodisches Werkzeug zur Strukturierung der Themengebiete wird eine Design Structure Matrix (DSM) nach EPPINGER UND BROWNING[395] verwendet. Eine DSM bildet die Elemente einer Menge auf alle anderen Elemente der Menge ab und nutzt hierzu eine Matrix. Hierdurch lassen sich die Beziehungen der Elemente untereinander darstellen und bewerten. Darüber hinaus ist es möglich, die Elemente so anzuordnen, dass anhand der bewerteten Beziehungen zwischen den Elementen Gruppen gebildet werden können.

Für das Ausfüllen der DSM wird eine binäre Bewertung des Zusammenhangs der Themengebiete gewählt. Themengebiete werden als zusammenhängend bewertet, wenn die Maßnahmen der Themengebiete eine relevante Überschneidung aufweisen. Diese Zuordnung bietet sich für die anschließende Gruppierung entlang der Diagonale der Matrix an.

[395] Vgl. Eppinger und Browning (2012), Design structure matrix methods and applications

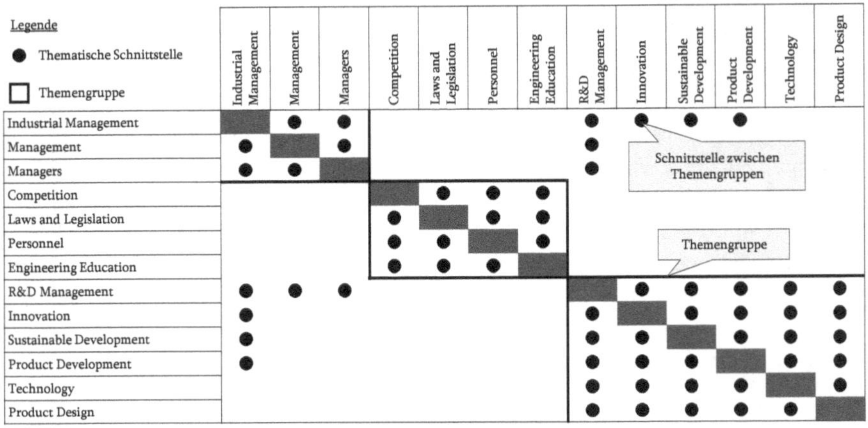

Abbildung 5-7: Auszug der Identifikation zusammenhängender Themengebiete des Entwicklungsmanagements

Ein Auszug der DSM der Themengebiete ist in Abbildung 5-7 zu sehen. Die vollständige Matrix ist in Anhang A.3 abgebildet. Als DSM bildet die Matrix in den Spalten und in den Zeilen jeweils die 49 Themengebiete der Analyse ab. Die Diagonale umfasst die Abbildung der Themengebiete auf sich selbst und ist daher ausgegraut und wird nicht weiter betrachtet.

Die Zusammenhänge zwischen Themengebieten sind in der Abbildung durch Punkte dargestellt. Die Zuordnung ist ungerichtet, was dazu führt, dass die Matrix symmetrisch ist. Die Einschätzung der Zusammenhänge wurde initial auf Basis der Literaturrecherche durchgeführt und anschließend mit Partnern aus der Industrie reflektiert und entsprechend nachjustiert.

Eine Clusterbildung über Pivotmatrizen erlaubt die Bildung von Themengruppen, die untereinander wesentlich stärker vernetzt sind als mit anderen Bereichen. Insgesamt konnten acht dieser Themengruppen identifiziert werden. Beziehungen, die zwischen Themengruppen bestehen, stellen thematische Schnittstellen dar. In Abbildung 5-7 ist dies am Beispiel der Beziehung zwischen Industrial Management und Product Development zu sehen. Im Folgenden werden die Themengruppen in Handlungsfelder überführt, anhand derer eine Benennung und inhaltliche Beschreibung erfolgt.

Die Themengruppen selbst erfüllen noch nicht die Definition eines Handlungsfelds im Sinne der Arbeit. Jedoch bilden sie die Grundlage zur Ableitung der Handlungsfelder.

Jede Themengruppe umfasst Aspekte des Lösungsraums, die ein Problem des Entwicklungsmanagements adressieren oder Aspekte des Problemraums des Entwicklungsmanagements, wobei eine Mischung beider Fälle möglich ist. Somit können Handlungsfelder abgeleitet werden.

Die Ableitung der Handlungsfelder ist in Abbildung 5-8 dargestellt. Jedes Handlungsfeld wird aus einer primär zugeordneten Themengruppe abgeleitet und mittels der Schnittstellen, die in der DSM dokumentiert wurden, durch andere Themengruppen erweitert. In den äußeren Bereichen rechts und links sind die Themengebiete zu sehen, geclustert nach den jeweiligen Themengruppen. In der Mitte sind die acht Handlungsfelder aufgeführt, die im Folgenden näher beschrieben werden. Die Pfeile zeigen die Zuordnung der Themengruppen zu Handlungsfeldern des Entwicklungsmanagements. Die Reihenfolge der Nennung hat keinen Bezug zur Relevanz der Handlungsfelder.

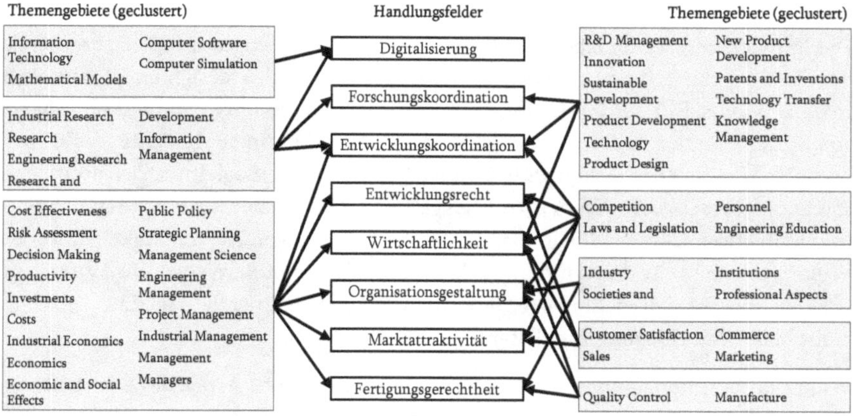

Abbildung 5-8: Ableitung von Handlungsfeldern des Entwicklungsmanagements

Vorstellung der identifizierten Handlungsfelder

Das erste identifizierte Handlungsfeld des Entwicklungsmanagements ist die **Digitalisierung**. Zu seiner primären Themengruppe gehören die Informationstechnik, mathematische Modelle, Software und Simulation. Es umfasst somit Werkzeuge und Infrastruktur der Produktentwicklung, deren Planung und Koordination Aufgaben des Entwicklungsmanagements sind. Auch das Informationsmanagement ist zu diesem Handlungsfeld zu zählen. Hierin liegt eine thematische Schnittstelle zur Forschungskoordination.

Die **Forschungskoordination** wird primär aus der Themengruppe mit dem Fokus auf Grundlagenforschung, Anwendungsforschung und Vorentwicklung abgeleitet. Anhand der Literatur kann dieses Handlungsfeld zu den Kernaufgaben des Entwicklungsmanagements gerechnet werden. Das Handlungsfeld beschreibt das Schaffen einer Wissensbasis für die nachfolgende Entwicklung innovativer Produkte. Hierbei fallen dem Entwicklungsmanagement die koordinativen Aufgaben zu, sowie die Ausrichtung der Forschung anhand der strategischen Unternehmensziele. Neben der Forschung fällt auch das Informationsmanagement in dieses Handlungsfeld. Umfangreiche Schnittstellen existieren zwischen der Forschungskoordination und der Entwicklungskoordination. Dies spiegelt die enge Verflechtung der beiden Aufgabenaspekte in der industriellen Praxis wider.

Die **Entwicklungskoordination** wird primär aus der Themengruppe abgeleitet, zu der die Themengebiete Innovation, Produktentwicklung, Produktdesign und Technologie zählen. Wie im Fall der Forschungskoordination kann die Entwicklungskoordination gemäß der Literatur zu den Kernaufgaben des Entwicklungsmanagements gezählt werden. Das Handlungsfeld umfasst die direkte, koordinative Begleitung der produktgestaltenden Prozesse. Zu diesen Prozessen gehört der Transfer erforschter Technologien in die praktische Anwendung ebenso, wie die Prüfung von Nachhaltigkeitskriterien. Weitere Themen für das Handlungsfeld kommen aus den Bereichen der Wirtschaftlichkeit und des Entwicklungsrechts. Eine direkte Schnittstelle zum Entwicklungsrecht bildet das Themengebiet Patente und Erfindungen.

Während das Entwicklungsmanagement nicht die juristische Arbeit des **Entwicklungsrechts** umfasst, ist die Adressierung der Schnittstelle zu juristischen Bereichen des Unternehmens ein Teil der Aufgabe des Entwicklungsmanagements. Zu den zu berücksichtigenden Aspekten zählen Normen und Regularien ebenso, wie die Rechte der Arbeitnehmenden. Juristische Fehler können hohe Auswirkungen auf die Wirtschaftlichkeit der Entwicklung haben, die sich in Schnittstellen zwischen den beiden Handlungsfeldern niederschlagen.

Die **Wirtschaftlichkeit** wird als Handlungsfeld primär aus der Themengruppe abgeleitet, die Kosten, Investitionen und das Risikomanagement umfasst. Da in der Entwicklung maßgeblicher Einfluss auf spätere Kosten genommen wird, ist die Berücksichtigung dieser Aspekte wesentliche Aufgabe des Entwicklungsmanagements. Zu dem

Handlungsfeld der Wirtschaftlichkeit werden aufgrund ihres hohen Einflusses auch die Themengebiete rund um Management Science gerechnet.

Die **Organisationsgestaltung** wird als Handlungsfeld primär aus der Themengruppe abgeleitet, die Organisationen und Institutionen umfasst. Dem Entwicklungsmanagement obliegt innerhalb des Entwicklungsbereichs die Gestaltung der Aufbauorganisation, die wesentlichen Einfluss auf die Entwicklungseffizienz haben kann.[396] Darüber hinaus beinhaltet dieses Handlungsfeld die Koordination von Entwicklungsnetzwerken und Kooperationen.

Marktattraktivität wird als Handlungsfeld primär aus den Themengebieten rund um Vertrieb und Marketing abgeleitet. Die enge Abstimmung ist wesentlich für den Produkterfolg und stellt eine Schnittstellenaufgabe des Entwicklungsmanagements dar.

Eine weitere Schnittstellenaufgabe wird durch das Handlungsfeld der **Fertigungsgerechtheit** abgebildet. Es umfasst die Themengebiete Qualitätskontrolle und Produktion und bildet das achte und letzte identifizierte Handlungsfeld des Entwicklungsmanagements ab.

Es ist zu beachten, dass die abgeleiteten acht Handlungsfelder einen Anspruch auf Vollständigkeit gemäß der identifizierten Literatur, jedoch keinen Anspruch auf Eindeutigkeit haben können. Dieser Aspekt wurde ausführlich ab Seite 111 diskutiert. Andere Aufteilungen von Handlungsfeldern sind möglich, ohne die Aussagekraft der vorliegenden Aufteilung zu beeinträchtigen.

Mit der Ableitung der Handlungsfelder liegt eine explizite Beschreibung des Betrachtungsbereichs des Entwicklungsmanagements und damit der Heuristiken der Arbeit vor. Die acht Handlungsfelder sind die Grundlage der Abgrenzung des Umfangs und unterstützen die Vermeidung zu allgemeiner oder zu spezifischer Maßnahmen. Sie werden in den folgenden Schritten zur Charakterisierung der Entwicklungsziele, der Einflussmerkmale und der Heuristiken herangezogen.

[396] Vgl. Fuertes et al. (2020), Conceptual Framework for the Strategic Management: A Literature Review—Descriptive, S. 1

5.1.2 Ziele des Entwicklungsmanagements

Nachdem im vorherigen Abschnitt mit den Handlungsfeldern der Problemraum des Entwicklungsmanagements beschrieben wurde, befasst sich der folgende Abschnitt mit den Zielen des Entwicklungsmanagements. Die Ziele stellen eine durch Unternehmen zu erfassende Größe dar. Ziel des Abschnitts ist es, Unternehmen zur Erhebung vergleichbarer Zielgrößen des Entwicklungsmanagements zu befähigen.

Heuristiken beruhen auf der Auswertung von Erfahrungen und dem Bewusstsein, was für oder gegen die Wiederholung einer Entscheidung spricht. Datenbasierte Heuristiken erfordern damit eine vergleichbare und differenzierte Bemessung der Zielerreichung über alle untersuchten abgeschlossenen Projekte hinweg. Die Grundlage hierfür wird durch ein systematisches Vorgehen zur Definition und Beschreibung von Zielen gelegt, das im Folgenden detailliert wird. Das Vorgehen zur Definition von Zielen des Entwicklungsmanagements untergliedert sich in vier Schritte, die jeweils aus einer Leitfrage bestehen und in Abbildung 5-9 dargestellt sind. Der Detaillierungsgrad so definierter Ziele wird durch die in Abschnitt 5.1.1 abgeleiteten Handlungsfelder erhöht, da die Fragen vor dem konkreten Hintergrund eines spezifischen Handlungsfelds beantwortet werden können. Der Konkretisierungsgrad wird im Laufe der vier Schritte kontinuierlich erhöht, um eine Beantwortbarkeit der Fragen zu gewährleisten.

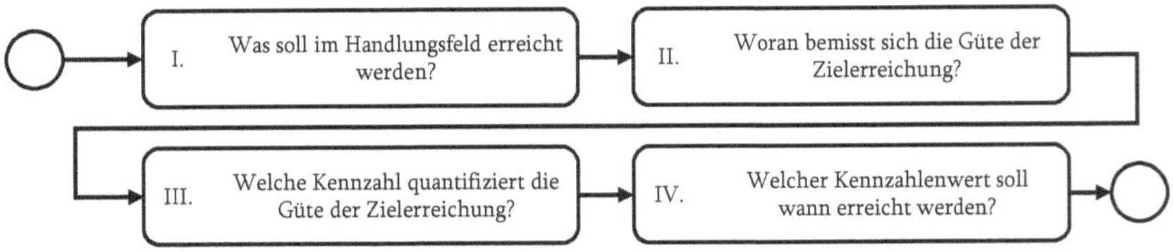

Abbildung 5-9: Vorgehen zur Ermittlung quantitativer Ziele im Entwicklungsmanagement

Die erste Leitfrage zielt auf die übergeordneten Wünsche ab, die ein Verantwortungsbereich wie eine Abteilung oder eine Business Unit in einem Handlungsfeld hat. Antworten können sich an übergeordneten Werten und strategischen Zielen des Unternehmens oder des übergeordneten Bereichs orientieren. Der Konkretisierungsgrad der Antworten darf vage und die Antworten mehrdeutig sein. Zentral ist, dass eine generelle Vorstellung des Zielzustands als Ergebnis vorliegen muss. Eine beispielhafte Antwort lautet: „Wir wollen bis 2027 nachhaltiger werden."

Die zweite Leitfrage greift den vage beschriebenen Zielzustand auf und fragt nach Kriterien für die Güte des Zielzustands in Abgrenzung zu einem schlechteren oder dem aktuellen Zustand. Dies kann separat für alle Antworten auf die erste Leitfrage durchgeführt werden und fordert Reflexion, woran der Wert des Zielzustands festgemacht werden kann. In diesem Schritt darf der Konkretisierungsgrad der Antworten weiterhin vage sein. Auch ist nicht gefordert, dass die Kriterien direkt messbar sein müssen, da dies die Antworten übermäßig einschränken könnte. Erforderlich ist ein Verständnis davon, an welchen Kriterien ausgedrückt werden kann, warum der jeweilige Zielzustand gegenüber einem schlechteren oder dem aktuellen Zustand erstrebenswert ist. Eine beispielhafte Antwortet lautet: „Nachhaltigkeit bemessen wir am Energieverbrauch."

Mit der dritten Leitfrage wird der Konkretisierungsgrad gegenüber den bisherigen Leitfragen gesteigert. Es ist zu formulieren, welche messbaren Größen einen Rückschluss auf die bisher formulierten Kriterien gemäß Leitfrage 2 zulassen. Durch die Möglichkeit, den Zielzustand indirekt zu bemessen, wird die Beschreibung des Zielzustands nicht durch die Möglichkeit der quantitativen Erfassung beeinträchtigt. Da für die spätere Analyse eine eindeutige und quantitative Bemessung der Zielerreichung erforderlich ist, fordert die dritte Leitfrage eben diese Reflexion von den Verantwortlichen. Sollte eine direkte quantitative Erfassung des Kriteriums nicht möglich sein, ist eine indirekte Messung durch eine andere Kennzahl im Rahmen der Methodik legitim. Eine beispielhafte Antwort auf die Leitfrage lautet: „Gesamtstromverbrauch der Produktionsanlagen, gemessen in Kilowatt."

Die vierte Leitfrage überführt die bislang formulierten Vorstellungen in ein konkretes Ziel. Sie fordert die Reflexion der konkreten und quantitativen Ansprüche an die Bemessungsgröße, die zur Erreichung des gewünschten Zustands erforderlich ist. So wird ein Zustand im Rahmen des Projektes gefordert, an dem sich das abgeschlossene Projekt zu messen hat. Alle Ziele lassen sich für jedes Projekt definieren, indem das Verhältnis vom neuen zum alten Zustand als gleichbleibend definiert wird. Eine beispielhafte Antwort auf die Leitfrage lautet: „Senkungen bis zum 01.01.2027 um 30 % gegenüber dem Verbrauch vom 01.01.2024".

Ziele entwickelnder Unternehmen können hochgradig anwendungsspezifisch und damit individuell sein. Ein musterbasierter Erfahrungsaufbau erfordert dennoch innerhalb des Unternehmens eine einheitliche Beschreibung und Bemessung der gesetzten Ziele. Um Unternehmen hierbei zu unterstützen, wird im Folgenden ein Beschreibungsmodell für die Charakterisierung und Dokumentation von Zielen vorgestellt, der

Entwicklungsziel-Steckbrief. Der Steckbrief gewährleistet die Nutzbarkeit der beschriebenen und gemessenen Ziele im Rahmen der Methodik der Arbeit und ist in Abbildung 5-10 dargestellt. Ein beispielhaft ausgefüllter Steckbrief ist in Abbildung 5-11 zu sehen.

<table>
<tr><td colspan="2">Entwicklungsziel-Steckbrief</td><td>Richtung/Zielwert:</td></tr>
<tr><td>Name:</td><td>Ziel-ID:</td><td>Stichtag:</td></tr>
<tr><td colspan="2">Verantwortlich:</td><td>Ebenen:
Strategisch ☐ Taktisch ☐ Operativ ☐</td></tr>
<tr><td colspan="2">Beschreibung:</td><td rowspan="2">Handlungsfelder:
☐ Digitalisierung ☐ Wirtschaftlichkeit
☐ Forschungskoord. ☐ Organisationsgestaltung
☐ Entwicklungskoord. ☐ Marktattraktivität
☐ Entwicklungsrecht ☐ Fertigungsgerechtheit</td></tr>
<tr><td colspan="2">Operationalisierung:</td></tr>
</table>

Abbildung 5-10: Ziel-Steckbrief zur Charakterisierung von Zielen im Entwicklungsmanagement

Der Entwicklungsziel-Steckbrief beginnt auf der linken Seite mit dem Namen und der Identifikationsnummer des Ziels, der Ziel-ID. Durch den Namen wird die Nachvollziehbarkeit im Austausch zwischen Beteiligten unterstützt. Während Eindeutigkeit vorteilhaft ist, besteht keine zwingende Notwendigkeit hierfür. Darin unterscheidet sich der Name von der ID, die für die rechnergestützte Verarbeitung des Ziels definiert wird und im anwendenden Unternehmen eindeutig sein muss.

Während jedes Projekt eigene Ziele und damit eigene Entwicklungsziel-Steckbriefe hat, müssen für die Vergleichbarkeit Entwicklungsziele projektübergreifend einheitlich sein. Die projektspezifischen Felder sind „Verantwortlich“, „Beschreibung“, „Richtung/Zielwert“ und „Stichtag“.

Die Zuordnung einer verantwortlichen Rolle oder Person dokumentiert eine Ansprechperson bei Rückfragen zum jeweiligen Ziel. Es ist die Person, die für die Einhaltung des Ziels innerhalb des Unternehmens verantwortlich ist. Bei Projektzielen wird dies zumeist die jeweilige Projektleitung sein. Im Fall von Bereichszielen, wie es im Beispiel von Abbildung 5-11 zu sehen ist, kann dies die jeweilige Bereichsleitung sein.

In jedem Fall ist die für die Zielumsetzung verantwortliche Person auch die Person, die für den Entwicklungsziel-Steckbrief verantwortlich ist.

Ein zentrales Merkmal für die Vermeidung von Missverständnissen ist der Beschreibungstext. Dieser ist ein Freitextfeld und ermöglicht eine detailliertere Aufschlüsselung, wie das durch die Ziel-ID und den Namen eindeutig gekennzeichnete Ziel auf das spezifische Projekt angewendet wird. Das Beschreibungsfeld stellt bei unklarer Datenlage oder bei Projekten, die weiter in der Vergangenheit liegen, sicher, dass die Werte der Zielerreichung interpretiert werden können. Im Beispiel wird deutlich, dass es bei der Definition des Ziels nicht darum ging, um welche Anzahl verkaufter Anlagen der größte Wettbewerber überboten werden sollte, sondern dass es keinen größeren Wettbewerber am Markt gibt als das eigene Unternehmen. Der Beschreibungstext unterstützt damit auch die Entscheidung, ob eine neue Ziel-ID anzulegen ist und damit die Datenerfassung aller Projekte zu erweitern ist. Es ist davon auszugehen, dass die Liste der Ziele im Unternehmen anfangs sehr dynamisch ist und sich mit der Zeit auf einen weitgehend stabilen Zustand einpendelt.

Das nächste Feld des Entwicklungsziel-Steckbriefs ist die Operationalisierung des Ziels. Allen Anwendenden wird empfohlen, Ziele gemäß des S.M.A.R.T.-Schemas nach DRUCKER zu definieren.[397] Demnach sollen Ziele spezifisch, messbar, erreichbar, realisierbar und terminiert sein. Die Operationalisierung stellt die Messgröße dar, anhand derer die Erreichung des Zielzustands quantitativ erfasst wird und die aus der dritten Leitfrage in Abbildung 5-9 hervorgeht. Die Größe muss durch das Unternehmen anhand verfügbarer Daten ausreichender Qualität messbar sein, wobei für neue Ziele die Messung zum Zeitpunkt der Zieldefinition beginnen kann. Heuristiken lassen sich in solchen Fällen ab dem Zeitpunkt bestimmen, zu dem ausreichend viele Projekte abgeschlossen wurden, für die das neue Ziel definiert war.

Die rechte obere Seite des Steckbriefs umfasst „Richtung/Zielwert", „Stichtag" und „Ebenen". „Richtung/Zielwert" ist die Grundlage für die Bestimmung des Zielerreichungsgrads und muss stets einen konkreten Referenzwert beinhalten. Das Verhältnis des erreichten Werts zum Referenzwert ist der Zielerreichungsgrad und dient als Input für die spätere Analyse. Der Stichtag adressiert den Zeitpunkt der Erreichung von Zielen gemäß dem S.M.A.R.T.-Schema. Die Ebene bemisst den Zeithorizont des Ziels gemäß der Unterteilung nach HAHN ET AL. (vgl. Abschnitt 2.1.3). Sie gibt bei der Untersuchung alter Projekte Kontext für die Interpretation der Daten abgeschlossener Projekte.

[397] Vgl. Drucker (2011), People and performance, S. 121

Das letzte Feld des Steckbriefs ist die Zuordnung von Handlungsfeldern. Dies dient der Filterung von Zielen bei der Suche vorhandener Ziele und der Ermittlung von Heuristiken. Hierbei sind alle Handlungsfelder anzukreuzen, auf die das jeweilige Ziel im Unternehmen einzahlt.

<table>
<tr><td colspan="2">Entwicklungsziel-Steckbrief</td><td>Richtung/Zielwert: erhöhen (Referenzwert: 1)</td></tr>
<tr><td>Name: Marktführerschaft im Segment Auftragsfertiger</td><td>Ziel-ID: 35</td><td>Stichtag: 31.12.2026</td></tr>
<tr><td colspan="2">Verantwortlich:
Leitung der Abteilung AS-P12 | Frau Musterfrau</td><td>Ebenen:
Strategisch [X] Taktisch [X] Operativ [ ]</td></tr>
<tr><td colspan="2">Beschreibung:
Im Jahr 2026 soll die Anzahl der verkauften Maschinen im Bereich EMEA im Segment Auftragsfertiger größer sein als die Anzahl jedes einzelnen Wettbewerbers.</td><td rowspan="2">Handlungsfelder:
[ ] Digitalisierung [X] Wirtschaftlichkeit
[ ] Forschungskoord. [ ] Organisationsgestaltung
[X] Entwicklungskoord. [X] Marktattraktivität
[ ] Entwicklungsrecht [ ] Fertigungsgerechtheit</td></tr>
<tr><td colspan="2">Operationalisierung: $\frac{Anzahl_{eigene\ verkaufte\ Anlagen}}{Anzahl_{verkaufte\ Anlagen\ des\ größten\ Wettbewerbers}}$</td></tr>
</table>

Abbildung 5-11: Beispielhaft ausgefüllter Steckbrief zur Charakterisierung von Zielen im Entwicklungsmanagement

Zu beachten ist, dass im Rahmen der Methodik ausschließlich Zielerreichungsgrade abgeschlossener Projekte betrachtet werden. Die Verfehlung der Budgetziele um 50.000 € hat bei einem Budget von 10.000 € eine andere Aussage als bei einem Budget von 50 Mio. €. Daher wird der Zielerreichungsgrad zur Bemessung des Projekterfolgs gewählt. Aus dieser Herangehensweise folgt, dass nur solche Ziele für datenbasierte Heuristiken herangezogen werden können, für die explizite Vorgaben bei abgeschlossenen Projekten existierten, sodass eine Zielerreichung definiert ist.

In Kapitel 5.1 wurde eine Methodik zur Beschreibung des Entwicklungsmanagements durch Handlungsfelder sowie zur Charakterisierung und Dokumentation von Zielen des Entwicklungsmanagements vorgestellt. Kapitel 5.2 schließt sich mit der Betrachtung der Einflüsse auf die Erreichung der Ziele an.

5.2 Beschreibung der Einflüsse auf das Entwicklungsmanagement

Auf die Erreichung der zuvor definierten Ziele des Entwicklungsmanagements wirken unterschiedliche Einflüsse, deren Beschreibung wichtig für die Bildung datenbasierter Heuristiken ist. Die Ziele von Teilkapitel 5.2 sind die einheitliche Beschreibung von Einflüssen des Entwicklungsmanagements zur explorativen Analyse sowie die Erarbeitung eines Vorgehens zur Bestimmung der Einflüsse, deren Einstufung als „relevant" plausibel ist. Wie in Abbildung 5-12 zu sehen ist, entsprechen diese Ziele den beiden Methodenschritten.

Kap 5.2.1
Einflussmerkmale des Entwicklungsmanagements

- Herleitung eines Templates zur Beschreibung von Einflussmerkmalen
- Vorgehen zur Bestimmung zeitindifferenter Einflussmerkmale
- Zuordnung von Einflussmerkmalen zu Handlungsfeldern
- Beschreibung beispielhafter Einflussmerkmale

Kap 5.2.2
Plausibilisierung relevanter Einflussmerkmale

- Herleitung von Bewertungskriterien zur Bewertung der Plausibilität der Relevanz von Einflussmerkmalen
- Priorisierung der Bewertungskriterien
- Vorgehen zur Plausibilisierung von Einflussmerkmalen durch Nutzwertanalyse
- Beispielhafte Plausibilisierung von Einflussmerkmalen

Abbildung 5-12: Übergeordnete Methodenschritte in Teilkapitel 5.2

Der erste Methodenschritt von Teilkapitel 5.2 befasst sich in Abschnitt 5.2.1 mit der Charakterisierung und der Erarbeitung eines Beschreibungsmodells der Einflüsse auf die Erreichung der Ziele des Entwicklungsmanagements. Anschließend wird die Bestimmung zeitindifferenter Einflüsse detailliert und die Relevanz des Schritts erläutert. Der Bezug zu den in Teilkapitel 5.1 identifizierten Handlungsfeldern wird hergestellt, bevor mit einer beispielhaften Beschreibung von Einflüssen geendet wird.

Der zweite Methodenschritt von Teilkapitel 5.2 befasst sich in Abschnitt 5.2.2 mit der Plausibilisierung der Einflüsse. Wie in Abschnitt 4.3.2 erläutert ist dieser Schritt wichtig für die Aussagekraft der Analyse. Hierzu werden zunächst Bewertungskriterien für die Relevanz von Einflüssen hergeleitet, die anschließend priorisiert werden. Daraufhin wird ein Vorgehen erarbeitet, anhand dessen Unternehmen eigene Merkmale plausibilisieren können, welches abschließend beispielhaft angewandt wird.

Das Ergebnis des Teilkapitels befähigt anwendende Unternehmen, individuelle Einflüsse auf die Erreichung der definierten Ziele von Entwicklungsprojekten zu beschreiben und in einer Weise zu erfassen, die die spätere explorative Analyse gemäß der Arbeit ermöglicht.

5.2.1 Einflussmerkmale des Entwicklungsmanagements

Ein einheitliches Verständnis von Einflüssen bildet die Grundlage für ihre projektübergreifend vergleichbare Dokumentation und Erfassung, die für die Ermittlung datenbasierter Heuristiken essenziell ist. Hierzu wird anhand von Beispielen dargestellt, was einen Einfluss darstellt und mit welchen Begriffen Einflüsse beschrieben werden können.

Definition von Einflussmerkmalen im Kontext der Arbeit

Abbildung 5-13 zeigt ein einfaches Beispiel für eine Messgröße und einen Einfluss auf die Messgröße, analog zu abhängigen und unabhängigen Variablen in Abschnitt 2.2.1. Der in der Abbildung oben dargestellte Zustand zeigt ein geschlossenes Fenster und eine brennende Kerze. Im unten dargestellten Zustand ist das Fenster geöffnet und die Kerze erloschen. Beide Zustände können gemessen werden. Unter der Annahme, dass die beiden Zustände zeitlich dicht aufeinander folgen und die Kerze neben dem Fenster steht, worüber die Abbildung keinen Aufschluss gibt, lässt sich schließen, dass das Öffnen des Fensters Einfluss darauf hat, ob die Kerze brennt oder nicht. Das Beispiel in einer simplen und fiktiven Umgebung unterstreicht, warum in der vorliegenden Arbeit kein Anspruch auf Kausalität oder klare Bewertung der Relevanz erhoben wird. Gleichzeitig schärft es den Blick auf Einflüsse und erlaubt die Definition einer Nomenklatur für die weitere Erarbeitung der Ergebnisse:

Einflussmerkmale sind Attribute der Entwicklungsumgebung, deren Ausprägung eine Auswirkung auf eine Messgröße hat. Die Kombination eines Einflussmerkmals und seiner Ausprägung wird als Einflussfaktor bezeichnet.

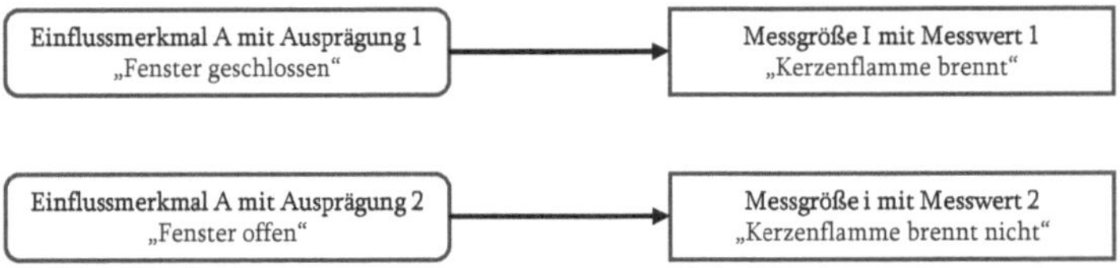

Abbildung 5-13: Konzeptuelle Darstellung eines Einflussmerkmals

Im Beispiel aus Abbildung 5-13 ist das Einflussmerkmal der Öffnungszustand des Fensters mit den Ausprägungen „geschlossen“ und „offen“. Der Einflussfaktor auf den Zustand der Kerze ist demnach das offene Fenster. Im Kontext der Arbeit sind die in der Definition erwähnten Messgrößen die Ziele aus Teilkapitel 5.1.

Aufgrund der hohen Abhängigkeit relevanter Einflussmerkmale vom Anwendungskontext kann eine abschließende Liste von Einflussmerkmalen für das Entwicklungsmanagement kein Ziel dieser Arbeit sein. Unternehmen müssen befähigt werden, individuelle Einflussmerkmale zu beschreiben und datenbasiert zu erfassen.

Vorstellung des Einflussmerkmal-Steckbriefs

Wie bei den Zielen in Teilkapitel 5.1 verlangt die Durchführung der Analyse eine projektübergreifende Vergleichbarkeit der erhobenen Daten. Zu diesem Zweck wird auch an dieser Stelle eine Vorlage in Form des Einflussmerkmal-Steckbriefs vorgestellt, die in Abbildung 5-14 zu sehen ist und im Folgenden präsentiert wird.

Einflussmerkmal-Steckbrief		
Name: <Name>	**Einfluss-ID:** <Zahl>	**Operationalisierung:** <Kennzahl>
Beschreibung: <Beschreibungstext>		**Antizipierte Potenziale durch Analyse:** • <Potenziale>
Handlungsfelder ☐ Digitalisierung ☐ Forschungskoordination ☐ Entwicklungskoordination ☐ Entwicklungsrecht	☐ Wirtschaftlichkeit ☐ Organisationsgestaltung ☐ Marktattraktivität ☐ Fertigungsgerechtheit	**Quellen der Werte zum Merkmal:** 1. <Quelle> Im Fall widersprüchlicher Daten ist <Quelle> führend.

Abbildung 5-14: Einflussmerkmal-Steckbrief zur Charakterisierung von Einflussmerkmalen im Entwicklungsmanagement

Die projektübergreifende Vergleichbarkeit bedingt, dass die Einflussmerkmale innerhalb des anwendenden Unternehmens oder Bereichs eindeutig sind. Anders als bei den Zielen, die einer verantwortlichen Person oder Rolle zuzuordnen sind, ist dies bei den Einflussmerkmalen nicht der Fall. Dies erleichtert die Vermeidung von Duplikaten.

Die Eindeutigkeit eines Einflussmerkmals, die insbesondere für die rechnergestützte Verarbeitung von Bedeutung ist, wird durch das Feld „Einfluss-ID“ gewährleistet, die unternehmensweit zu definieren ist.

Anders als die Einfluss-ID ist eine Eindeutigkeit beim Feld „Name“ vorteilhaft, aber nicht erforderlich. Der Zweck des Felds besteht in der Steigerung der Nutzbarkeit des Steckbriefs und der Einflussmerkmale in Diskussionen.

Die Beschreibung ermöglicht ein Verständnis des Einflussmerkmals und die Differenzierung von anderen, ähnlichen Einflussmerkmalen. Das Feld ist so auszufüllen, dass auch ohne die Verfügbarkeit der Ansprechpersonen nachvollziehbar ist, was durch die Erhebung des Merkmals gemessen werden soll und woran sich die Messwerte orientieren. Gerade bei einer zu hinterfragenden Datenqualität von Projekten, die vor längerer Zeit abgeschlossen wurden, ist der Beschreibungstext von großer Bedeutung für die Nachvollziehbarkeit der Erhebung.

Das nächste Feld im Einflussmerkmal-Steckbrief ist „Handlungsfelder“, in dem Einflussmerkmale den in Teilkapitel 5.1 definierten Handlungsfeldern zugeordnet werden. Diese thematische Zuordnung ist zum einen für die Überprüfung der Redundanzfreiheit relevant. Wird ein neues Einflussmerkmal angelegt, kann es allein anhand des Namens schwierig sein, festzustellen, ob eine äquivalentes Merkmal bereits definiert wurde. Darüber hinaus unterstützen die Einflussmerkmale im späteren Verlauf der Analyse bei der Auswahl von Heuristiken, wobei die Handlungsfeld-Zuordnung hilfreich ist. Das methodische Vorgehen der Zuordnung von Einflussmerkmalen zu Handlungsfeldern wird im späteren Verlauf des Teilkapitels detailliert.

Im Feld „Operationalisierung“ wird dokumentiert, durch welche im Unternehmen verfügbaren Informationen das Einflussmerkmal quantifiziert und erhoben wird. Die erhobenen Werte sind das Ergebnis, das in einer späteren Analyse aufgegriffen wird. Auch dieses Feld muss, wie die Einfluss-ID, redundanzfrei zu anderen Einflussmerkmalen sein, da andernfalls redundante Informationen erfasst und bewertet werden, was die Qualität der Analyse nachteilig beeinflussen kann.

Das Feld „Antizipierte Potenziale durch Analyse“ ist ein weiteres Feld, das die Nachvollziehbarkeit von Einflussmerkmalen erhöht. Der Zweck, zu dem das Einflussmerkmal erhoben wurde, gibt Kontext für die Interpretation unklarer Daten. Das Feld dokumentiert außerdem die Einschätzung der Beteiligten, warum es wertvoll sein kann, ein Einflussmerkmal zu erheben. Damit stellt es bei jedem Einflussmerkmal die Reflexion sicher, ob es einen Grund gibt, ein weiteres Merkmal datenbasiert abzubilden. Dies wirkt einer Beliebigkeit bei der Erhebung von Einflussmerkmalen entgegen, die sich nachteilig auf die Nutzbarkeit der Merkmale im Unternehmen auswirken kann. Des Weiteren können durch die Dokumentation von antizipierten Potenzialen Impulse für zukünftige Analysen gegeben werden.

Das letzte Feld des Einflussmerkmal-Steckbriefs sind die „Quellen der Werte zum Merkmal“, was sich auf das Feld „Operationalisierung“ bezieht. Verteilt über die verschiedenen IT-Systeme entwickelnder und produzierender Unternehmen können Informationen mehrfach dokumentiert werden, wobei nicht gewährleistet ist, dass die in den Systemen dokumentierten Informationen widerspruchsfrei sind. Solche Widersprüche können die Datenerhebung auf verschiedene Weisen beeinträchtigen. So kann es sein, dass im Fall eines Widerspruchs kein Wert erhoben wird. Diese Situation führt zu Lücken in Datensätzen, die sich nachteilig auf die Analyse auswirken. Die Korrektur solcher Lücken kann mit aufwendiger, manueller Arbeit einhergehen. Falls ein Wert eingetragen wird, die Quelle des Wertes sich jedoch beliebig ändern kann, so werden bei widersprüchlichen Werten inkonsistente Daten erhoben. Ohne sagen zu können, welcher Wert der Realität entspricht, wird durch das Feld gefordert, dass die Quellensysteme der zu erhebenden Daten priorisiert werden. Auf diese Weise kann bei fehlenden Daten im ersten System auf andere Systeme zurückgegriffen werden, ohne dass bei Widersprüchen ein beliebiges System als Referenz ausgewählt wird.

Erhebung zeitindifferenter Einflussmerkmale

Das im weiteren Verlauf zu detaillierende Verfahren erfordert für jedes abgeschlossene Projekt je Einflussmerkmal einen eindeutigen Wert. Diese Anforderung kann nicht für alle Merkmale als erfüllt vorausgesetzt werden, wie das in Abbildung 5-15 dargestellte Beispiel der Vollzeitäquivalente (Englisch: Full Time Equivalent, FTE) an Mitarbeitenden über den Projektverlauf zeigt. Im zeitlichen Verlauf des Projekts ändert sich die Zahl, sodass dem Projekt kein eindeutiger FTE-Wert zugewiesen werden kann.

Alle Einflussmerkmale, denen kein eindeutiger Wert für abgeschlossene Projekte zugewiesen werden kann, machen eine Extraktion zeitindifferenter Einflussmerkmale erforderlich, wie es in Abbildung 5-15 dargestellt wird. Es existiert umfangreiche Literatur zur Merkmalsextraktion, weswegen im Folgenden lediglich auf die Bedeutung einzelner, beispielhaft extrahierter Merkmale eingegangen wird.

Als erstes Beispiel wird der Durchschnittswert $FTE_{\varnothing}$ betrachtet, der durch eine horizontale, gestrichelte Linie in Abbildung 5-15 dargestellt ist. Der Durchschnittswert der FTE kann zum einen Aufschluss über die im Projekt gebundenen Personalkosten geben, die sich unmittelbar auf die Gesamtprojektkosten auswirken. Da in FTE als Einflussmerkmal keine differenzierten Gehaltsinformationen hinterlegt sind, ist dies ein

Beispiel für eine indirekte Messung. Zum anderen kann die Größe Aufschluss über den fachlichen Umfang des Projekts machen, was in Bezug zu der Anzahl der beteiligten Disziplinen und einer qualitativen Einschätzung der Komplexität der fachlichen Aufgabe gesetzt werden kann. Dies erlaubt Aufschluss über den Charakter des Projekts. Darüber hinaus ist es möglich, anhand der Personalmittel, die Unternehmen für das Projekt bereitgestellt haben, auf die Bedeutung des Projekts für das Unternehmen zu schließen. Eine große Menge bereitgestellter Ressourcen suggeriert ein hohes, unternehmensinternes Engagement im Kontext des Projekts.

Als zweites Beispiel werden die Extremwerte FTE_{min} und FTE_{max} näher betrachtet. Die Bestimmung der Extremwerte erlaubt am Beispiel der FTE Rückschlüsse auf Lastspitzen im Projekt. Auch lassen sich Einflussmerkmale wie das Verhältnis vom Durchschnittswert zu den Extremwerten bilden, die wiederum einen Rückschluss auf die Größe der Lastspitzen im Projektverlauf zulassen. Darüber hinaus geben die Verhältnisse des Durchschnittswerts zu den Lastspitzen Aufschluss darüber, welche Personalengpässe das Projekt im Unternehmen erzeugt haben kann. Die Betrachtung des Einflussmerkmals FTE_{min} kann Aufschluss darüber geben, ob das Projekt phasenweise herunterpriorisiert wurde, wobei auch hier das Verhältnis zum Durchschnittswert $FTE_{\varnothing}$ von Bedeutung ist. Auf diese Weise erlauben die Extremwerte, dokumentiert als eigene Einflussmerkmale, Rückschlüsse auf die Projektdynamik.

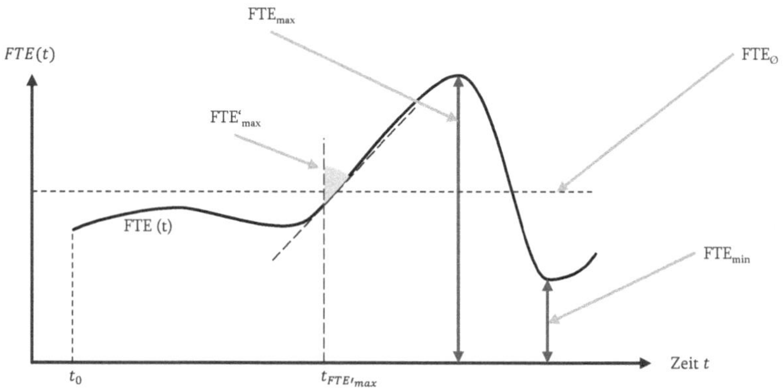

Abbildung 5-15: Beispielhafte Extraktion zeitinvarianter Einflussmerkmale

Das dritte Beispiel, das wiederum Aufschluss über die Projektdynamik gibt, ist die Betrachtung der größten Steigung FTE'_{max} der FTE im Projektverlauf. Zum einen gibt diese Größe eine Indikation über Fluktuation im Projektverlauf, wobei kein Rückschluss gezogen werden kann, ob dies der initialen Planung entspricht oder dem Ausgleichen unvorhergesehener Ereignisse geschuldet ist. Zum anderen zeigt die Größe, unabhängig davon, ob es dem Plan entspricht, ob das Projekt potenziell Personalengpässe im Bereich bzw. im Unternehmen gefördert haben kann. Dies kann ursächlich für eine persönliche Belastung der Beteiligten sein und sich damit indirekt auf Fehlerquoten im Projekt auswirken.

Das vierte Beispiel ist die Betrachtung des Zeitpunkts $t_{FTE';max}$ der größten Steigung der FTE im Projektverlauf. Zum einen gibt die Größe Aufschluss über die Projektdynamik, wie zuvor betrachtete Einflussmerkmale. Anders als diese sagt der Zeitpunkt jedoch etwas über den Verlauf der Projektdynamik aus, weniger über ihren Umfang.

Während Aufschluss über den Verlauf der Projektdynamik eine zusätzliche Information ist, zeigt das Einflussmerkmal jedoch auch, dass die Interpretation einiger Einflussmerkmale in hohem Maße projektspezifisch sein kann. Unter diesen Umständen ist es angebracht, die Erhebung und Verwendung des Einflussmerkmals kritisch zu hinterfragen, um irreführenden Ergebnissen vorzubeugen. Diese Abwägung hat unter Berücksichtigung der anwendungsspezifischen Rahmenbedingungen zu erfolgen.

Eine Übersicht beispielhafter Einflussmerkmale, die im Rahmen von Literaturrecherchen sowie im Austausch mit Industriepartnern zusammengestellt wurde, ist in Anhang A.4 aufgeführt.

Vorgehen zur Zuordnung von Einflussmerkmalen zu Handlungsfeldern

Gemäß dem Einflussmerkmal-Steckbrief in Abbildung 5-14 ist für die Beschreibung von Einflussmerkmalen eine Zuordnung zu den Handlungsfeldern des Entwicklungsmanagements gemäß Teilkapitel 5.1 erforderlich. Da sich Einflüsse indirekt auf alle Bereiche des Entwicklungsmanagements auswirken könnten, wird eine methodische Unterstützung der Zuordnung von Einflussmerkmalen zu Handlungsfeldern benötigt.

Abbildung 5-16 zeigt das methodische Vorgehen der Zuordnung von Einflussmerkmalen zu Handlungsfeldern. Auf der linken Seite der Matrix sind die Einflussmerkmale mit ihrer jeweiligen Einflussmerkmal-ID aufgeführt. Bei der Auflistung der Einflussmerkmale ist zu beachten, dass nur solche Einflussmerkmale eine Einflussmerkmal-ID erhalten, die zeitindifferent sind. Die in der Abbildung aufgeführten Einflussmerkmale sind als Beispiele zu verstehen.

Auf der oberen Seite sind die Handlungsfelder des Entwicklungsmanagements gemäß Teilkapitel 5.1 aufgeführt. Die Darstellung ist anzupassen, wenn ein Unternehmen aus anwendungsspezifischen Gründen andere Handlungsfelder für sich definiert hat. Die Anzahl der Handlungsfelder, denen ein Einflussmerkmal zugeordnet werden kann, ist nicht limitiert. Dies ist wichtig, da andernfalls handlungsfeldübergreifende Einflüsse nicht adäquat wiedergegeben werden.

ID	Einflussmerkmal / Handlungsfeld	Digitalisierung	Forschungs-koordination	Entwicklungs-koordination	Entwicklungsrecht	Wirtschaftlichkeit	Organisations-gestaltung	Marktattraktivität	Fertigungsgerechtheit
33	Geplante Laufzeit zu Projektbeginn			X		X			
34	Max. involvierte Disziplinen			X			X		X
35	IST-Marktanteil des Vorgängerprodukts							X	
36	# Freigabeebenen						X		
37	∑ Jahre Projekterfahrung im Team		X	X					

Gibt es einen unmittelbaren Wirkzusammenhang zwischen dem Einflussmerkmal und den Zielen, die dem Handlungsfeld zugeordnet wurden?

Abbildung 5-16: Vorgehen zur Handlungsfeldzuordnung von Einflussmerkmalen

Die Zuordnung eines Einflussmerkmals zu Handlungsfeldern greift die Ziele des Entwicklungsmanagements gemäß dem zweiten Methodenschritt von Teilkapitel 5.1 auf. Die Ziele wurden in Teilkapitel 5.1 den zuvor definierten Handlungsfeldern zugeordnet. Während ein allgemeiner Zusammenhang zwischen einem Einflussmerkmal und einem Handlungsfeld als zu vage erachtet wird, um eine klare Zuordnung durch Verantwortliche des Unternehmens zu befähigen, ist die unmittelbare Auswirkung eines Einflusses auf Ziele ausfüllbar. Durch die Zuordnung der Ziele zu Handlungsfeldern kann so mittelbar eine Zuordnung der Einflussmerkmale zu Handlungsfeldern erreicht werden, wie es durch die Leitfrage in Abbildung 5-16 dargestellt wird. Werden über die Zeit im Unternehmen neue Einflussmerkmale definiert, ist die Zuordnung für diese Einflussmerkmale nachträglich durchzuführen. Eine Wechselwirkung zwischen den Zuordnungen besteht nicht. Werden über die Zeit neue Ziele definiert, ist die Zuordnung für alle Einflussmerkmale zu aktualisieren, die sich unmittelbar auf das neue Ziel auswirken. Analog gilt, dass wenn ein Ziel aus der Betrachtung entfernt wird, alle Einflussmerkmale neu zu bewerten sind, die sich auf dieses Ziel unmittelbar auswirken.

Beispielhafter Einflussmerkmal-Steckbrief

Ein ausgefüllter Steckbrief für das Einflussmerkmal *FTE_{max}* ist in Abbildung 5-17 dargestellt und wird im Folgenden erläutert. Es ist zu beachten, dass der Steckbrief beispielhaft ausgefüllt wurde und die Detaillierung des gleichen Einflussmerkmals je nach Unternehmenskontext variieren kann.

Einflussmerkmal-Steckbrief		
Name: Personalbindung FTE_{max}	**Einfluss-ID:** 123456	**Operationalisierung:** FTE_{max}
Beschreibung: Maximales Vollzeitäquivalent an Mitarbeitenden, das dem Projekt zu einem Zeitpunkt während der Projektdurchführung zugeordnet war.		**Antizipierte Potenziale durch Analyse:** • Kostenabschätzung in Ländern mit hohen Lohnkosten • Abschätzung des Projektumfangs • Abschätzung der Projektrelevanz
Handlungsfelder [ ] Digitalisierung [ ] Forschungskoordination [X] Entwicklungskoordination [ ] Entwicklungsrecht	[ ] Wirtschaftlichkeit [ ] Organisationsgestaltung [ ] Marktattraktivität [ ] Fertigungsgerechtheit	**Quellen der Werte zum Merkmal:** 1. ERP | Ansprechperson <...> 2. Projektplanungstool | Projektleitung Herr/Frau <...> Im Fall widersprüchlicher Daten ist ERP führend.

Abbildung 5-17: Beispielhaft ausgefüllter Einflussmerkmal-Steckbrief für FTE_{max}

In der Benennung des Einflussmerkmals wird explizit auf den Erhebungszweck eingegangen, dass mit dem Merkmal die Auswirkungen des Projekts auf Personalverfügbarkeit und Personalkosten adressiert werden. Für die Einfluss-ID ist im Beispiel ein Platzhalter angegeben worden.

Die Beschreibung hat den höchsten Detailgrad aller Felder bei der Erläuterung, welche Kennzahl erfasst wird und was die Bezugspunkte der Kennzahl sind. In diesem Beispiel ist der zeitliche Bezugspunkt der Kennzahl die Projektdurchführung.

Die Operationalisierung gibt das bereits diskutierte maximale Vollzeitäquivalent an Mitarbeitenden wieder.

Die antizipierten Potenziale verweisen wie in der vorherigen Ausführung auf Rückschlüsse, die auf Basis der Kennzahlen gezogen werden können.

Bei den Quellen des Merkmals sind explizit Softwarewerkzeuge des Unternehmens und Ansprechpersonen im Fall von Rückfragen aufgeführt. Es wird hervorgehoben, dass im Fall widersprüchlicher Daten das ERP-System führend sein soll.

Mit dem vorgestellten Steckbrief werden Einflussmerkmale einheitlich dokumentierbar und können die Grundlage einer explorativen Analyse bilden. Wie im Folgenden gezeigt wird, kann die Analyse aller denkbaren Einflussmerkmale die Generierung neuer Erkenntnis unmöglich machen. Es ist somit eine Plausibilisierung der Relevanz durchzuführen: Für welche Merkmale erscheint es plausibel, dass sie eine Relevanz für die Erreichung der definierten Ziele haben? Dies ist der Betrachtungsgegenstand des folgenden Teilkapitels.

5.2.2 Plausibilisierung relevanter Einflussmerkmale

Wie bei der Vorstellung explorativer Analysen in Abschnitt 2.3 und der Definition von Einflüssen in Abschnitt 5.2.1 erläutert wurde, ist der rein datenbasierte Nachweis von Kausalität im Zuge der späteren Analyse nicht möglich. Beispiele aus der Literatur zeigen eindrücklich die Effekte von Scheinkorrelation, etwa im Fall der statistisch signifikanten Korrelation der Geburtenrate in Europa und der europäischen Storchenpopulation.[398] Das Risiko solcher zufälliger Korrelationen kann durch eine vorherige Plausibilisierung reduziert werden, wie sie bei FAYYAD ET AL. erwähnt wird.[399] Im Folgenden wird das Vorgehen zur Plausibilisierung der Relevanz der Einflussmerkmale durch Anwendende näher erläutert. Die übergeordnete Fragestellung lautet hierbei: Für welche Merkmale erscheint es plausibel, dass sie eine Relevanz für die Erreichung der definierten Ziele haben?

Verwendung der Nutzwertanalyse in der Plausibilisierung von Einflussmerkmalen

Im Rahmen der Arbeit wird die Plausibilisierung methodisch durch eine Nutzwertanalyse unterstützt. Die Nutzwertanalyse ermittelt die Plausibilität, dass ein gegebenes Einflussmerkmal aus dem ersten Methodenschritt eine Relevanz für die Erreichung der Ziele gemäß Teilkapitel 5.1 hat. Das Ergebnis ist ein quantitativer Relevanzwert je Einflussmerkmal, der eine Priorisierung der zu analysierenden Einflussmerkmale ermöglicht. Wie in Teilkapitel 5.3 gezeigt wird, steigt die Menge der erforderlichen abgeschlossenen Projekte mit der Anzahl der zu analysierenden Merkmale. Die Priorisierung hilft demnach auch, wenn aufgrund fehlender Aussagekraft der Analysen der Umfang zu analysierender Merkmale reduziert werden muss. Der Umfang der zu analysierenden Merkmale ist demnach iterativ zu bestimmen und beruht auf den Ergebnissen der explorativen Datenanalyse.

---

398 Vgl. Matthews (2000), Storks Deliver Babies ($p = 0.008$), S. 36 ff.

399 Vgl. Fayyad et al. (1996), Knowledge discovery and data mining: towards a unifying framework, S. 84

Durch die Nutzwertanalyse existiert darüber hinaus eine nachvollziehbare und diskutierbare Dokumentation, warum die Relevanz eines Einflussmerkmals als hoch oder niedrig eingeschätzt wird. Spätere Anpassungen der Bewertung bleiben möglich, ohne umfangreiche Teile des Vorgehens wiederholen zu müssen. Dies gilt sowohl für die Bewertung der plausiblen Relevanz einzelner Einflussmerkmale als auch für die Gewichtung der Kriterien, die im Folgenden näher beschrieben werden. Die Möglichkeit, die Priorisierung hinsichtlich der einzelnen Merkmale ebenso wie hinsichtlich der Kriterien anzupassen, adressiert die formale Anforderung der Nutzungsfreundlichkeit, insbesondere hinsichtlich der Nachvollziehbarkeit der Ergebnisse.

Das konkrete Vorgehen zur Durchführung der Nutzwertanalyse ist schematisch in Abbildung 5-18 dargestellt. In der Abbildung sind unterschiedliche Bereiche der Bewertung zu sehen, die im Folgenden erläutert werden.

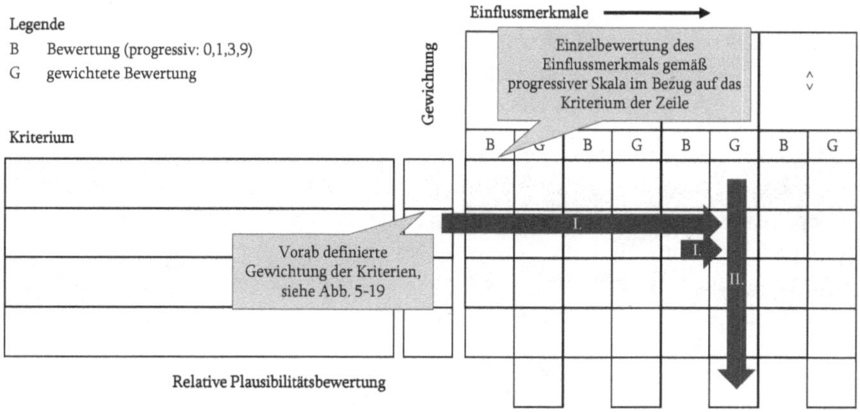

Abbildung 5-18: Nutzwertanalyse in der Plausibilisierung von Einflussmerkmalen

Auf der linken Seite der Abbildung ist Raum für die Kriterien, anhand derer beurteilt wird, ob plausibel ist, dass ein Einflussmerkmal relevant für die Erreichung der Ziele ist. Während im späteren Verlauf des Teilkapitels vier Kriterien vorgestellt werden, anhand derer eine Beurteilung möglich ist, sieht die Methodik vor, dass Unternehmen eigene Kriterien ergänzen oder die Kriterien anpassen können. Solange die Kriterien die Plausibilität der Zielrelevanz messen, sind die Ergebnisse mit der Methodik vereinbar. Dieses Vorgehen ist erforderlich, da mit der denkbaren Individualität der Ziele aus Teilkapitel 5.1 aufgrund des Anwendungsbezugs die Möglichkeit vorhanden ist, dass die vorgeschlagenen Kriterien die Plausibilität eines Einflussmerkmals ungenügend beschreiben. Als Beispiel wird die Entwicklung von Medizinprodukten der Klasse 3 betrachtet. Für solche Produkte kann der Erfolg eines Produktes zu erheblichen Teilen an der Möglichkeit des Unternehmens hängen, das Produkt mit minimalen Nachbesserungsschleifen zertifizieren zu lassen. Merkmale, die sich auf die Zertifizierung auswirken, können sich damit auf unterschiedlichste Projektziele auswirken. Das Unternehmen hat die Möglichkeit, ein zusätzliches Kriterium zu ergänzen, um entsprechende Einflüsse direkt zu berücksichtigen.

Rechts von den Kriterien befindet sich eine Spalte mit dem Titel „Gewichtung", in der die relativen Gewichte der Bewertungskriterien aufgeführt werden. Die Summe der Gewichte ist stets 1 und ist zu aktualisieren, wenn Unternehmen eigene Kriterien zur Bewertung der Einflussmerkmale ergänzen. Das Vorgehen zur Ermittlung der Gewichtung wird im Anschluss an die allgemeine Einführung des Vorgehens ab Seite 142 vorgestellt.

Im oberen Bereich auf der rechten Seite von Abbildung 5-18 sind Felder zu sehen, in denen die Einflussmerkmale eingefügt werden. Jedes Einflussmerkmal, das im Unternehmen definiert ist, ist in die Nutzwertanalyse einzutragen.

Unter jedem Feld für Einflussmerkmale in Abbildung 5-18 sind zwei Spalten zu sehen, von denen die linke die direkte Bewertung (Spalte „B") je Kriterium beinhaltet. In dieser Spalte wird anhand einer progressiven Skala [0, 1, 3, 9] die Einschätzung der Anwendenden dokumentiert, die Bewertung erfolgt demnach erfahrungsbasiert. Eine 0 drückt aus, dass kein Zusammenhang zwischen dem Einflussmerkmal und dem Ziel zu erwarten ist, eine 1 einen schwachen Einfluss, eine 3 einen deutlichen Einfluss und eine 9 einen sehr starken zu erwartenden Einfluss.

An dieser Stelle ist zu erwähnen, dass die Bewertung für jede Analyse hinsichtlich eines Entwicklungsziels zu aktualisieren ist, da die Kriterien sich auf das konkret zu untersuchende Ziel beziehen. Die Teilmenge der zu analysierenden Merkmale hängt somit von der zu untersuchenden Zielsetzung ab, was konsistent zum Vorgehen der wissenschaftlichen Literatur ist (vgl. Abschnitt 3.2.2). Die progressive Skala wird für die Nutzwertanalyse verwendet, um gerade im Bereich hoher Werte das Feld der priorisierten Kriterien zu strecken. So wird eine differenziertere Priorisierung unterstützt.

Die rechte Spalte im Bereich unter jedem Feld der Einflussmerkmale gibt die gewichtete Bewertung (Spalte „G") eines Einflussmerkmals wieder. Sie wird gebildet, indem die auf Expertise beruhende Bewertung in Spalte B mit dem Gewichtungsfaktor des Kriteriums multipliziert wird. Der Vorgang ist durch die Pfeile „I" in Abbildung 5-18 dargestellt.

Zur Priorisierung der Einflussmerkmale ist es erforderlich, eine aggregierte Bewertung der Plausibilität zu erhalten, dass ein Einflussmerkmal für die Erreichung des spezifizierten Ziels gemäß Teilkapitel 5.1 relevant ist. Die entsprechende Summierung der gewichteten Bewertungen aus Spalte G ist in Abbildung 5-18 durch den Pfeil mit der Nummer „II“ dargestellt und resultiert im untersten Feld der Spalte. Dieses Feld mit der Bezeichnung „relative Plausibilitätsbewertung“ gibt die abschließende Bewertung des jeweiligen Einflussmerkmals im zweiten Methodenschritt wieder und ist damit das Ergebnis der Plausibilitätsbewertung.

Gewichtung der Kriterien der Nutzwertanalyse in der Plausibilisierung

Wie zuvor diskutiert, ist die Gewichtung der Kriterien relevant, um dem Anwendungskontext des Unternehmens gerecht werden zu können. Methodisch wird der Schritt der Kriteriengewichtung durch einen paarweisen Vergleich unterstützt, der in Abbildung 5-19 zu sehen ist. Der paarweise Vergleich wird im Folgenden anhand der vorgeschlagenen Kriterien näher erläutert, die ebenfalls in Abbildung 5-19 zu sehen sind.

Die Abbildung zeigt auf der linken Seite die vier vorgeschlagenen Kriterien, anhand derer die Einflussmerkmale aus Teilkapitel 5.1 zu beurteilen sind. Die Kriterien werden in der nebenstehenden Matrix auf sich selbst abgebildet, weswegen die Diagonale ausgegraut ist.

In den verbleibenden Feldern der Matrix wird paarweise verglichen, ob das Kriterium der Zeile weniger wichtig, gleich wichtig oder wichtiger ist als das Kriterium der Spalte. Ist die Zeile wichtiger als die Spalte, ist der Wert 2, bei gleicher Wichtigkeit 1 und bei geringerer Wichtigkeit 0.

Rechts von der Bewertungsmatrix werden die Zeilensummen gebildet. Wiederum rechts von der Zeilensumme ist angegeben, welchen Anteil die Zeilensumme an der Gesamtzahl der vergebenen Bewertungspunkte in Abbildung 5-19 hat. Dies entspricht der relativen Gewichtung des Kriteriums gegenüber den anderen Kriterien. Die Summe der Gewichtung ist stets 1.

Es ist zu betonen, dass bei der Bewertung von Einflussmerkmalen anhand der Kriterien Auswirkungen ersten und zweiten Grades berücksichtigt werden sollen. Im Kontext der vorliegenden Arbeit wird unter einer Auswirkung ersten Grades eine unmittelbare Auswirkung verstanden. Wird das zweite vorgeschlagene Kriterium, die Ressourcenebene, betrachtet, so sind Einflüsse ersten Grades die FTE und das Projektbudget. Sie definieren unmittelbar die Ressourcen, die dem Projekt zur Verfügung stehen. Einflüsse zweiten Grades sind Einflüsse, die unmittelbar auf Einflüsse ersten Grades wirken. Am Beispiel der FTE ist ein Einfluss ersten Grades die Anzahl verfügbarer Mitarbeitender bei Zusammenstellung des Projektteams. Einflüsse höherer Grade, deren Wirkungsketten noch indirekter sein können, werden in der Nutzwertanalyse mit Null bewertet, da andernfalls die Plausibilität der Relevanz übermäßigem Interpretationsspielraum und vagen Eventualitäten unterliegt.

	Kriterium	1	2	3	4	Summe	Anteil
1	Einfluss auf Prozessebene		2	1	2	5	41 %
2	Einfluss auf Ressourcenebene	0		1	1	2	17 %
3	Einfluss auf persönlicher Ebene	1	1		1	3	25 %
4	Einfluss auf fachlicher Problemebene	0	1	1		2	17 %
					Σ	12	100 %

Legende: Die Zeile ist … 0: weniger relevant als die Spalte; 1: gleich relevant wie die Spalte; 2: relevanter als die Spalte

Abbildung 5-19: Gewichtung der vorgeschlagenen Plausibilisierungskriterien

Herleitung vorgeschlagener Kriterien für die Nutzwertanalyse

Für die allgemeine Anwendung ohne spezifische Rahmenbedingungen werden vier Kriterien vorgeschlagen und priorisiert. Sie werden im Folgenden näher erläutert. WILMSEN ET AL. sowie KATTWINKEL ET AL. zeigen die Signifikanz passender Prozessen für den Erfolg von Projekten auf.[400] Das erste Kriterium, die **Prozessebene**, befasst sich mit der Auswirkung von Einflussmerkmalen auf die Prozesse des Projekts. Hierunter werden alle Effekte verstanden, die direkte Aktivitäten zur Erreichung der Projektziele fördern oder hemmen. Dies umfasst sowohl die operative Entwicklungsarbeit, etwa in Form der Produktgestaltung, als auch die koordinative Entwicklungsarbeit, etwa in Form von Freigabeschleifen oder von strategischen Planungsprozessen im Kontext des Entwicklungsprojekts.

[400] Vgl. Wilmsen et al. (2019), A context-model for adapting design processes and methods, S. 430 f.; Kattwinkel et al. (2016), Analysis of existing approaches for the support of planning processes within new product development projects, S. 6 f.

COOPER zeigt neben der Prozessebene die **Ressourcenebene** auf,[401] die das zweite Kriterium ist. Zu den finanziellen Ressourcen werden neben dem allgemeinen Projektbudget auch Ausbildungsmittel und Mittel zur Beauftragung externer Unterstützung gerechnet. Zu den personellen Ressourcen zählt die verfügbare Personenanzahl ebenso wie die Diversität der verfügbaren Fachkenntnis oder die Jahre an Projekterfahrung im Team. Anhand der Personalressourcen lässt sich erkennen, dass es Überschneidungen der Kriterien geben kann. Auch Sachmittel wie verfügbare Fertigungskapazitäten oder Kapazitäten im Prototypenbau können den Projektressourcen zugerechnet werden. Unerwartete Wartezeiten im Prototypenbau können zu signifikanten Verzögerungen im Projektablauf führen, wobei die konkrete Bewertung in der Nutzwertanalyse vom Anwendungsfall abhängt.

CERA UND KUSAKU sowie OBAL ET AL. ergänzen neben der Prozess- und der Ressourcenebene die Betrachtung der **persönlichen Ebene** im Kontext der Unternehmenskultur und Arbeitsumgebung.[402] Sie stellt das dritte Kriterium dar. Ebenso wie die wissenschaftliche Literatur zeigt der Austausch mit Industriepartnern, dass Einflüsse auf die Arbeitsatmosphäre und den Zusammenhalt im Team signifikanten Einfluss auf die Qualität der Ergebnisse und die Einhaltung der Zeitpläne haben können.[403] Entsprechend ist es erforderlich, auch diese Einflüsse in der späteren explorativen Analyse berücksichtigen zu können. Es ist zu betonen, dass hierbei emotionale Einflüsse auf das Projektteam zu betrachten sind, also alle Personen, die unmittelbar an der Bearbeitung des Projekts beteiligt sind.

Das vierte Kriterium adressiert die **fachliche Problemebene** und damit die Herausforderung, die durch das Projekt gelöst werden soll. Zum fachlichen Anspruch gehört unter anderem die Komplexität des zu entwickelnden Produkts. Interdisziplinäre Produkte mit großem technischem Neuheitsgrad und komplexem Verhalten stellen Teams vor größere Herausforderungen. Dabei ist zu beachten, welche Vorerfahrungen des Unternehmens im Team vorhanden sind oder dem Team zur Verfügung stehen. Darüber hinaus kann auch in Projekten geringer Komplexität das Team durch die Menge der durchzuführenden Aktivitäten gefordert werden.

---

[401] Vgl. Cooper (2019), The drivers of success in new-product development, S. 42

[402] Vgl. Cera und Kusaku (2020), Factors Influencing Organizational Performance, S. 16 f.; Obal et al. (2020), Integrating sustainability into new product development, S. 44

[403] Vgl. Balconi et al. (2019), To Rate or Not to Rate?, S. 180; Cera und Kusaku (2020), Factors Influencing Organizational Performance, S. 19; Tomak und Polat (2022), Risk prioritization model driven by success factor in the light of multicriteria decision making, S. 760

Beispielhafte Plausibilisierung von Einflussmerkmalen

Eine beispielhafte Plausibilisierung von Einflussmerkmalen ist in Abbildung 5-20 dargestellt. Die Plausibilisierung erfolgte für das Ziel, den initial definierten Termin für den Produktionsstart einzuhalten. Die Gewichtung der vier Kriterien entspricht der Gewichtung aus Abbildung 5-19. Die drei bewerteten Einflussmerkmale sind der Projektumfang, die Anzahl der Länder der Zulieferer bezogen auf die jeweilige Unternehmenszentrale und die Verfügbarkeit des erforderlichen Wissens. Die Merkmale werden im Folgenden vorgestellt und die Bewertung erläutert. In der industriellen Anwendung ist die Einfluss-ID zur Gewährleistung der Eindeutigkeit anzugeben.

Legende
B Bewertung (progressiv: 0,1,3,9)
G gewichtete Bewertung

Einflussmerkmale →

Kriterium	Gewichtung	Projektumfang		Anzahl der Länder der Zulieferer		Verfügbarkeit des erforderlichen Wissens	
		B	G	B	G	B	G
Einfluss auf Prozessebene	0,41	3	1,23	3	1,23	9	3,69
Einfluss auf Ressourcenebene	0,17	3	0,51	0	0	3	0,51
Einfluss auf persönlicher Ebene	0,25	3	0,75	1	0,25	1	0,25
Einfluss auf fachlicher Problemebene	0,17	9	1,53	0	0	0	0
Relative Plausibilitätsbewertung			4,02		1,48		4,45

Abbildung 5-20: Beispielhafte Plausibilisierungsbewertung von Einflussmerkmalen

Das erste Einflussmerkmal ist der Umfang des anvisierten Projekts. Hierunter ist der Umfang der fachlichen Aufgabe zu verstehen, unabhängig von ihrer inhaltlichen Komplexität. Daher ist naheliegend, dass im Kriterium „Einfluss auf fachliche Problemebene“ die höchste Bewertung in Spalte B erfolgt. Doch auch mit Blick auf die anderen Kriterien ist der Aufgabenumfang von Bedeutung. Auf der Prozessebene kann ein übermäßiger Aufgabenumfang zu Herausforderungen bei der Koordination der Prozesse führen und die internen Abstimmungsaufwände erhöhen. Auf der Ressourcenebene erfordert ein größerer Projektumfang mehr Ressourcen, die dem Unternehmen an anderer Stelle fehlen können. Auf der persönlichen Ebene kann ein großer Projektumfang entsprechend der höheren internen Abstimmungsaufwände zu emotionaler Belastung in Form von Frust führen, der sich auf die Qualität der Ergebnisse auswirken kann.

Das zweite Einflussmerkmal ist die Anzahl der Länder der Zulieferer bezogen auf die jeweilige Unternehmenszentrale. Dies kann einen Einfluss auf die Vielfalt der Regulierungen haben, die in der Industrialisierungsphase des Projekts zu beachten sind. Es besteht somit ein Einfluss auf der Prozessebene. Auch auf persönlicher Ebene könnte durch kulturelle Unterschiede ein Einfluss entstehen, der jedoch als weniger sicher angesehen wird und eine entsprechend niedrigere Wertung erhält.

Das dritte Einflussmerkmal erfasst die Verfügbarkeit des Wissens, das zur Lösung der Aufgabe erforderlich ist. Ob das erforderliche Wissen verfügbar ist oder nicht, mag einen Effekt darauf haben, wie beruhigt sich das Team fühlt, die zu lösende Aufgabe wird dadurch jedoch nicht beeinträchtigt. Die primären Auswirkungen liegen in den Aufwänden zur Beschaffung des Wissens auf Prozessebene, wobei eine höhere Verfügbarkeit die Projektdurchführung beschleunigen kann. Sollte die Verfügbarkeit unzureichend sein, können Projektressourcen in Form von finanziellen Mitteln beansprucht werden, um die Beschaffung des Wissens extern zu beauftragen.

Die Auswertung der Analyse zeigt, dass im beispielhaften Fall die Relevanz der Anzahl der Länder der Zulieferer eine geringe Plausibilität hat. Ohne ausschließen zu können, dass die Relevanz höher ist als erwartet, würden in diesem Fall die beiden anderen Merkmale für die Ermittlung datenbasierter Heuristiken priorisiert werden. Hierdurch konnte die Grundlage geschaffen werden, den Datensatz für die anschließende explorative Analyse zu reduzieren. Im Folgenden wird die Anwendung des Methodenschritts im industriellen Kontext näher erläutert und ein Vorgehensmodell aufgezeigt.

Anwendung im Unternehmenskontext

Zur Unterstützung der reproduzierbaren Anwendbarkeit der Methodenschritte des Teilkapitels 5.2 zeigt Abbildung 5-21 eine Übersicht der durchzuführenden Schritte für die erste Analyse sowie bei Anpassungsbedarf aufgrund fehlender Analyseergebnisse oder mangelnder Aussagekraft der Analyseergebnisse. Auf der linken Seite der Abbildung ist die allgemeine Vorbereitung der Analyse zu sehen. Auf der rechten Seite ist zu sehen, wie im Fall fehlender Ergebnisse reagiert werden kann, um die Ergebnisqualität zu erhöhen.

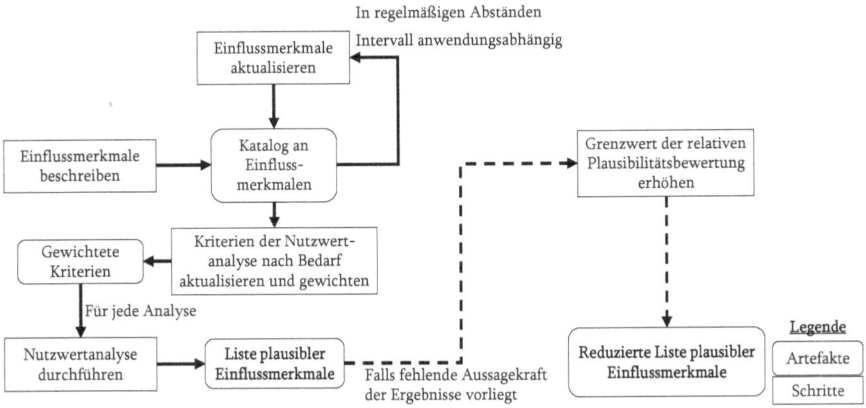

Abbildung 5-21: Vorgehen zur Plausibilisierung von Einflussmerkmalen im Entwicklungsmanagement

Führt ein Unternehmen die vorgestellte Methodik neu ein, sind zunächst potenzielle Einflussmerkmale auf Projekte des Unternehmens zu beschreiben. Hierbei unterstützt der Einflussmerkmal-Steckbrief, der in Abbildung 5-14 vorgestellt wird und in Abbildung 5-17 beispielhaft ausgefüllt ist. Der Abgleich mit den Daten bestehender Systeme kann helfen, zu erkennen, wo bereits Daten mit entsprechenden Informationen vorhanden sind. Für Einflussmerkmale, zu denen keine Daten aus abgeschlossenen Projekten vorhanden sind, ist mit der Erfassung entsprechender Daten für folgende Projekte zu beginnen. Ergänzend kann es möglich sein, durch manuelle Recherche Daten zu abgeschlossenen Projekten zusammenzuführen. Diese Daten sind ausführlich zu prüfen, da sie noch nicht nach einem standardisierten Verfahren erhoben wurden. Das Ergebnis ist ein unternehmensspezifischer Merkmalskatalog mit entsprechender Datenbank, in der sich im Laufe der Zeit Daten von Entwicklungsprojekten sammeln.

Es ist nicht davon auszugehen, dass in einem Durchlauf alle Einflussmerkmale erfasst werden können. Einflussmerkmale können sich mit der Einführung neuer Geschäftsbereiche oder der Ergänzung neuer Produktsegmente als interessant erweisen. Der Katalog der Einflussmerkmale ist als zu aktualisierendes Artefakt zu betrachten. Zur Durchführung der Analyse ist die Reduktion des Datensatzes auf plausible Einflussmerkmale erforderlich. Hierzu sind die vorgeschlagenen Kriterien zu prüfen und nach Bedarf zu ergänzen. Im Fall der Ergänzung neuer Kriterien ist die Gewichtung der Kriterien zu aktualisieren. Auch hier können neue Produktsegmente und Geschäftsbereiche dazu führen, dass die Kriterien zu aktualisieren und neu zu gewichten sind.

An dieser Stelle werden die in Teilkapitel 5.1 beschriebenen Ziele aufgegriffen, um für diese jeweils die Nutzwertanalyse der Einflussmerkmale durchzuführen. Welche Ziele zu analysieren sind, hängt von der Art der Erkenntnisse ab, die erzielt werden sollen. Ein Beispiel kann die Ableitung von Heuristiken sein, durch die sich die Durchführung von Projekten beschleunigen lässt. Da die Durchführung der Nutzwertanalyse auf der Expertise der Anwendenden beruht, ist bei der Auswahl der verantwortlichen Personen auf eine ausreichende Erfahrung mit Projekten des Unternehmens und Kenntnis seiner Rahmenbedingungen zu achten.

Auf Basis der Nutzwertanalyse kann eine Auswahl der zu analysierenden Einflussmerkmale getroffen werden. Ist die darauffolgende Analyse ergebnisreich und die Erkenntnistiefe ausreichend, sind die Methodenschritte des Teilkapitels 5.2 abgeschlossen. Zeigt sich bei der Durchführung der Analyse, dass entweder keine Ergebnisse erzielt werden können, oder die ermittelten Heuristiken nicht aussagekräftig erscheinen, muss der Umfang der Einflussmerkmale für die Analyse reduziert werden. Allgemein lässt sich sagen, dass mit mehr analysierten Einflussmerkmalen neuartigere Erkenntnisse erzielt werden können, jedoch mit weniger analysierten Einflussmerkmalen konkretere und zuverlässigere Erkenntnisse gewonnen werden können. Der Umfang der betrachteten Einflussmerkmale ist hieran iterativ anzupassen.

Teilkapitel 5.2 präsentiert somit ein Vorgehen zur Beschreibung anwendungsspezifischer Einflussmerkmale auf Entwicklungsprojekte und unterstützt Unternehmen dabei, eine vertrauenswürdige und nachvollziehbare Datenbasis zu diesen Einflussmerkmalen aufzubauen. Unter Einbeziehung der in Teilkapitel 5.1 definierten Ziele wird ein Vorgehen aufgezeigt, um die Einflüsse hinsichtlich der Plausibilität ihrer Relevanz zu bewerten. Auf diese Weise kann für ein gegebenes Ziel eine Teilmenge der Einflussmerkmale zur explorativen Analyse ausgewählt werden. An dieser Stelle knüpft Teilkapitel 5.3 an, in dem die explorative Analyse der Einflussmerkmale detailliert wird.

5.3 Ermittlung informationsreicher Einflussmerkmale

Ein wesentlicher Mehrwert der Methodik für Anwendende ist die Schaffung von Transparenz in komplexen Entscheidungssituationen. Aus allen denkbaren Einflüssen sind die herauszufiltern, die entscheidend für das Resultat der Entscheidung sind. Um dabei aussagekräftige und neuartige Erkenntnisse zu gewinnen, ist das Ziel von Teilkapitel 5.3 die Reduktion der Menge plausibler Einflussmerkmale auf informationsreiche Einflussmerkmale. Die bestehende FAMD-Methodik (vgl. Abschnitt 2.3.2) wird hierbei aufgegriffen.

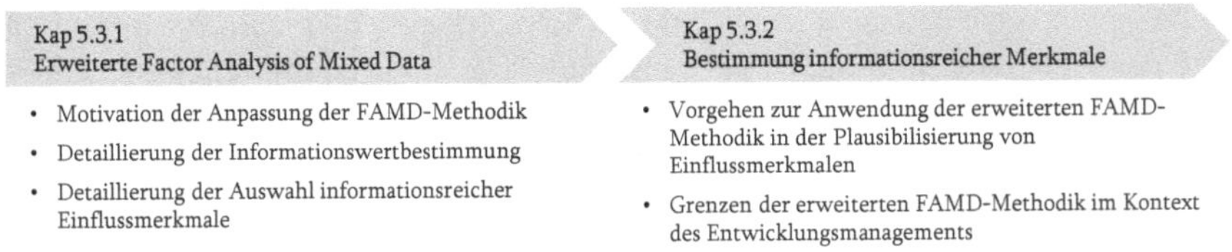

Abbildung 5-22: Übergeordnete Methodenschritte von Teilkapitel 5.3

In Abschnitt 5.3.1 wird eine Erweiterung der FAMD-Methodik vorgestellt, die eine Dimensionsreduktion des Datensatzes der Einflussmerkmale ohne Verrechnung der Einflussmerkmale erlaubt. Dies ist wesentlich für die Interpretierbarkeit der Ergebnisse. Dabei wird die Anpassung anhand der FAMD-Ergebnisse motiviert und der Umfang der Erweiterung detailliert. Die ergänzenden Schritte werden vorgestellt und anhand beispielhafter Analysen beschrieben.

Abschnitt 5.3.2 befasst sich mit der Anwendung der erweiterten FAMD-Methodik im Kontext der Arbeit. Während Teilkapitel 5.1 die Beschreibung der Ziele des Entwicklungsmanagements umfasst (vgl. Abschnitt 5.1.2) und in Teilkapitel 5.2 die Einflussmerkmale des Entwicklungsmanagements beschrieben (vgl. Abschnitt 5.2.1) und plausibilisiert (vgl. Abschnitt 5.2.2) werden, adressiert Abschnitt 5.3.2 die erforderliche Aufbereitung dieser Daten zur Durchführung der explorativen Analyse. Damit wird die Anwendbarkeit des Ansatzes für Unternehmen unterstützt.

5.3.1 Erweiterte FAMD-Methodik

Im Zuge der Arbeit wurde die bestehende FAMD-Methodik aufgegriffen und erweitert. Der folgende Abschnitt stellt die erweiterte mathematische Methodik vor. Der Bezug zum Entwicklungsmanagement wird an entsprechenden Stellen aufgezeigt.

Heuristiken sind, wie in Abschnitt 2.4.1 diskutiert wurde, Strategien zur Entscheidungsfindung. Sie können demnach als handlungsweisende Intuition interpretiert werden. Intuition wiederum beruht auf der Erkennung von Mustern in Erfahrungen. Je aussagekräftiger die Erfahrungen sind und je mehr solcher Erfahrungen vorliegen, desto verlässlicher ist die daraus gebildete Intuition. Ein analoger Zusammenhang wird für datenbasierte Intuition und datenbasierte Heuristiken angenommen: Je mehr Datenpunkte abgeschlossener Projekte vorliegen und je besser die verfügbaren Daten auf die aussagekräftigen Daten reduziert werden können, desto verlässlicher werden die datenbasiert gezogenen Schlüsse.

Die Betrachtung realer Entscheidungssituationen zeigt, dass die menschliche Auffassungsgabe unzureichend geeignet ist, den Fokussierungsprozess zuverlässig durchzuführen. Wissen, das über mehrere Generationen valide ist, kann über mehrere Zyklen als Erfahrungsschatz aufgebaut werden. Bei wachsender Dynamik der Entscheidungsumgebung sinkt jedoch das Potenzial dieses Ansatzes für die Entscheidungsfindung. Wissen wird schneller überholt, veraltet und ist für kommende Entscheidungssituationen nur bedingt anwendbar. Es ist nicht gewährleistet, dass erkennbar ist, inwiefern es anwendbar bleibt. Datenbasierter Erkenntnisgewinn bietet sich an, da die Wissensgenerierung in Teilen automatisiert werden kann. Der so entstehende Geschwindigkeitszuwachs kann der wachsenden Dynamik besser gerecht werden als manuelle Aufbereitung des Erfahrungswissens.

Die Fokussierung auf das Wesentliche ist ein essenzieller Teil des Erkenntnisgewinns. Die bestehende FAMD-Methodik (vgl. Abschnitt 2.3.2) ermöglicht dies durch die Reduktion gemischter Datensätze. Sie verhält sich gegenüber numerischen Daten wie eine Hauptkomponentenanalyse und gegenüber kategorischen Daten wie eine Multiple Correspondence Analysis. Damit ist sie in der Lage, reale Projektdaten zu verarbeiten. Zu den Ergebnissen der FAMD gehören die Hauptkomponenten des Datensatzes mit den zugehörigen Eigenwerten, wie sie in Abbildung 5-23 zu sehen sind. Die rechte Seite der Abbildung zeigt die Beiträge numerischer Einflussmerkmale zu den ersten beiden Hauptkomponenten, wobei der Abstand vom Mittelpunkt die Größe des Beitrags darstellt und die Richtung angibt, wie sich der Beitrag auf die ersten beiden Hauptkomponenten „Dimension 1“ und „Dimension 2“ aufteilt.

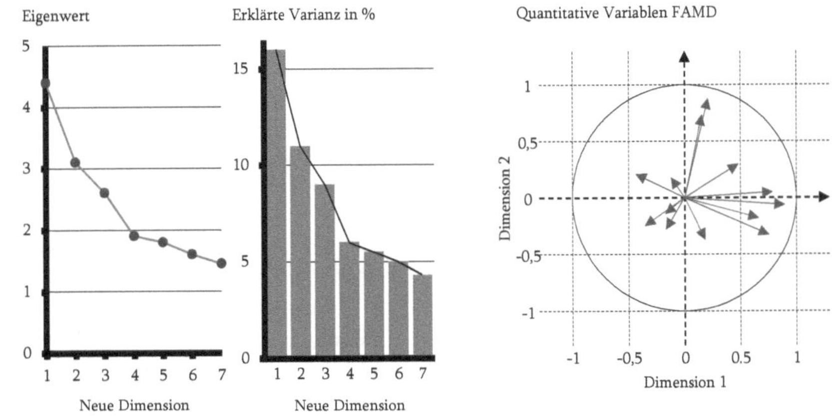

Abbildung 5-23: Ergebnisse einer FAMD mit eingeschränkter Interpretierbarkeit für Entscheidungsverantwortliche im Entwicklungsmanagement

Abbildung 5-23 zeigt ein Hemmnis für die Anwendung von FAMD im Entwicklungsmanagement: Die Ergebnisse sind nur bedingt zugänglich. Die Bedingung ist dabei mathematisches Vorwissen, dessen Anwendung nicht zur Aufgabe vieler Entscheidungsverantwortlicher im Entwicklungsmanagement liegt. Es kann nicht vorausgesetzt werden, dass dieses Wissen vorliegt. Dies schränkt neben dem Verständnis auch die Nachprüfbarkeit und Nachvollziehbarkeit der Ergebnisse ein. Wie VENKATESH ET AL. zeigen, wirkt sich diese Transparenz direkt auf die Akzeptanz neuer IT-Lösungen aus.[404]

Das oben gezeigte Beispiel zeigt Einschränkungen von FAMD für Entscheidungsverantwortliche. Während der Datensatz auf vier neue Dimensionen in Form von Hauptkomponenten reduziert werden könnte, wie das Balkendiagramm der erklärbaren Varianz zeigt, findet keine Fokussierung der ursprünglichen Einflussmerkmale statt. Es werden keine Größen der Entscheidung als vernachlässigbar erkannt und aus der Betrachtung entfernt. Die Komplexität der Entscheidung wird auf wenige Dimensionen kompaktiert, die Entscheidung wird damit jedoch nicht einfacher. Die neuen Dimensionen sind eine Kombination aller ursprünglichen Einflussmerkmale, also Einflussmerkmale. Sie haben keine „reale“ Bedeutung. Die Fokussierung ist jedoch ein für die Entscheidungsfindung wichtiger Aspekt und ist Gegenstand der erweiterten FAMD-Methodik, die im Folgenden vorgestellt wird. Ziel der erweiterten FAMD-Methodik ist die Reduktion der Menge der plausiblen Einflussmerkmale gemäß Teilkapitel 5.1

[404] Vgl. Venkatesh et al. (2003), User Acceptance of Information Technology: Toward a Unified View, S. 450

auf die informationsreichen, also aussagekräftigen Einflussmerkmale. Neben einer Dimensionsreduktion im mathematischen Sinne ist hiermit die konkrete Aussortierung von Einflussmerkmalen gemeint. Das Vorgehen der erweiterten FAMD-Methodik ist in Abbildung 5-24 zu sehen. Sie zeigt, dass der Ansatzpunkt für die Erweiterung das Ergebnis der FAMD-Methodik ist. Die Ergebnisse der FAMD-Methodik sind die Hauptkomponenten des Datensatzes, die Eigenwerte der Hauptkomponenten sowie die Hauptrichtungen. Von diesen Ergebnissen werden die Hauptkomponenten und die Eigenwerte der Methodik aufgegriffen. Die Hauptkomponenten stellen die varianzreichsten Dimensionen im Datensatz dar, wobei jede Spalte der Matrix einer neuen Dimension entspricht. Die Werte der Hauptkomponenten zeigen den Beitrag und damit die Bedeutung eines Einflussmerkmals zur Hauptkomponente. Damit sind die Hauptkomponenten für die folgende Analyse relevant. Die relative Bedeutung der Hauptkomponenten wird durch die Eigenwerte widergespiegelt, was auch diese relevant für die Analyse macht.

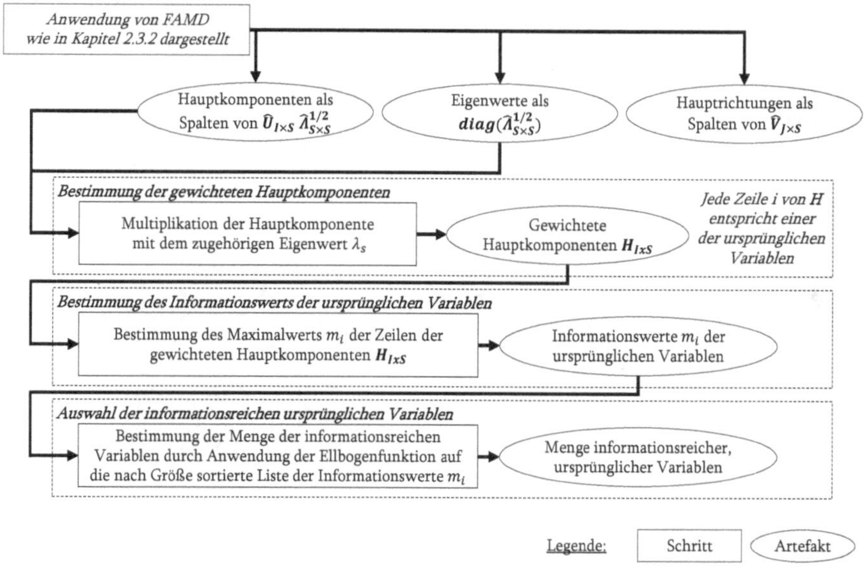

Abbildung 5-24: Erweiterte FAMD-Methodik zur Verbesserung der Interpretierbarkeit der Ergebnisse im Entwicklungsmanagement

Neben der Bedeutung der Eingangsgrößen ist das Konzept des Informationsgehalts zu erläutern. Die Einflussmerkmale spannen einen *n*-dimensionalen Raum auf, in dem

Entwicklungsprojekte anhand ihrer Merkmalsausprägungen verortet werden. Dies können die Projektdauer mit der Ausprägung „24 Monate", das Versuchsbudget mit der Ausprägung „500.000 €" oder die Entwicklungsstandorte mit den Ausprägungen „München", „Hamburg" und „Aachen" sein. Es sind räumliche Informationen im Raum der Einflussmerkmale. Die Menge der räumlichen Informationen im Datensatz entspricht dem Informationswert der Einflussmerkmale. Den Informationswert der neuen Dimensionen geben die Eigenwerte wider, die für einen beispielhaften Datensatz nach ihrer Größe sortiert in Abbildung 5-25 dargestellt sind. Der gleiche Datensatz wird im Zuge der Beschreibung der erweiterten FAMD-Methodik von Teilkapitel 5.3 für alle Abbildungen verwendet, um die Nachvollziehbarkeit der Werte und Diagramme zu erhöhen.

Im ersten Schritt der erweiterten FAMD-Methodik werden die Hauptkomponenten mit ihren Eigenwerten multipliziert, um die Beiträge der Einflussmerkmale gemäß der Relevanz der neuen Dimensionen zu gewichten. Im zweiten Schritt wird für jedes Einflussmerkmal der maximale Beitrag bestimmt, um auf den Informationswert des Einflussmerkmals zu schließen. Abschließend wird bestimmt, bis zu welchem Informationswert Einflussmerkmale verworfen werden. Auf diese Weise wird die Effektivität der Datensatzreduktion gegen die Effizienz des Informationsverlusts abgewogen. Auf Basis des Vorgehens kann der Datensatz reduziert werden.

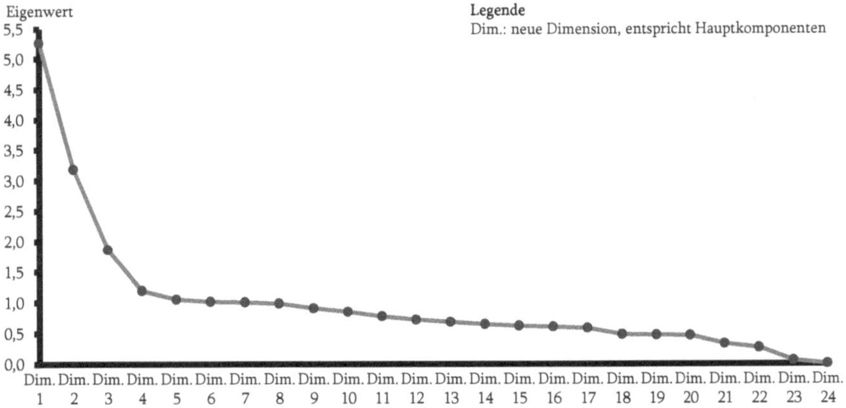

Abbildung 5-25: Beispielhafte Eigenwerte der neuen Dimensionen, sortiert

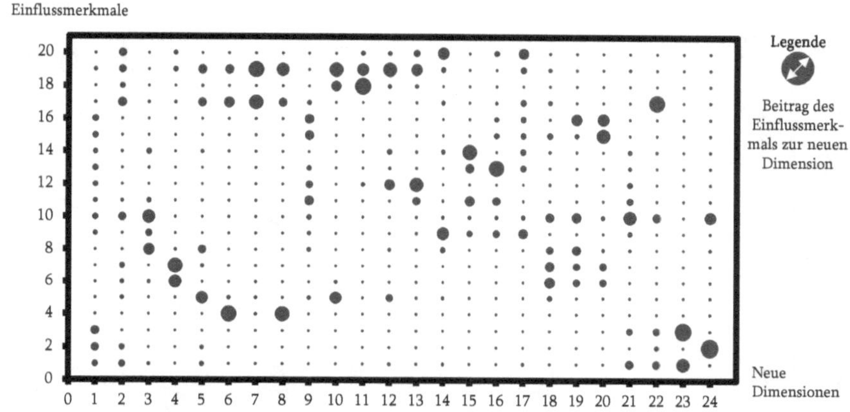

Abbildung 5-26: Beiträge der Einflussmerkmale zu den neuen Dimensionen

Abbildung 5-26 zeigt die Hauptkomponenten des Datensatzes. Auf der linken Seite sind die Einflussmerkmale aufgetragen. Jede Zeile entspricht einem Einflussmerkmal, für das in abgeschlossenen Projekten Daten erhoben wurden. Auf der x-Achse sind die durch FAMD bestimmten neuen Dimensionen, die Hauptkomponenten, aufgetragen, die per se keine interpretierbare Bedeutung im Entwicklungsmanagement haben. Jede Spalte entspricht demnach einer Hauptkomponente des Datensatzes der abgeschlossenen Projekte. Der Betrag, mit dem ein Einflussmerkmal zu einer neuen Dimension beiträgt, ist durch die Größe des Kreises dargestellt. Es ist zu beachten, dass die Daten der Zielerreichung nicht mit aufgeführt sind. Sie werden in Teilkapitel 5.4 wieder aufgegriffen.

Wie zu erkennen ist, ist ein direkter Rückschluss auf den Informationswert nicht möglich. Der größte Beitrag des zweiten Einflussmerkmals ist zu Dimension 24. Abbildung 5-25 zeigt in der rechten unteren Ecke, dass der Eigenwert und damit der Informationsgehalt von Dimension 24, vernachlässigbar klein ist. Vor diesem Hintergrund erscheint der Kreis des zweiten Einflussmerkmals in Abbildung 5-26 unverhältnismäßig groß. Es folgt, dass der Informationsgehalt des Einflussmerkmals noch nicht direkt abgelesen werden kann. Eine Gewichtung der Beiträge anhand der Eigenwerte ist erforderlich. Die Multiplikation der Werte jeder Spalte aus Abbildung 5-26 mit dem jeweiligen Eigenwert aus Abbildung 5-25 führt zu den in Abbildung 5-27 dargestellten Beiträgen. Es ist das Ergebnis des ersten Schritts des Vorgehens.

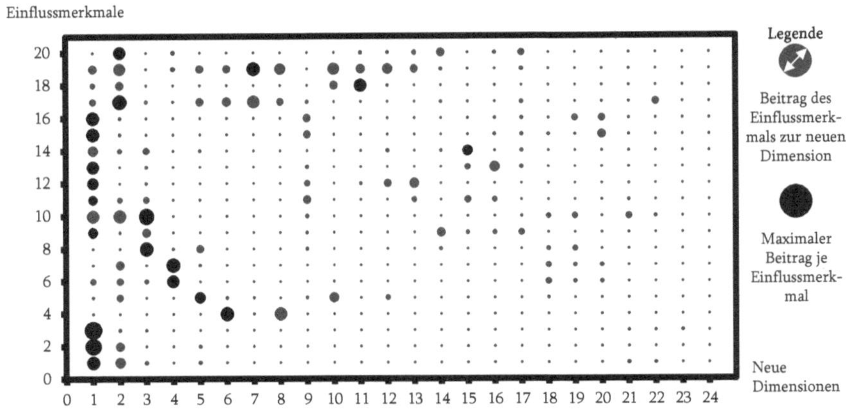

Abbildung 5-27: Gewichtete Beiträge der Einflussmerkmale zu den neuen Dimensionen

Die gewichteten Beiträge zeigen erwartungsgemäß eine Verschiebung der Beitragsgewichte nach links, also zu den informationsreicheren der neuen Dimensionen. Das zweite Einflussmerkmal hat seinen maximalen Beitrag nun zur ersten Hauptkomponente. Dies ist durch die schwarze Färbung des Kreises zu erkennen. Die schwarz dargestellte Bestimmung der maximalen gewichteten Beiträge entspricht dem zweiten Schritt des Vorgehens der erweiterten FAMD-Methodik. Der maximale gewichtete Beitrag wird als Informationswert bezeichnet. Dabei ist nicht gewährleistet, dass dieser immer im linken Bereich liegen muss, wie das Beispiel des 14. Einflussmerkmals zeigt.

Die Selektion der Maximalwerte der Zeilen führt zu einem Vektor, der die Informationswerte aller Einflussmerkmale beinhaltet. Die Informationswerte sind das Ergebnis des zweiten Schritts der erweiterten FAMD-Methodik und bilden die Grundlage für die Auswahl von Einflussmerkmalen.

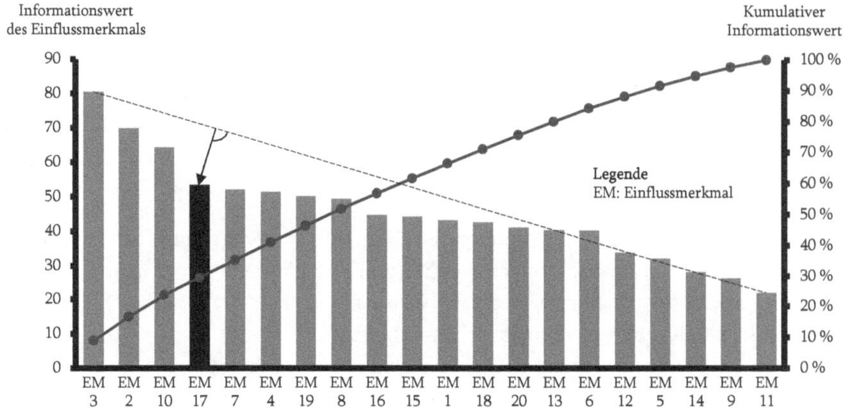

Abbildung 5-28: Bestimmung der informationsreichen Einflussmerkmale

Abbildung 5-28 zeigt die Informationswerte der Einflussmerkmale nach Größe sortiert als Balken. Die graue Kurve zeigt den kumulativen Informationswert der Einflussmerkmale. Bei Einbeziehung aller Einflussmerkmale erreicht der Informationsgehalt des Datensatzes 100 %, wobei der Wert in Relation zum nicht-reduzierten Datensatz zu sehen ist. Die gestrichelte Linie ist Teil des Verfahrens zur Bestimmung des Grenzwertes, der als schwarzer Balken dargestellt ist.

Der Vergleich zu Abbildung 5-25 zeigt, dass die Differenzierung der informationsreichsten Einflussmerkmale zu den anderen Einflussmerkmalen geringer ist, als es bei den Hauptkomponenten der Fall ist. Hierin liegt der Preis der erweiterten FAMD-Methodik: Die Analysequalität sinkt, dafür bleibt die Interpretierbarkeit gewährleistet.

An die Reduktion des Datensatzes besteht sowohl die Anforderung der effektiven Informationserhaltung als auch die Anforderung der effektiven Datensatzreduktion. Diese Anforderungen stehen in einem Zielkonflikt. Eine optimale Informationserhaltung des ursprünglichen Datensatzes liegt vor, wenn der Datensatz unverändert bleibt. Bei der erweiterten FAMD-Methodik werden im Zuge der Analyse Einflussmerkmale und ihre Informationen verworfen. Auf der anderen Seite führt eine reine Betrachtung der Effektivität der Reduktion zur Auswahl nur eines Einflussmerkmals. Alle anderen Einflussmerkmale werden verworfen. Es folgt, dass ein Ausgleich gefunden werden muss. Dieser Ausgleich geschieht durch die Nutzung der Ellbogenfunktion. Durch die Ellbogenfunktion wird der Balken bestimmt, der den größten Abstand zur gestrichelten Linie hat, die sich aus den Extremwerten des Informationsgehalts ergibt. Er ist in

Abbildung 5-28 schwarz hervorgehoben und ist der Grenzwert zur Reduktion des Datensatzes.

An dieser Stelle ist die Frage zu beantworten, ob das schwarz markierte Einflussmerkmal verworfen oder beibehalten werden sollte. Es ist offensichtlich, dass die Einflussmerkmale 3, 2 und 10 erhalten bleiben, ebenso wie das Verwerfen der Einflussmerkmale rechts des schwarzen Balkens.

Als Entscheidungshilfe zur Beurteilung des Grenzfalls q werden die Verhältnisse der Informationswerte W zu den Werten der direkten Nachbarn vorgeschlagen (siehe Formel (**5.1**)). Ist der Wert näher am rechten Nachbarn, sollte er verworfen werden, ist er näher am linken Nachbarn, sollte er erhalten bleiben:

$$Grenzfall\ q\ bleibt\ erhalten, wenn\ gilt: \frac{W_q}{W_{q-1}} < \frac{W_{q+1}}{W_q} \tag{5.1}$$

Bei der Festlegung des Grenzfalls mittels der Ellbogenfunktion ist zu berücksichtigen, dass die Reduktion des Datensatzes übermäßig sein kann. Der Plateau-ähnliche Verlauf der Balken im mittleren Bereich von Abbildung 5-28 deutet auf eine ausbaufähige Differenzierung der Einflussmerkmale aus Teilkapitel 5.1 hin. Dies ist eine der Stellen der Methodik, an der iterativ das Ergebnis von Teilkapitel 5.1 nachgeschärft werden kann.

Nach der Beurteilung des Grenzfalls sind alle Voraussetzungen zur Reduktion des Datensatzes geschaffen. Dies bildet das Ergebnis des dritten Schritts der erweiterten FAMD-Methodik. Durch das Vorgehen wurde gezeigt, wie Unternehmen Datensätze plausibler Einflussmerkmale auf informationsreiche Einflussmerkmale reduzieren können. Die Schaffung der erforderlichen Rahmenbedingungen ist Gegenstand des folgenden Abschnitts.

5.3.2 Bestimmung informationsreicher Einflussmerkmale

In Teilkapitel 5.1 wurde die Beschreibung und Dokumentation von Zielen des Entwicklungsmanagements erläutert (vgl. Abschnitt 5.1.2). In Teilkapitel 5.2 wurde analog dazu die Beschreibung und Dokumentation der Einflussmerkmale erläutert (vgl. Abschnitt 5.2.1). Dieser Abschnitt befasst sich nun mit der Durchführung der explorativen Analyse mit Fokus auf die Aufbereitung der Daten (vgl. Abbildung 5-29).

Zur Datenaufbereitung ist auf die große Menge an Systemen zu verweisen, die in Unternehmen parallel zur Koordination von Prozessen genutzt werden. Von E-Mail und Office-Anwendungen über Ticketsysteme bis hin zu PMS sind die Möglichkeiten vielfältig. Die Betrachtungselemente der explorativen Analyse gemäß Abschnitt 5.3.1 sind stets abgeschlossene Projekte. Jedes Projekt bildet einen Datenpunkt, der anhand der Ausprägungen seiner Einflussmerkmale im n-dimensionalen Raum verortet und in Teilkapitel 5.4 anhand seiner Zielerreichung beurteilt wird. Die Daten hierzu können entweder durch Schnittstellen automatisiert zentral aggregiert oder aus den zuvor erwähnten Systemen manuell zusammengestellt werden.

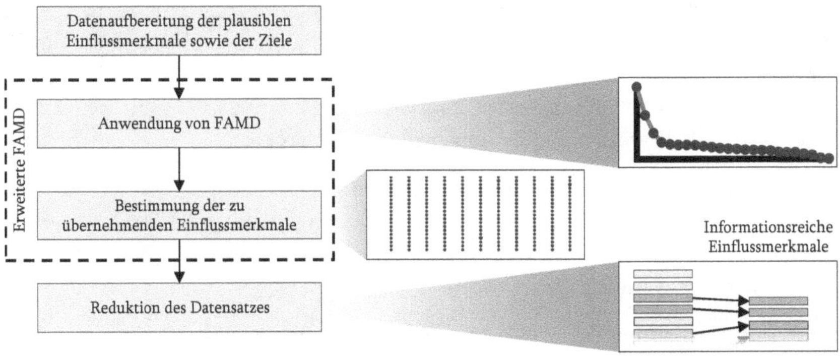

Abbildung 5-29: Anwendung der erweiterten FAMD-Methodik im Entwicklungsmanagement

Das erste adressierte Element des Datensatzes ist die Zielerreichung. Wie bereits diskutiert ist für die Beurteilung des Projekterfolgs weniger der absolute Wert der Zielgröße, als vielmehr das Verhältnis vom IST-Wert zum SOLL-Wert relevant. Wird ein

Wert für ein Projekt nicht betrachtet, kann als SOLL-Wert der Ausgangszustand eingesetzt werden. Dies vermeidet Lücken im Datensatz und erlaubt die Berücksichtigung unerwarteter, vorteilhafter ebenso wie nachteiliger Projektergebnisse. Bei der Formulierung und Bemessung von Zielen ist kritisch zu hinterfragen, ob ein kausaler Zusammenhang zwischen dem Projekt und der Zielerreichung plausibel erscheint. An dieser Stelle wird deutlich, dass dies irreführende Erkenntnisse verhindern kann. Jedem Projekt sind somit eine Reihe von Zielerreichungsgraden zugeordnet, die jeweils als Skalar erhoben werden können. Grundlage für die Daten können PMS-Systeme des anwenden Unternehmens sein.

Bei den Einflussmerkmalen verläuft die Erhebung anders, da hier keine Verhältnisse zu bilden sind. Grundlage der Erhebung können auch hier PMS-Systeme sein, aus denen sich Metadaten zu Entwicklungsprojekten ausleiten lassen. Die Liste im Anhang A.4 kann Unternehmen als Anhaltspunkt dienen, welche Größen standardmäßig durch das System je Projekt zu erfassen sind. In jedem Projekt werden zu den anwendbaren Einflussmerkmalen die jeweiligen Ausprägungen erhoben, wobei auf die Zuweisung eindeutiger Werte zu achten ist. Im Export des PMS-Systems lässt sich anschließend gemäß der Plausibilisierung auswählen, welche Faktoren als Input für die explorative Analyse dienen. Ein Beispiel für fehlende Anwendbarkeit ist die Zertifizierungskomplexität. Diese lässt sich bei Projekten ohne Zertifizierung nicht angeben. Zur Vermeidung von Lücken im Datensatz sowie zur Vermeidung von Verwechslungen zwischen nicht anwendbaren und fehlenden Daten wird empfohlen, in solchen Fällen im PMS-System eine Kategorie „nicht anwendbar“ zu schaffen.

Das Ergebnis ist ein Datensatz, der in der Darstellung als Tabelle je Projekt eine Zeile aufweist. Sowohl die Dimensionen der Zielerreichung als auch die Einflussmerkmale werden als Spalten aufgeführt, wobei nur die Spalten der Einflussmerkmale in der explorativen Analyse aufgegriffen werden.

Durch die Anwendung der erweiterten FAMD-Methodik wird die Grundlage dafür geschaffen, einen Teil der Einflussmerkmale in Form von Spalten aus dem Datensatz zu entfernen. Dies kann iterativ im Wechsel mit der Nachschärfung der Plausibilisierung gemäß Teilkapitel 5.2 geschehen. Durch die Ellbogenfunktion wird ein Vorschlag für die Bestimmung des Grenzwerts zur Reduktion der Menge der Einflussmerkmale geschaffen.

Die Nutzung des reduzierten Datensatzes zur Ermittlung datenbasierter Heuristiken und ihrer Einbindung in Entscheidungen des Entwicklungsmanagements ist Gegenstand des folgenden Teilkapitels.

5.4 Ableitung und Nutzung von Heuristiken

Ziel des vierten und letzten Teilkapitels der Methodik ist ein Verfahren zur Ableitung und Bewertung datenbasierter Heuristiken für das Entwicklungsmanagement sowie ein Vorgehen zur Einbindung dieser Heuristiken in projektgestaltende Entscheidungen des Entwicklungsmanagements. Die hierzu durchlaufenen vier Methodenschritte sind in Abbildung 5-30 dargestellt und werden im Folgenden erläutert.

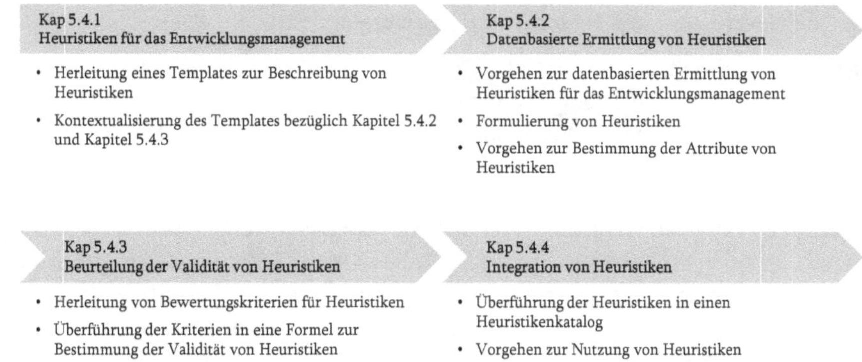

Abbildung 5-30: Übergeordnete Methodenschritte in Teilkapitel 5.4

Der erste Methodenschritt von Teilkapitel 5.4 befasst sich mit der Charakterisierung datenbasierter Heuristiken für das Entwicklungsmanagement. Eine einheitliche Beschreibung der Heuristiken ist erforderlich, um die personenunabhängige Nutzbarkeit der Ergebnisse zu gewährleisten und somit die formalen Kriterien zu erfüllen. Der Bezug zu den sich anschließenden beiden Methodenschritten wird hergestellt.

Der zweite Methodenschritt von Teilkapitel 5.4 befasst sich mit dem Vorgehen zur datenbasierten Ermittlung von Heuristiken für das Entwicklungsmanagement. Das Vorgehen greift die Ergebnisse der Teilkapitel 5.1, 5.2 und 5.3 auf, um zu identifizieren, welche Leitsätze sich anhand der verfügbaren Daten bestimmen lassen. Es wird darauf eingegangen, wie die Ergebnisse der mathematischen Analyse des Methodenschritts in Heuristiken überführt werden und wie die relevanten Attribute von Heuristiken identifiziert werden können. Ein Attribut, das dabei nicht adressiert wird, ist die Validität der Heuristik, die separat behandelt wird.

Die Validität der datenbasierten Heuristiken ist Gegenstand des dritten Methodenschritts in Teilkapitel 5.4. Während die Identifikation einer Heuristik binär ist, also stattfindet oder ausbleibt, ist die Aussagekraft einer Heuristik kontinuierlich. Je stärker die Datenbasis einer Heuristik ist, desto valider sind die durch sie gezogenen Schlüsse. Es wird ein Verfahren vorgestellt, um diese Validität einer Heuristik zu bestimmen und Heuristiken so gemäß ihrer Aussagekraft vergleichbar zu machen. Zunächst werden hierzu Kriterien hergeleitet, die anschließend zur Berechnung der Validität in Formeln überführt werden. Mit den Ergebnissen des dritten Methodenschritts wird die Charakterisierung von Heuristiken abgeschlossen.

Der vierte Methodenschritt des Teilkapitels greift die ermittelten und charakterisierten Heuristiken auf und befasst sich mit einem Vorgehen zur Einbindung der Heuristiken in Entscheidungen des Entwicklungsmanagements. Es werden dabei zwei Entscheidungsszenarien betrachtet: Die Gestaltung neuer Entwicklungsprojekte und die Überprüfung geplanter Entwicklungsprojekte. Es wird dabei diskutiert, wie passende Heuristiken gefunden werden können und wie festgestellt werden kann, ob vorhandene datenbasierte Heuristiken geeignet sind, die zu treffenden Entscheidungen zu unterstützen. Hierzu werden die ermittelten und charakterisierten Heuristiken zunächst in einen Heuristikenkatalog überführt. Anschließend werden beide Verfahren vorgestellt und erläutert.

5.4.1 Heuristiken für das Entwicklungsmanagement

Im ersten Methodenschritt des Teilkapitels werden Heuristiken charakterisiert, die im Folgenden datenbasiert zu ermitteln sind. Zunächst ist jedoch zu bestimmen, was eine datenbasierte Heuristik im Sinne dieser Arbeit ist. Hierzu bietet sich eine Reflexion der wissenschaftlichen Definition von Heuristiken ohne Datenbezug an. Gemäß GIGERENZER UND TODD wird eine Heuristik wie folgt verstanden:

„Menschliche Heuristiken sind adaptive Strategien, die sich als Reaktion auf die Notwendigkeit entwickelt haben, mit begrenztem Wissen und begrenzter Zeit Schlüsse zu ziehen und Entscheidungen zu treffen“[405]

Im Kontext dieser Arbeit sind die dabei genannten Strategien weiter zu differenzieren. Aus der Definition geht hervor, dass Heuristiken einen handlungsweisenden Charakter haben und bei mangelhafter Informationslage anwendbar bleiben. Gleichzeitig sagt die Definition nichts dazu aus, wie mit widersprüchlichen Strategien umzugehen ist.

[405] Vgl. Gigerenzer und Todd (2001), Simple heuristics that make us smart, S. 171

Im Sinne der Nutzbarkeit ist eine einheitliche Beschreibung der ermittelten Heuristiken geboten, die durch die in Abbildung 5-31 dargestellte Vorlage unterstützt wird.

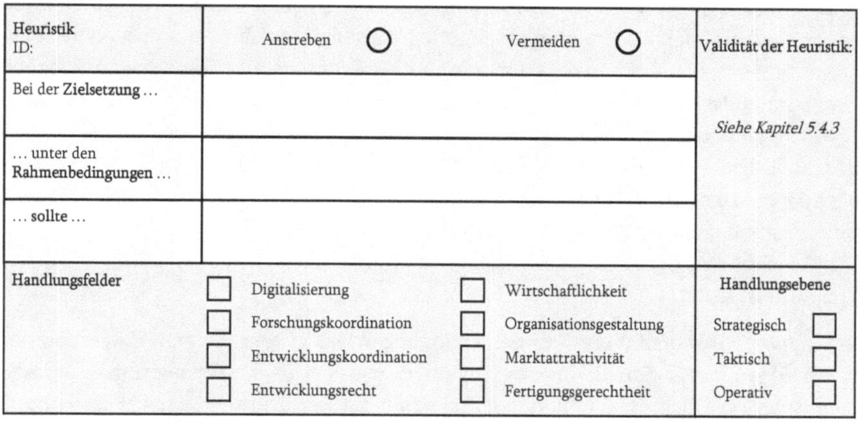

Abbildung 5-31: Charakterisierung von datenbasierten Heuristiken für das Entwicklungsmanagement

Im Zuge der vorliegenden Arbeit wird davon ausgegangen, dass sich eine Handlungsempfehlung an dem verfolgten Ziel zu orientieren hat. Ohne ein solches Ziel kann eine Handlung beliebig richtig oder falsch sein. Es fehlt ein Maßstab, um sie zu bewerten. Daraus folgt, dass sich Handlungsweisungen und damit die anwendbaren Heuristiken ebenso widersprechen können, wie es bei Zielen möglich ist. Dies ist für datenbasierte Heuristiken abzubilden.

Aus diesem Grund ist das erste Element einer datenbasierten Heuristik im Sinne der Arbeit die Zielsetzung. Die Zielsetzung knüpft an die Ergebnisse des zweiten Methodenschritts in Teilkapitel 5.1 an, wobei nicht konkrete Projektziele gemeint sind, sondern die projektübergreifenden Ziele des Entwicklungsmanagements, zu denen es eine eindeutige Ziel-ID gibt. Beispiele für solche Ziele sind das Senken von Kosten, die Einhaltung der Zeitziele oder die Steigerung der Nachhaltigkeit eines technischen Produkts. Erst durch das Ziel wird eine Heuristik interpretierbar und bewertbar. Es erlaubt die Reflexion der Handlungsempfehlungen und das Erkennen von Zielkonflikten von Heuristiken.

Dass Erfahrungen anwendungsspezifisch und personenspezifisch sind, lässt einen Rückschluss auf einen zweiten Aspekt von Heuristiken zu: Die Anwendbarkeit und

Sinnhaftigkeit einer Handlungsempfehlung kann wesentlich davon abhängen, was die Rahmenbedingungen einer Entscheidung sind. Dies lässt sich am Beispiel von Herdplatten zeigen: „Herdplatten werden nicht angefasst" ist eine Heuristik, die eine Person davor bewahrt, sich an einer augenscheinlich kalten Gusseisenplatte erhebliche Verbrennungen zuzuziehen. In der Montage von Herdsystemen ist diese Heuristik jedoch widersinnig. In Umgebungen, in denen menschliche Wahrnehmung die Komplexität ausreichend abdecken kann, scheinen diese Überlegungen überflüssig und selbstverständlich. Die zugrundeliegende Logik gilt jedoch auch in Umgebungen, deren Komplexität menschliche Grenzen übersteigt. Hier lassen sich solche „offensichtlichen" Einschränkungen nicht ohne weiteres feststellen. Das Beispiel der Herdplatte verdeutlicht jedoch, dass der Kontext zu einer vollständigen Umkehr der Handlungsempfehlung führen kann.

Aus diesem Grund sind die Rahmenbedingungen das zweite Element datenbasierter Heuristiken. Unter den Rahmenbedingungen werden die Einflussmerkmale zusammengefasst, die sich im Rahmen des Projekts nicht beeinflussen lassen. Dies können sowohl externe Einflüsse wie die Dynamik von Gesetzen und Normen sein, als auch interne Einflüsse wie die Menge der verfügbaren Personalressourcen zu Projektbeginn. Ob ein Einflussmerkmal verändert werden kann oder nicht, kann sich von Projekt zu Projekt unterscheiden. Während für kleine oder kurzfristige Projekte eher keine neuen Mitarbeitenden eingestellt werden, ist dies für große, strategische Projekte durchaus möglich. Daher ist diese Eigenschaft nicht Bestandteil des Einflussmerkmal-Steckbriefs in Abbildung 5-14.

Die Zielsetzung und die Rahmenbedingungen schaffen gemeinsam einen Kontext, der Aufschluss darüber gibt, ob es sinnvoll wäre, eine gegebene Heuristik anzuwenden. Das dritte und letzte Element einer datenbasierten Heuristik ist nun die Handlungsempfehlung selbst, die Verantwortlichen die Verwertung der in der Heuristik hinterlegten Erfahrung erlaubt. Erst durch die Handlungsempfehlung wird die Heuristik im operativen Entwicklungsmanagement nutzbar.

Zusammenfassend lässt sich eine datenbasierte Heuristik wie folgt definieren:

Eine datenbasierte Heuristik für das Entwicklungsmanagement ist eine handlungsweisende Empfehlung, die zur Erreichung einer gegebenen Zielsetzung aus historischen Projektdaten ermittelt wird und bei begrenztem Wissen unter zu identifizierenden Rahmenbedingungen anwendbar ist.

Neben den drei Elementen einer datenbasierten Heuristik umfasst die Vorlage in Abbildung 5-31 vier weitere Bereiche: Metadaten, Handlungsfelder, Validität und Handlungsebene. Aus der Zielsetzung der Heuristik kann mithilfe des Ziel-Steckbriefs (vgl. Abbildung 5-10) ermittelt werden, welchen Handlungsfeldern die Heuristik zuzuordnen ist. Dies kann bei der späteren Suche nach anwendbaren Heuristiken im Heuristikenkatalog unterstützen. Aus dem Ziel-Steckbrief lässt sich darüber hinaus auch die Handlungsebene der Heuristik ermitteln, die einen Kontext für die Anwendung der Heuristik gibt. Die Validität der Heuristik wird separat in Abschnitt 5.4.3 adressiert. Im Folgenden wird erläutert, wie die Auswahl zwischen „Anstreben" und „Vermeiden" zu treffen ist.

5.4.2 Datenbasierte Ermittlung von Heuristiken

Der zweite Methodenschritt zur Ableitung und Nutzung von Heuristiken befasst sich mit der operativen Ermittlung datenbasierter Heuristiken für das Entwicklungsmanagement. Heuristiken sind erfahrungsbasierte Leitsätze, weswegen auch die datenbasierten Heuristiken anhand konkreter Muster abgeschlossener Projekte abzuleiten sind, welche den Erfahrungen des Unternehmens entsprechen.

Das konzeptuelle Schema der Ermittlung ist in Abbildung 5-32 dargestellt. Um die Visualisierbarkeit zu gewährleisten, wird in der Abbildung davon ausgegangen, dass sich die Anzahl der Einflussmerkmale durch die Selektion in Teilkapitel 5.3 exemplarisch auf drei Einflussmerkmale reduziert hat. Diese Einflussmerkmale sind eine direkte Eingangsgröße für den folgenden Methodenschritt, da sie die Dimensionen des Raums definieren, in dem datenbasierte Heuristiken ermittelt werden. In den so aufgespannten Raum der n informationsreichen Einflussmerkmale werden die Projekte eingetragen. Die Eingangsgrößen sind die Metadaten der abgeschlossenen Entwicklungsprojekte aus den Teilkapitel 5.1 und 5.2. Jedem abgeschlossenen Entwicklungsprojekt sind die Werte der Zielerreichung zugeordnet. In Abbildung 5-32 sind die abgeschlossenen Entwicklungsprojekte als Punkte dargestellt. Die Farbe eines Punktes gibt an, welcher Zielerreichungsgrad im jeweiligen Projekt erzielt wurde (vgl. Abschnitt 5.1.2). Je dunkler ein Punkt ist, desto höher war der jeweilige Zielerreichungsgrad, also das Verhältnis vom IST- zum SOLL-Wert für erstrebenswerte Ziele. Je heller ein Punkt ist, desto niedriger war der Zielerreichungsgrad des Projekts. Es ist zu betonen, dass je Analyse nur ein Ziel betrachtet wird. Diese Zielfestlegung erfolgt bereits in Teilkapitel 5.3. Für die Untersuchung mehrerer Ziele ist die Analyse wiederholt zu durchlaufen.

Neben der Zuordnung der Zielerreichung sind jedem abgeschlossenen Projekt gemäß Teilkapitel 5.2 die Ausprägungen der Einflussmerkmale zugeordnet. Anhand der Ausprägung in den gemäß Teilkapitel 5.3 ausgewählten Einflussmerkmalen lässt sich jedes Projekt auf einer Position im n-dimensionalen Raum verorten. Im Beispiel von Abbildung 5-32 werden die abgeschlossenen Projekte anhand dieser Einflussmerkmale im dreidimensionalen Raum verortet.

Eine Heuristik lässt sich unter diesen Voraussetzungen als Bereich zusammenhängender abgeschlossener Projekte hoher oder niedriger Zielerreichung interpretieren. Während eine Clusterbildung, die im späteren Verlauf des Teilkapitels detailliert wird, meist nicht-eckige Bereiche ermittelt, sind die Bereiche einer Heuristik anhand der Achsenabschnitte definiert, in denen das Cluster liegt. Im Beispiel aus Abbildung 5-32 bilden sich auf diese Weise die dargestellten Quader. Die Gestalt der Quader wird in Abschnitt 5.4.3 aufgegriffen, der sich mit der Bewertung der Validität der datenbasierten Heuristiken beschäftigt.

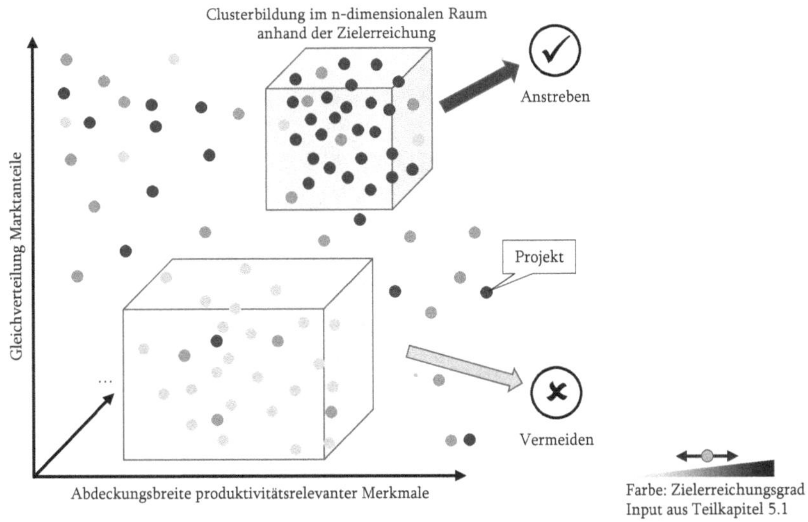

Abbildung 5-32: Schema der datenbasierten Ermittlung von Heuristiken für das Entwicklungsmanagement

Bei den ermittelten Heuristiken in Abbildung 5-32 lässt sich die Unterscheidung in ein helles und ein dunkles Cluster erkennen. Diese Unterscheidung anhand der Zielerreichung der Projekte ist die Grundlage zur Bestimmung anzustrebender und zu vermeidender Situationen. Ähnlich wie im Beispiel der Herdplatte zeigt die untere Heuristik Projekte auf, die im Kontext des angegebenen Ziels nicht wiederholt werden sollten. Dies gilt, auch wenn ein sehr erfolgreiches Projekt Teil des Clusters ist. Während diskutierbar ist, ob ein solcher Fall eine aktive Handlung darstellt, ist der Mehrwert für anwendende Unternehmen offensichtlich und der Fall damit legitim. Im oberen Bereich von Abbildung 5-32 repräsentiert das dunkle Cluster anzustrebende Projektsituationen und damit eine „Anstreben“-Heuristik.

Es wurde erläutert, dass Heuristiken als Cluster über- oder unterdurchschnittlicher Zielerreichung zu erkennen sind. Da die mathematische Clusterbildung räumliche Nähe betrachtet, führt eine direkte Clusterbildung nicht zu den erforderlichen Ergebnissen bei der Bestimmung datenbasierter Heuristiken. Projekte mit hohem und Projekte mit niedrigem Zielerreichungsgrad sind getrennt zu betrachten, wie es das Vorgehen in Abbildung 5-33 zeigt. Das zugrundeliegende Konzept lässt sich durch eine Höhenkarte darstellen, in der abgeschlossene Projekte die Fläche bilden und der Zielerreichungsgrad der Projekte die Höhe definiert. Im Vorgehen aus Abbildung 5-33 wird für „Anstreben“-Heuristiken die Höhenkarte bildlich gesprochen von oben aufgebaut. Zuerst erscheinen die Bergspitzen, aus denen sich Bergkämme und danach Täler formen. Kombiniert mit wiederholter Clusterbildung lassen sich so Heuristiken als Cluster von Bergspitzen bestimmen.

An dieser Stelle sei auf die Herausforderungen einer hohen Anzahl an Dimensionen im Raum der Einflussmerkmale hingewiesen. Besteht der Datensatz aus so vielen Beobachtungen wie Dimensionen, dann ist ein Fall denkbar, in dem jede Beobachtung in nur einer Dimension einen Wert hat, der nicht Null ist. Eine Clusterbildung kann hier geringe Aussagekraft haben. Generell wird bei einer gegebenen Anzahl von Beobachtungen und einer wachsenden Anzahl an Dimensionen der resultierende Raum dünn besetzt. Zur Erhaltung der Aussagekraft bei steigender Anzahl an Dimensionen muss daher die Anzahl der Beobachtungen stärker steigen als die Anzahl der Dimensionen. Dies ist ein Grund dafür, dass die Ermittlung von Heuristiken ergebnislos bleiben kann. Tritt dies ein, kann die Menge der als plausibel bewerteten Einflussmerkmale gemäß Teilkapitel 5.2 reduziert werden. Dies reduziert die zu erwartende Erkenntnistiefe, weil ein geringerer Umfang der Realität abgebildet wird. Gleichzeitig kann es dazu führen, dass überhaupt Heuristiken bestimmt werden können.

Die mathematisch unterstützte Vorgehensweise zur Bestimmung von Heuristiken gemäß Abbildung 5-33 erfolgt in fünf Schritten, die im Folgenden näher erläutert werden. Im ersten Schritt wird der Fall definiert, also ob eine „Anstreben"- oder eine „Vermeiden"-Heuristik identifiziert werden soll. Dies geschieht durch Definition des initialen Grenzwertfaktors r. Im Fall einer „Anstreben"-Heuristik wird r auf 99 % gesetzt.

Im zweiten Schritt werden die Projekte gefiltert. Im Fall der „Anstreben"-Heuristiken werden alle Ziele aussortiert, deren Zielerreichungsgrad unter dem Grenzwertfaktor r liegt. In der ersten Iterationsschleife entspricht das den Projekten, deren Zielerreichung unter 99 % liegt.

Anschließend werden anhand der verbleibenden Punkte im n-dimensionalen Raum der Einflussmerkmale Cluster gebildet. Zur Berücksichtigung der gemischten Daten wird hierbei als etabliertes Verfahren[406] das Distanzmaß nach GOWER[407] in Kombination mit dem PAM-Algorithmus (Englisch: Partitioning Around Medoids)[408] verwendet.

Die Dokumentation von Clustern im vierten Schritt beginnt ab der zweiten Iterationsschleife und dokumentiert die Cluster, die über mehrere Durchläufe stabil sind, als Heuristiken.

Vor jeder Iterationsschleife wird der Grenzwertfaktor r um einen Prozentpunkt reduziert bzw. erhöht. Das Verfahren wird wiederholt, bis der Grenzwertfaktor r dem mittleren Zielerreichungsgrad $\bar{Z}$ entspricht.

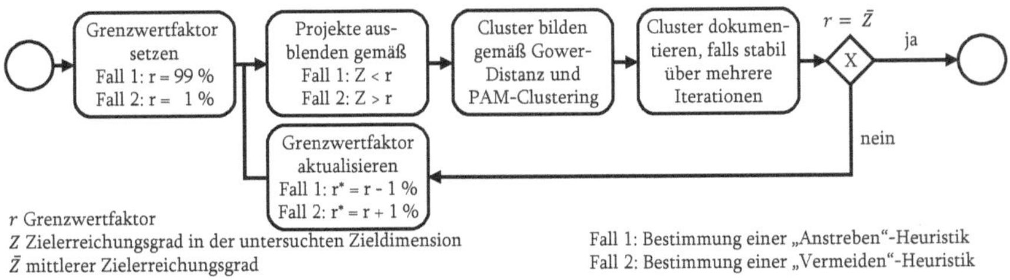

Abbildung 5-33: Vorgehen zur datenbasierten Ermittlung von Heuristiken

Das Ergebnis des Vorgehens sind Bereiche im n-dimensionalen Raum, die die Grundlage für die Ableitung von Heuristiken bilden. Dass die Bereiche nicht direkt einer

406 Vgl. Ahmad und Khan (2019), Survey of State-of-the-Art Mixed Data Clustering Algorithms, S. 31888

407 Vgl. Gower (1971), A General Coefficient of Similarity and Some of Its Properties, S. 857 ff.

408 Vgl. Kaufman und Rousseeuw (2005), Partitioning Around Medoids (Program PAM), S. 68 ff.

Heuristik entsprechen, liegt daran, dass alle gemäß Teilkapitel 5.3 als informationsreich identifizierten Merkmale bis zu diesem Punkt Teil aller Bereiche sind, die gemäß dem Vorgehen in Abbildung 5-33 ermittelt wurden. Es kann nicht davon ausgegangen werden, dass alle Heuristiken für das Entwicklungsmanagement, die zur Erreichung einer gegebenen Zielsetzung ermittelt wurden, den gleichen Rahmenbedingungen unterliegen und Handlungsempfehlungen in den gleichen Dimensionen vorschlagen. Während die Schnittmengen groß sein mögen, muss es möglich sein, zwischen den Einflussmerkmalen unterschiedlicher Heuristiken zu differenzieren. Das erfordert die Feststellung, welche Einflussmerkmale für eine spezifische Heuristik keine Relevanz haben.

Ein Nachschärfen der Heuristiken ist erforderlich. Dieser Bedarf lässt sich am Beispiel aus Abbildung 5-34 verdeutlichen. Die Abbildung zeigt einen Raum, der durch die zwei Einflussmerkmale A und B aufgespannt wird. Im Raum wurden die drei Cluster „I“, „II“, und „III“ identifiziert. Es lässt sich erkennen, dass sowohl für Cluster „I“, als auch für Cluster „III“ sowohl die Angabe von A als auch die Angabe von B erforderlich ist. Von beiden Werten hängt ab, ob ein Projekt innerhalb oder außerhalb des konkreten Clusters liegt. Für Cluster „II“ verhält es sich anders: Das Cluster ist ausschließlich abhängig von Einflussmerkmal A. Ist die Ausprägung von A so weit im oberen Bereich, dass das zu prüfende Projekt im Bereich von Cluster „II“ liegt, ist die Zuordnung des zu prüfenden Projekts unabhängig davon, was die Ausprägung von Einflussmerkmal B ist.

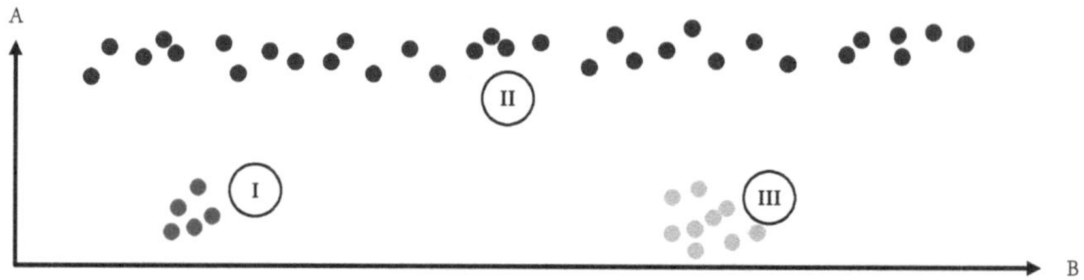

Abbildung 5-34: Beispielhafter Fall für die Notwendigkeit der clusterspezifischen Analyse der Einflussmerkmale

Um dies zu berücksichtigen, ist für jede Heuristik zu überprüfen, ob der gemäß Abbildung 5-33 ermittelte Bereich den vollen Wertebereich von Einflussmerkmalen umfasst. Ist dies der Fall, so kann das entsprechende Einflussmerkmal bei der Definition der datenbasierten Heuristik vernachlässigt werden. Auf diese Weise werden die erforderliche Differenzierung von Heuristiken gewährleistet und die Nutzbarkeit der Heuristiken erhöht.

Eine auf diese Weise beispielhaft ermittelte Heuristik ist in Abbildung 5-35 dargestellt und wird im Folgenden erläutert. Die Abbildung zeigt eine ausgefüllte Vorlage für Heuristiken, wobei das Feld der Validität in Abbildung 5-36 näher erläutert wird.

Die Zielsetzung der datenbasierten Heuristik greift die beispielhafte Zielsetzung aus Teilkapitel 5.1 in Abbildung 5-11 auf: Die Erreichung der Marktführerschaft im Segment „Auftragsfertiger". Das Ziel ist operationalisiert durch das Verhältnis der eigenen verkauften Anlagen und der verkauften Anlagen des größten Wettbewerbers in diesem Segment. Das Ziel wird als taktisches Ziel betrachtet, die Zuordnung der Heuristik zu Handlungsfeldern entspricht der Handlungsfeldzuordnung des Ziels.

Folgende Einflussmerkmale wurden als relevant identifiziert:

- die Anzahl der Wettbewerber
- die eigene Kenntnis der Branche zu Projektbeginn
- der eigene Marktanteil relativ zu den Marktanteilen der Wettbewerber
- die Breite des durch die produktivitätsrelevanten Produktmerkmale adressierten Marktspektrums
- das Vorhandensein eines Alleinstellungsmerkmals (Englisch: Unique Selling Point, USP)

Als nicht durch das Projektteam in der Vorbereitung beeinflussbare Merkmale mit Relevanz für die Handlungsempfehlungen wurden der Wettbewerb, die Branchenkenntnis des eigenen Unternehmens sowie der eigene, momentane Marktanteil identifiziert. Diese bilden somit die Rahmenbedingungen für die Heuristik.

<table>
<tr><td>Heuristik
ID: 42</td><td colspan="2">Anstreben ◉</td><td colspan="2">Vermeiden ○</td><td colspan="2">Validität der Heuristik:</td></tr>
<tr><td>Bei der Zielsetzung …</td><td colspan="4">der Marktführerschaft im Segment Auftragsfertiger</td><td colspan="2" rowspan="3">Siehe Kapitel 5.4.3</td></tr>
<tr><td>… unter den
Rahmenbedingungen …</td><td colspan="4">hoher Wettbewerb, umfangreiche Branchenkenntnis und fehlende eigene Marktführerschaft</td></tr>
<tr><td>… sollte …</td><td colspan="4">ein breiter Bereich des Marktspektrums der produktivitätsrelevanten Merkmale adressiert und ein USP angestrebt werden.</td></tr>
<tr><td rowspan="4">Handlungsfelder</td><td>☐</td><td>Digitalisierung</td><td>☒</td><td>Wirtschaftlichkeit</td><td colspan="2">Handlungsebene</td></tr>
<tr><td>☐</td><td>Forschungskoordination</td><td>☐</td><td>Organisationsgestaltung</td><td>Strategisch</td><td>☐</td></tr>
<tr><td>☒</td><td>Entwicklungskoordination</td><td>☒</td><td>Marktattraktivität</td><td>Taktisch</td><td>☒</td></tr>
<tr><td>☐</td><td>Entwicklungsrecht</td><td>☐</td><td>Fertigungsgerechtheit</td><td>Operativ</td><td>☐</td></tr>
</table>

Abbildung 5-35: Beispielhaft ausgefüllte Vorlage einer datenbasierten Heuristik für das Entwicklungsmanagement

Die beeinflussbaren Merkmale sind aus der Perspektive des Projektteams das Spektrum der produktivitätsrelevanten Marktmerkmale, die sich im Rahmen der Produktentwicklung umsetzen lassen, sowie die Entwicklung eines USP für das Produkt. Als beeinflussbare Merkmale bilden sie die Handlungsempfehlung für das Projektteam und können im Projektverlauf die Entscheidungsfindung des Entwicklungsmanagements unterstützen.

Das letzte noch nicht detaillierte Element des Steckbriefs ist die Validität einer Heuristik. Sie ist entscheidend für die Abwägung zwischen Heuristiken und bildet den Betrachtungsgegenstand des folgenden Abschnitts.

5.4.3 Beurteilung der Validität von Heuristiken

Der dritte Methodenschritt des Teilkapitels 5.4 befasst sich mit der Bewertung der Validität der Heuristiken, die gemäß dem zweiten Methodenschritt erhoben wurden. Es kann nicht davon ausgegangen werden, dass für alle Heuristiken die gleiche Datengrundlage existiert, was sich direkt auf die Aussagekraft von Heuristiken auswirkt. Der hiermit adressierte mögliche Widerspruch zwischen Heuristiken unterscheidet sich vom Fall widersprüchlicher Heuristiken im ersten Methodenschritt. Während im ersten Methodenschritt Zielkonflikte betrachtet wurden, geht es im Folgenden um widersprüchliche Handlungsempfehlungen zur Förderung des gleichen Ziels. Ein Beispiel hierfür ist der Fall, in dem sich vorgeschlagene Maßnahmen direkt oder aufgrund der Rahmenbedingungen wie beispielsweise verfügbaren Ressourcen gegenseitig ausschließen.

In der Literatur existieren verschiedene Ansätze zur vergleichenden Bewertung von Clustern. Zu diesen Ansätzen gehören unter anderem die Vollständigkeit und der Ausschluss von Datenlärm.[409] Beide Kennzahlen geben jedoch keinen Aufschluss darüber, wie aussagekräftig eine spezifische datenbasierte Heuristik gegenüber einer anderen ist. Da die betrachteten Projekte anhand der Zielerreichung geclustert werden, die kontinuierlich ist, kann keine Aussage zur Vollständigkeit der Cluster gemacht werden. Auch gibt es kein klares Kriterium, ab wann ein abgeschlossenes Projekt als Datenlärm anzusehen ist. Das gleiche gilt für das Anzahl-Größen-Verhältnis der Cluster, das gemäß AMIGÓ ET AL. als Maß für die Qualität der Cluster stehen kann.[410] Da die bestehenden Kennzahlen der Literatur nicht aussagekräftig für die Beschreibung der Validität datenbasierter Heuristiken sind, wird im Folgenden eine Kennzahl hergeleitet, die zur Bewertung dienen kann.

Die Qualität einer Heuristik liegt zunächst in der Güte der Projekte, auf denen die Heuristik basiert. Die Güte der Projekte wird definiert als der durchschnittliche Grad der Zielerreichung aller Projekte, die in den Grenzen des Clusters im *n*-dimensionalen Raum der Einflussmerkmale liegen:

$$Güte_i = \frac{\sum_j Zielerreichungsgrad_{i,j}}{\sum j}, \quad \begin{matrix} i: Clusterindikator \\ j: Indikator\ der\ Projekte\ im\ Cluster \end{matrix} \tag{5.2}$$

[409] Vgl. Shalev-Shwartz und Ben-David (2014), Understanding machine learning, S. 319

[410] Vgl. Amigó et al. (2009), A comparison of extrinsic clustering evaluation metrics based on formal constraints, S. 5 f.

Für „Vermeiden“-Heuristiken gilt:

$$Güte_i = \text{Min}\left(0; \left|1 - \frac{\sum_j Zielerreichungsgrad_{i,j}}{\sum j}\right|\right) \tag{5.3}$$

Dies schließt auch die Projekte ein, die gemäß dem Vorgehen aus Abbildung 5-33 bei der Bildung des Clusters ausgeblendet waren. Auf diese Weise wird berücksichtigt, ob neben dem Schwerpunkt der erfolgreichen Projekte nicht auch eine ebenso große oder größere Zahl nicht-erfolgreicher Projekte unter den gleichen Rahmenbedingungen durchgeführt wurden. Cluster ohne eine erstrebenswerte Güte sind als Heuristik von geringer Bedeutung. Bei durchschnittlicher Übererfüllung der Ziele bei Projekten im Clusterbereich ist ein Wert über 1 für die Güte möglich.

Das zweite Kriterium für die Bewertung der Clusterbereiche ist der Mehrwert des Clusters. Der Mehrwert gibt an, inwiefern die Projekte im Bereich des Clusters ihre Ziele besser erfüllt haben als Projekte außerhalb des Clusters:

$$Mehrwert_i = |Güte_i - Güte_{Rest}| \tag{5.4}$$

Der Mehrwert erfasst auf diese Weise, ob das Befolgen der Heuristik einen Vorteil gegenüber dem Nichtbefolgen der Heuristik bietet. Eine hohe Güte allein kann eine Heuristik auch dann als aussagekräftig darstellen, wenn alle betrachteten Projekte den gleichen, hohen Zielerreichungsgrad aufweisen. In diesem Fall ist die Heuristik kein valider Leitsatz, da die Ergebnisse sich nicht von den Alternativen unterscheiden.

Das dritte Kriterium zur Bewertung der Aussagekraft einer Heuristik ist die Spezifität der Aussage. Die Spezifität ist an das Kompaktheitskriterium nach HE ET AL.[411] angelehnt und misst das Verhältnis des Volumens im *n*-dimensionalen Raum, das nicht durch das Cluster belegt wird, und des Gesamtvolumens des *n*-dimensionalen Raums der Einflussmerkmale:

$$Spezifität_i = \frac{Volumen_{gesamt} - Volumen_i}{Volumen_{gesamt}} \tag{5.5}$$

Die Bedeutung zeigt sich anhand der Betrachtung der Extremfälle. Wir nehmen an, dass das Cluster den gesamten Raum der Einflussmerkmale ausfüllt. Im Fall einer „Anstreben“-Heuristik lautet die Aussage demnach: „Führe ein Projekt durch“. Dies kann als triviale Lösung verstanden werden und entspricht gemäß Formel (5.5) dem Wert

[411] Vgl. He et al. (2004), On Quantitative Evaluation of Clustering Systems, S. 115

Null. Im anderen Extremfall stellt das Cluster einen Punkt im Raum dar. Die Aussage ist vollständig spezifisch: Strebe genau diese Rahmenbedingungen und Handlungen an, um einen hohen Zielerreichungsgrad zu gewährleisten. Da das Volumen eines Punktes Null ist, wird in diesem Fall der Wert der Spezifität zu 1.

Jedes der drei Kriterien für sich annulliert bei der Ausprägung Null die Aussagekraft der Heuristik. Eine beliebig spezifische Handlungsempfehlung ohne Betrachtung von Mehrwert und Güte ist zu verwerfen, da aktuell von „Anstreben"-Heuristiken ausgegangen wird. Gleiches gilt für den Fall, dass die Heuristik auf einen hohen Zielerreichungsgrad hindeutet, der jedoch keinen Mehrwert bietet, da der Zielerreichungsgrad für alle Projekte gleich groß ist. Demnach muss jedes Kriterium für sich das Ergebnis auf Null setzen können. Nur bei der vollen Erfüllung aller drei Kriterien ist die volle Bewertung zu geben. Dies ist in der Definition der Clustervalidität V_i berücksichtigt:

$$V_i = Güte_i * Mehrwert_i * Spezifität_i\,, \qquad i{:}\, Clusterindikator \tag{5.6}$$

Die Bewertung der Aussagekraft durch eine objektiv bestimmbare Kennzahl unterstützt Anwendende dabei, persönliche Erwartungen und Annahmen aus der Analyse zurückzustellen und stattdessen die dokumentierten Erfahrungen abgeschlossener Projekte zu betrachten. Sie vervollständigt die beispielhafte Beschreibungsvorlage für datenbasierte Heuristiken (siehe Abbildung 5-36).

Heuristik ID: 42	Anstreben ◉ Vermeiden ○			**Validität der Heuristik:**	
Bei der **Zielsetzung** …	der Marktführerschaft im Segment Auftragsfertiger			63,7 %	
… unter den **Rahmenbedingungen** …	hoher Wettbewerb, umfangreiche Branchenkenntnis und fehlende eigene Marktführerschaft				
… **sollte** …	ein breiter Bereich des Marktspektrums der produktivitätsrelevanten Merkmale adressiert und ein USP angestrebt werden.				
Handlungsfelder	☐ Digitalisierung	☒ Wirtschaftlichkeit		**Handlungsebene**	
	☐ Forschungskoordination	☐ Organisationsgestaltung		Strategisch	☐
	☒ Entwicklungskoordination	☒ Marktattraktivität		Taktisch	☒
	☐ Entwicklungsrecht	☐ Fertigungsgerechtheit		Operativ	☐

Abbildung 5-36: Beispielhaft vollständig ausgefüllte Vorlage einer datenbasierten Heuristik für das Entwicklungsmanagement

5.4.4 Integration von Heuristiken

Durch das alleinige Vorliegen datenbasierter Heuristiken entsteht noch kein Mehrwert für Projekte des Entwicklungsmanagements. Es bedarf systematischer Vorgehensweisen zur Einbindung der gewonnenen Erkenntnisse in Entscheidungsprozesse der Unternehmen. Hiermit befasst sich der vierte und letzte Methodenschritt des Teilkapitels 5.4. Zunächst wird ein Format vorgestellt, das die Auswahl der Heuristiken unterstützt. Daraufhin wird die Nutzung von Heuristiken in der Projektkonzeptionierung betrachtet, wobei diese sowohl auf der operativen als auch auf der taktischen oder strategischen Ebene liegen kann. Abschließend wird die Nutzung von Heuristiken während der Durchführung von Entwicklungsprojekten bzw. bei der Überprüfung eines geplanten Projekts erläutert.

Als Format zur Auswahl von Heuristiken wird ein Heuristikenkatalog vorgeschlagen, der beispielhaft in Abbildung 5-37 zu sehen ist. Der Heuristikenkatalog richtet sich an Projektverantwortliche, die prüfen, ob aus vergangenen Analysen Heuristiken existieren, die sie in der später detaillierten Entscheidungsfindung verwenden können. Hierzu sind auf der linken Seite die Spalten „Zielsetzung“, „Rahmenbedingungen“ und „Handlungsempfehlung“ angegeben. Insbesondere die Zielsetzung dient als Suchkriterium bei der Auswahl bestehender Heuristiken. Rahmenbedingungen und Handlungsempfehlungen unterstützen Verantwortliche dabei, ungeeignete Heuristiken schnell zu erkennen und zu verwerfen. Diese Auswahl wird anhand der bestehenden Informationen zum Projekt getroffen.

Neben der Heuristik ist die Heuristikvalidität angegeben. Werden mehrere potenziell relevante Heuristiken gefunden, kann auch dieses Kriterium die Vorauswahl von näher zu betrachtenden Heuristiken unterstützen. Auch ist dieses Feld beim Umgang mit widersprüchlichen Heuristiken wertvoll, da es eine schnelle Priorisierung ermöglicht.

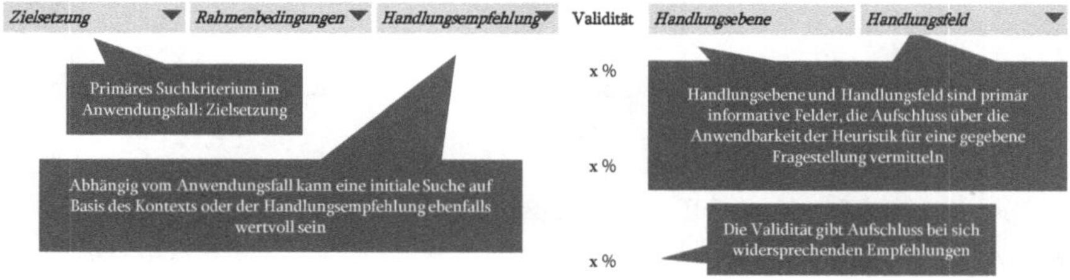

Abbildung 5-37: Beispielhafter Katalog für Heuristiken

Neben der Heuristikvalidität sind die Spalten „Handlungsebene“ und „Handlungsfeld“ aufgeführt. Ihre Werte werden aus der Beschreibungsvorlage für datenbasierte Heuristiken übernommen, wie die Werte der anderen Attribute. Die beiden Spalten können als Filterkriterien dienen, wenn nicht klar ist, nach welcher konkreten Heuristik oder nach welcher Zielsetzung gesucht werden soll. Der so definierte Heuristikenkatalog dient als Werkzeug in der Entscheidungsfindung, die im Folgenden detailliert wird.

Wie in Teilkapitel 1.1 erläutert, kommt den frühen Entscheidungen in der Projektgestaltung eine besondere Bedeutung zu. Daher ist dies der erste Anwendungsfall, der detailliert wird. Das erarbeitete Vorgehen ist in Abbildung 5-38 dargestellt.

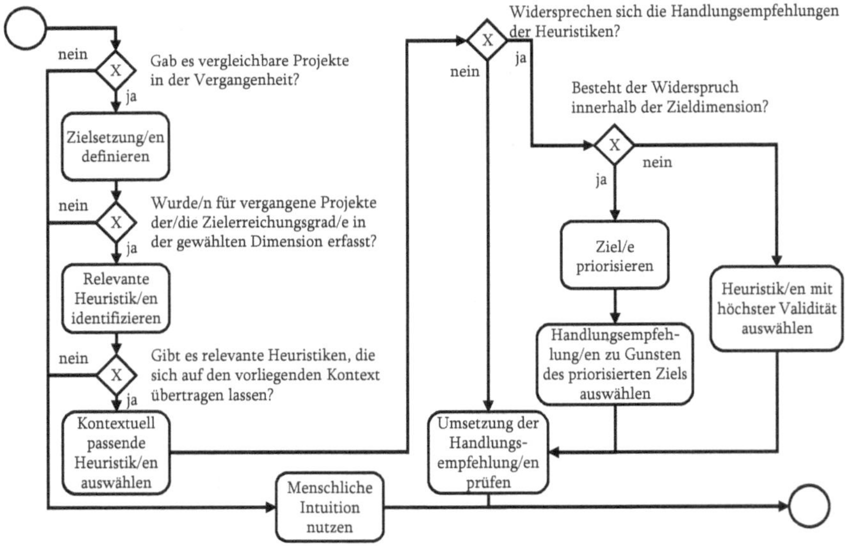

Abbildung 5-38: Vorgehen zur Einbindung von datenbasierten Heuristiken in die Neuprojektgestaltung

Auf der linken Seite der Abbildung sind drei Kontrollfragen zu sehen, anhand derer geprüft wird, ob im konkreten Fall die Nutzung datenbasierter Heuristiken angebracht ist, beginnend mit der Frage nach der Vergleichbarkeit des Projekts. Wie zuvor diskutiert, ist die Methodik dort wertvoll, wo Erfahrungswerte bestehen. Wo ein vollkommen neuartiges Projekt vorliegt, kann nicht angenommen werden, dass die vorherigen Erfahrungen zielführend sind.

Anhand der zweiten Frage lässt sich prüfen, ob für vergleichbare Projekte Daten erhoben wurden oder nachträglich erhoben werden können, die die vorgestellte explorative Analyse und Ableitung von Heuristiken ermöglichen. Sind keine Daten vorhanden, ist von der Verwendung der Methodik abzusehen.

Die dritte Frage ist unter Nutzung des Heuristikenkatalogs zu beantworten und adressiert die Verfügbarkeit von Heuristiken. Das Vorliegen vergleichbarer, abgeschlossener Projekte, für die Daten erhoben wurden, gewährleistet per se keine relevanten Heuristiken.

Ist eine der drei Kontrollfragen mit „nein" zu beantworten, muss auf andere Verfahren ausgewichen werden. Werden alle drei Fragen mit „ja" beantwortet, können die passenden Heuristiken anhand des Katalogs ausgewählt und gegenübergestellt werden. Die folgenden Schritte sind auf der rechten Seite von Abbildung 5-38 dargestellt. Nach Bedarf können an dieser Stelle auch neue Analysen durchgeführt werden, da die Datenbasis kontinuierlich anwächst.

Sollten die ausgewählten Heuristiken widerspruchsfrei sein, so kann die Umsetzung der Handlungsempfehlungen geprüft werden. Die konkrete Umsetzung hängt von individuellen Faktoren ab, deren Adressierung außerhalb des Betrachtungsbereichs der Arbeit liegt.

Sollten sich die Handlungsempfehlungen widersprechen, ist zunächst zu prüfen, ob der Widerspruch durch widersprüchliche Ziele bedingt ist. Ist dies der Fall, sind die Ziele des Projekts abzuwägen, um so zu Handlungsempfehlungen zu kommen. Sind die Ziele untereinander kompatibel, kann anhand der höheren Heuristikvalidität ermittelt werden, welche Handlungsempfehlungen zu priorisieren sind. Anschließend ist die Umsetzung der ausgewählten Handlungsempfehlung oder Handlungsempfehlungen wie zuvor zu prüfen.

Dieses Vorgehen erlaubt bei der Neugestaltung von Entwicklungsprojekten die Feststellung der Anwendbarkeit sowie die Auswahl und nach Bedarf die Priorisierung der umzusetzenden Handlungsempfehlungen. Aus dem Vorgehen geht auch hervor, dass stets zu reflektieren ist, ob die zuvor ermittelten Heuristiken für neue Projekte anwendbar sind. Es kann nicht pauschal davon ausgegangen werden, dass dieser Fall vorliegt.

Soll die Methodik genutzt werden, um bestehende Projektplanungen zu überprüfen oder Entscheidungen während eines laufenden Projekts zu treffen, ist das Vorgehen gemäß Abbildung 5-39 durchzuführen. Es unterscheidet sich grundlegend von dem Verfahren in Abbildung 5-38. In diesem Verfahren werden Heuristiken in Form der von Ihnen belegten Bereiche im *n*-dimensionalen Raum der Einflussmerkmale verwendet, statt den Heuristikenkatalog zu verwenden. Das Verfahren kann auch für Entwicklungsprojekte verwendet werden, die zuvor gemäß dem Verfahren aus Abbildung 5-38 geplant wurden.

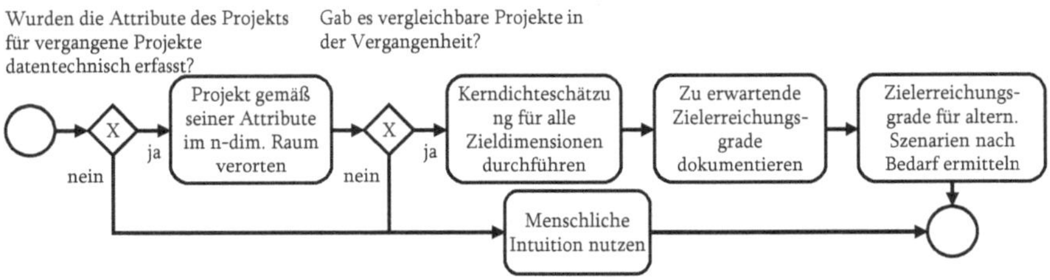

Abbildung 5-39: Vorgehen zur Einbindung von datenbasierten Heuristiken in die Projektüberprüfung

Zunächst ist zu überprüfen, ob die Attribute des Projekts bei abgeschlossenen Projekten erhoben wurden. Hierzu kann die Liste der Einflussmerkmale verwendet werden. Sind die Attribute des Entwicklungsprojekts in den Einflussmerkmalen hinterlegt und existiert eine ausreichende Datenbasis, ist zu prüfen, ob die abgeschlossenen Projekte ausreichend ähnlich waren. Dies geschieht, indem das Entwicklungsprojekt anhand seiner Attribute im *n*-dimensionalen Raum verortet wird und geprüft wird, ob es abgeschlossene Projekte in seiner Umgebung gibt. Ist eine dieser Voraussetzungen nicht erfüllt, muss für die Entscheidungen auf herkömmliche Methoden oder menschliche Intuition zurückgegriffen werden. Für das Treffen einer datenbasierten Aussage fehlen in diesem Fall die Daten.

Liegen die Voraussetzungen für datenbasierte Aussagen vor, erfolgt die Überprüfung des Projekts durch Kerndichteschätzung[412], die schematisch in Abbildung 5-40 dargestellt ist. Die Abbildung zeigt aus Gründen der Visualisierbarkeit ein auf zwei Dimensionen reduziertes Beispiel. Schwerpunkte der Zielerreichungsgrade abgeschlossener Projekte sind als Bereiche unterschiedlicher Grauschattierung dargestellt. Wie in der

[412] Vgl. Shalev-Shwartz und Ben-David (2014), Understanding machine learning

Abbildung zu sehen ist, liegt das Projekt gemäß seinen Attributen in der Nähe unterschiedlicher Gruppen abgeschlossener Projekte, wobei die Zuordnung zu „Gruppen" innerhalb der Kerndichteschätzung anhand des Zielerreichungsgrades geschieht. Das Ergebnis der Kerndichteschätzung ist die prozentuale Zuordnung des Projekts zu den Gruppen unterschiedlicher Zielerreichungsgrade. Es lässt sich auf diese Weise bei ausreichender Datenmenge ein zu erwartender Zielerreichungsgrad bestimmen. Darüber hinaus lassen sich Maßnahmen zur Verbesserung der zu erwartenden Zielerreichung ableiten. Im dargestellten Raum der Einflussmerkmale wäre zu empfehlen, das Projekt durch Änderung der Projektattribute entlang seiner vertikalen Dimension nach unten zu verschieben.

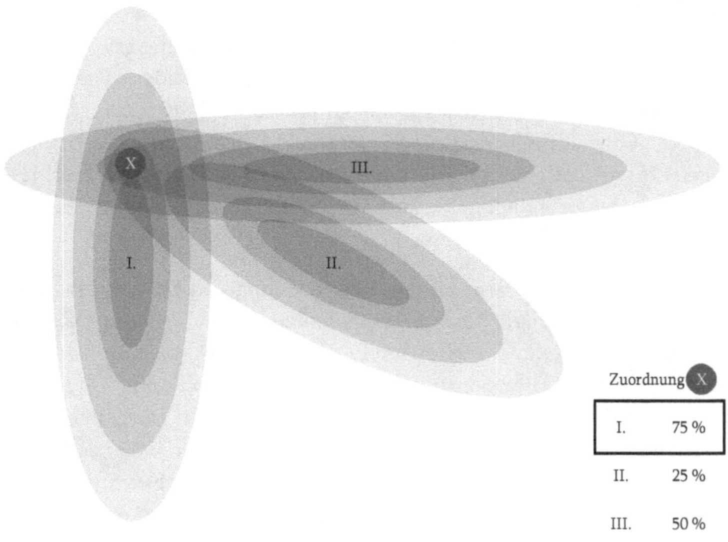

Abbildung 5-40: Nutzung der Kerndichteschätzung in der Projektüberprüfung

Somit wurde die Verwendung datenbasierter Intuition bei der Projektneugestaltung ebenso wie der Überprüfung bestehender Projekte gezeigt.

5.5 Zwischenfazit: Detaillierung der Methodik

In Kapitel 5 wurde das zuvor erläuterte Grobkonzept der Methodik konkretisiert und die Methodik zur Ermittlung datenbasierter Heuristiken für das Entwicklungsmanagement vorgestellt.

In Teilkapitel 5.1 wurde die abgrenzende Beschreibung des Entwicklungsmanagements präsentiert und ein Vorgehen dargelegt, durch das sich quantitativ messbare Ziele des Entwicklungsmanagements ableiten lassen. Zur Beschreibung des Entwicklungsmanagements wurde eine umfangreiche Literaturrecherche durchgeführt, deren Ergebnis die Identifikation von 49 Themengebieten des Entwicklungsmanagements ist. Die inhaltlichen Zusammenhänge zwischen den Themengebieten wurden durch eine DSM beschrieben und ermöglichten die Identifikation von Themengruppen. Aus den Themengruppen wurden anschließend die acht Handlungsfelder „Digitalisierung“, „Forschungskoordination“, „Entwicklungskoordination“, „Entwicklungsrecht“, „Wirtschaftlichkeit“, „Organisationsgestaltung“, „Marktattraktivität“ und „Fertigungsgerechtheit“ abgeleitet. Anschließend wurde ein Vorgehen in vier Schritten beschrieben, durch das Unternehmen individuelle Ziele definieren können, welche die Anwendung der vorgestellten Methodik erlauben.

In Teilkapitel 5.2 wurden die Einflüsse auf die Zielerreichung von Entwicklungsprojekten beschrieben. Hierzu wurden Beschreibungsattribute, wie die Messgröße und primäre Datenquellen, vorgestellt. Die einheitliche Beschreibung von Einflüssen auf Entwicklungsprojekte ist eine Voraussetzung für das datenbasierte Erkennen von Mustern, aus denen Heuristiken abgeleitet werden können. Durch die vorgestellte Beschreibungsvorlage werden Unternehmen bei der Erhebung einer verlässlichen Datenbasis unterstützt. Es wurden Voraussetzungen wie die Zeitindifferenz beschrieben, die bei der Definition von Einflussmerkmalen zu beachten sind, um es Unternehmen zu ermöglichen, eigene, anwendungsspezifische Merkmale zu definieren und in der Analyse zu verwenden, da eine allgemeine, abgeschlossene Liste von Einflussmerkmalen den individuellen Rahmenbedingungen von Unternehmen nicht unbedingt gerecht werden kann. Neben der Beschreibung der Einflussmerkmale wurde ein Verfahren vorgestellt, anhand dessen eine Vorauswahl der Einflussmerkmale aufgrund ihrer Plausibilität durchgeführt werden kann. Dieses Verfahren gewährleistet, dass die Wahrscheinlichkeit der Identifikation von Heuristiken durch eine Anpassung der Anzahl analysierter Einflussmerkmale erhöht werden kann.

In Teilkapitel 5.3 wurde eine adaptierte FAMD-Methodik vorgestellt, die eine bessere Interpretierbarkeit der Analyseergebnisse für Projektverantwortliche ermöglicht.

Durch die Reduktion des Datenumfangs auf informationsreiche Einflussmerkmale wird gewährleistet, dass die abgeleiteten Heuristiken den primären Aussagen des Datensatzes entsprechen. Es wird vermieden, dass durch eine voreingenommene Reduktion des Datensatzes scheinbar valide Ergebnisse entstehen, die auf einem Stichprobenfehler beruhen, während neuartige Erkenntnisse mit solider Datengrundlage übersehen werden. Die Methodik wurde an Beispielen erläutert, ebenso wie die Aufbereitung der erforderlichen Daten für die Anwendung der erweiterten FAMD-Methodik im Entwicklungsmanagement.

In Teilkapitel 5.4 wurde das Vorgehen zur datenbasierten Ermittlung von Heuristiken unter Einbeziehung der Vorarbeiten der vorherigen Teilkapitel vorgestellt. Neben einem Ansatz zur Dokumentation der Heuristiken, die eine intuitive Suche und Auswahl unterstützt, wurde die Anwendung von Heuristiken in der Projektplanung und Projektüberprüfung vorgestellt. Während die Verfahren unterschiedlichen Logiken folgen, ist in beiden Fällen zu überprüfen, ob sich der datenbasierte Ansatz für die Entscheidungsfindung eignet.

Im folgenden Kapitel wird die erarbeitete Methodik anhand eines Industriedatensatzes validiert und die Anwendung der Methodik reflektiert.

6 Validierung und kritische Reflexion

Wissenschaftliche Forschung und die damit verbundene Rigidität verlangen nach der Überprüfung getroffener Annahmen und Vermutungen. Nachdem in den vorherigen Kapiteln 4 und 5 eine Methodik zur Identifikation datenbasierter Heuristiken für das Entwicklungsmanagement konzeptioniert und detailliert wurde, befasst sich das folgende Kapitel mit der Validierung dieser Methodik. Zur Gewährleistung des Praxisbezugs und der Anwendbarkeit der Ergebnisse erfolgte die Validierung unter Einbeziehung eines industriellen Partners. Die Methodik wurde mit dem Partner gemäß der vorgestellten Schritte angewandt, wobei Einschränkungen zu beachten sind. So konnten etwa für gemäß der Methodik neu definierte Ziele keine Projektdaten erhoben werden, da dies eine mehrjährige Wartezeit erforderlich gemacht hätte. Da der Industriepartner schon seit einiger Zeit Metadaten seiner Entwicklungsprojekte erhebt, konnte die Methodik dennoch mit realen Industriedaten erprobt werden.

Die Vorstellung der Validierungsergebnisse erfolgt in mehreren Abschnitten. In Teilkapitel 6.1 wird die Ausgangssituation des Unternehmens und der untersuchten Daten erläutert. Hierbei geht es sowohl um das Unternehmensumfeld, als auch um das Projektumfeld der Daten. In Teilkapitel 6.2 wird die Anwendung der Methodik mit dem Industriepartner bzw. anhand der Projektdaten des Industriepartners vorgestellt. Eine kritische Reflexion der Validierungsergebnisse und des Validierungsvorgehens ist Gegenstand von Teilkapitel 6.3 und bildet den Abschluss der Validierung der vorgestellten Methodik.

6.1 Ausgangssituation der Kunststoff GmbH und Vorgehen

Die Kunststoff GmbH ist ein etabliertes Familienunternehmen, das seit vielen Jahren Kunststoffprodukte für eine Vielzahl von Branchen entwickelt und produziert. Das Unternehmen mit ca. 5.000 Mitarbeitenden ist weltweit tätig. Das Tätigkeitsfeld fokussiert sich auf den industriellen Bereich, erstreckt sich jedoch auch auf Produkte zur Konsumgüterfertigung und Materialien für die Bauwirtschaft.

Die Strategie des Unternehmens sieht einen innovationsorientierten Entwicklungsansatz vor, sowohl in Bezug auf einzelne Produktinnovationen in bestehenden Märkten als auch in Bezug auf neue Anwendungsfälle für Produkte. Entsprechende Kennzahlen wurden im Unternehmen definiert. Die Bandbreite des Produktportfolios und die Diversität der Anwendungsfälle und Regularien in verschiedenen Märkten führt zu einer komplexen Entwicklungsumgebung bei der Kunststoff GmbH. Vor diesem Hintergrund hat die Kunststoff GmbH vor einigen Jahren beschlossen, Digitalisierung in der Entwicklung und dem Projektmanagement zu forcieren. Aktuell laufen Bestrebungen, den Grad digitaler Unterstützung in der Projektdurchführung weiter auszubauen und verstärkt Daten aus Projekten zu erheben.

In der Zusammenarbeit mit der Kunststoff GmbH bilden zwei Elemente die Grundlage für die Validierung der vorgestellten Methodik. Zum einen fand ein wiederholter Austausch mit einer Person statt, die die Innovationsstrategie und die Digitalisierung der Methoden beim Partner mitgeprägt und verantwortet hat. Zum anderen wurde ein Datensatz mit 51 abgeschlossenen Projekten übergeben, zu denen 23 Attribute verfügbar waren. Unter den 23 Attributen befinden sich zwei Zielgrößen, die bei Untersuchung der Einflussmerkmale nicht berücksichtigt wurden. Ebenso befinden sich unter den Attributen die ID, der Projektname und eine Projektbeschreibung als Fließtext. Auch diese wurden bei der Untersuchung der Einflussmerkmale nicht berücksichtigt. Die Daten sind in weiten Teilen lückenlos. Eine Ausnahme bildet das Merkmal „geplanter Marktstart“, das in neun Fällen keine Werte aufweist. Die Daten wurden lückenhaft aus dem System der Kunststoff GmbH exportiert und anschließend händisch durch die Ansprechperson vervollständigt.

Es ist zu beachten, dass zwei Interessenlagen zu berücksichtigen sind. Aus wissenschaftlicher Sicht ist die Veröffentlichung der Daten für die Nachvollziehbarkeit der Ergebnisse essenziell. Aus industrieller Sicht ist die Wahrung der Unternehmensgeheimnisse von großer Bedeutung. Um beiden Aspekten gerecht zu werden, sind die in der Arbeit veröffentlichten Daten anonymisiert und, im Fall numerischer Daten, auf das Intervall von -1 bis 1 normiert. Datumsangaben wurden um einen einheitlichen Betrag versetzt, sodass die Daten zu Beginn des 20. Jahrhunderts liegen und ein Rückschluss auf konkrete Entwicklungsinitiativen und ihre Zeitpläne nicht möglich ist.

Die anonymisierten Validierungsdaten sind vollständig in Anhang A.5 aufgeführt. Die detaillierten Ergebnisse sind, wo im Haupttext nur Auszüge aufgeführt werden, in Anhang A.6 zu finden. In Anhang A.7 ist der R Studio Code der Validierung aufgeführt.

6.2 Anwendung der Methodik im Fallbeispiel

Das folgende Teilkapitel befasst sich mit der Anwendung der Methodik in Zusammenarbeit mit einem Industriepartner und unter Einbeziehung industrieller Daten des Partners. Die inhaltliche Struktur folgt dabei dem methodischen Aufbau der Arbeit und untergliedert sich in vier Schritte.

Abschnitt 6.2.1 befasst sich mit der Anwendung des Teilkapitels 5.1. Hierbei wurde workshopbasiert mit dem Industriepartner gearbeitet. Neben der Reflexion der Handlungsfelder wurden Ziele definiert und detailliert. Darüber hinaus wurden die Zielwerte reflektiert, die im Datensatz vorliegen. Abschnitt 6.2.2 befasst sich mit der Anwendung des Teilkapitels 5.2 und fokussiert sich demnach auf Einflussmerkmale auf die Zielerreichung im Entwicklungsmanagement. Hierbei wurden die Plausibilisierungskriterien nach Abbildung 5-19 reflektiert und durch den Partner gewichtet. Darüber hinaus wurde die Nutzwertanalyse zur Plausibilisierung der Einflussmerkmale des Datensatzes angewandt. Abschnitt 6.2.3 befasst sich mit der Anwendung des Teilkapitels 5.3 und damit mit der explorativen Analyse. Hierbei wurden historische Daten des Industriepartners verwendet. Anhand der Analyseergebnisse befasst sich Abschnitt 6.2.4 mit der Ableitung und Bewertung konkreter Heuristiken für das Entwicklungsmanagement im Fall des Industriepartners.

6.2.1 Reflexion der Handlungsfelder und Beschreibung der Ziele

Der erste Schritt in der Anwendung der Methodik besteht in der diskussionsbasierten Reflexion der Handlungsfelder „Digitalisierung“, „Forschungskoordination“, „Entwicklungskoordination“, „Entwicklungsrecht“, „Wirtschaftlichkeit“, „Organisationsgestaltung“, „Marktattraktivität“ und „Fertigungsgerechtheit“. Hierbei wurde angemerkt, dass das Thema Logistik zu bedenken ist. Dies gilt zum einen hinsichtlich der Fertigungsrobustheit: Produktauslegungen, die eine Fertigung mit geringer Abhängigkeit von internationalen Lieferketten ermöglichen, erhöhen die Resilienz gegenüber internationalen Krisen. Dies kann im Handlungsfeld „Fertigungsgerechtheit“ verortet werden. Zum anderen ist die Logistik hinsichtlich der Vertriebskanäle und neuer Geschäftsfelder zu beachten, etwa bei einem Umschwenken vom Transaktionsgeschäft zum Servicegeschäft. Die Umgestaltung des Produktverständnisses kann der Entwicklungskoordination zugeordnet werden, die Berücksichtigung der Vertriebsmöglichkeiten ist der Marktattraktivität zuzuordnen. Es ist an dieser Stelle anzumerken, dass unter dem Entwicklungsmanagement die Koordination der Lösungsgestaltung verstanden wird. Das Gestalten neuer Geschäftsmodelle und Wertschöpfungsketten liegt demnach an der Schnittstelle zu dem Entwicklungsmanagement und dem Business Development. Es wurde kein Handlungsfeld als unpassend eingeschätzt und auch kein fehlendes Handlungsfeld aufgezeigt. Basierend auf der Reflexion der Handlungsfelder wurden beispielhafte Ziele formuliert, um die Leitfragen aus Schritt 2 des Teilkapitels 5.1 hinsichtlich der formalen Anforderungen (siehe Abschnitt 4.2.2) mit Fokus auf die Nutzungsfreundlichkeit und die Wirksamkeit zu untersuchen. Die erhobenen Anforderungen sind in Tabelle 6-1 dokumentiert.

Bei der Definition der Ziele wurde die aktuelle Unternehmensstrategie als Quelle für Impulse verwendet, um die Relevanz der Ziele zu gewährleisten. Gleichzeitig lässt sich mit Blick auf die Ziele festhalten, dass ein klarer Bezug zur persönlichen Aufgabe des Partners bei der Kunststoff GmbH besteht, was für die Anwendung der Methodik zu beachten ist: Ziele sollten durch die Person formuliert werden, die die Ziele gemäß ihrer Rolle vorzugeben hat. Insbesondere wurden Ziele detailliert, die aktuelle Herausforderungen des Unternehmens adressieren. Die Ziele 5 bis 7 („Wir wollen Wissen und Erfahrungen besser austauschen“ mit unterschiedlichen Bemessungsgrößen) adressieren den internen Wissensaustausch, der mit steigender Entwicklungskomplexität zunehmend relevant wird. Da die Zielerreichung über Jahre stattfindet, ist bei der Zieldefinition zu beachten, dass auch langfristig relevante Aspekte zu verzielen sind, die möglicherweise in aktuellen Diskussionen nicht übermäßig präsent sind oder als selbstverständlich wahrgenommen werden. Als Handlungsfelder für Ziele wurden die Entwicklungskoordination, die Marktattraktivität, die Digitalisierung und die Organisationsgestaltung ausgewählt. Die formulierten Ziele zeigen, dass ein Fokus auf den Schnittstellenthemen des Entwicklungsmanagements lag. Neben der operativen Entwicklungsarbeit waren nach Einschätzung des Partners insbesondere solche Aspekte aus Unternehmenssicht relevant, die bereichsübergreifend zu bearbeiten sind.

Bei der Beantwortung der Leitfragen war zunächst eine Tendenz erkennbar, die Fragen in umgekehrter Reihenfolge zu beantworten, also von einem konkreten Ziel bis zum Handlungsfeld zu abstrahieren. Dies legt nahe, dass bei der Anwendung der Methodik in der Industrie zuvor mit den Beteiligten reflektiert werden sollte, warum die Reihenfolge der Fragen so gewählt wurde und warum vom Groben ins Feine detailliert wird. Die Beantwortung der ersten Leitfrage „Was soll im Handlungsfeld erreicht werden?“ fand gemäß der Methodik auf einer allgemeinen Ebene statt. Die formulierten Wünsche, etwa „Wir wollen nachhaltiger werden.“, lassen sich auf verschiedene Unternehmen änderungsfrei übertragen. Die Frage war aus Diskussionen im Unternehmen und mithilfe der Unternehmensstrategie für den Partner gut zu beantworten.

Durch den geringen Unternehmensbezug ist der Mehrwert des Ziels für das Unternehmen an dieser Stelle noch sehr gering. Der Bezug zum Unternehmen entsteht mit der Beantwortung der zweiten Leitfrage „Woran bemisst sich die Güte der Zielerreichung?“. Es war feststellbar, dass mit der höheren Konkretisierung des Ziels der Mehrwert für das Unternehmen sichtbarer wurde. Die Frage war für den Partner in allen Fällen gut beantwortbar. Für jede Antwort auf Leitfrage I konnte eine eindeutige Antwort auf Leitfrage II formuliert werden. Dieser Fall ist für Leitfrage III nicht gegeben. Die Beantwortung von Leitfrage III „Welche Kennzahl quantifiziert die Güte der Zielerreichung?“ war für den Ansprechpartner anspruchsvoller als die Beantwortung der ersten beiden Leitfragen. Es wurde versucht, verfügbare Datenpunkte hinsichtlich ihrer Aussagekraft zu bewerten und die Erhebbarkeit neuer Datenpunkte abzuschätzen. Hierin zeigt die Fragestellung, inwiefern eine gegebene Kennzahl aussagekräftig hinsichtlich eines gegebenen Ziels ist. Die Überlegung ähnelt der Kausalitätsbetrachtung bei Einflussmerkmalen (siehe Abbildung 5-13). Die Beobachtung der Validierung legt nahe, dass eine kritische Reflexion verfügbarer und erhebbarer Kennzahlen wertvoll für eine langfristige Erhebung der Zielerreichung ist. Eine Option ist die Erhebung mehrerer Kennzahlen, wie es bei den Zielen 5 bis 7 der Fall ist.

Tabelle 6-1: Übersicht der definierten Ziele zur perspektivischen Erhebung in Entwicklungsprojekten

Ziel-ID	Handlungsfeld	I Was soll im Handlungsfeld erreicht werden?	II Woran bemisst sich die Güte der Zielerreichung?	III Welche Kennzahl quantifiziert die Güte der Zielerreichung?	IV Welcher Kennzahlenwert soll wann erreicht werden?
1	Entwicklungs-koordination	Wir wollen nachhaltiger werden.	Anteil nachhaltiger Produkte im Portfolio	Anzahl nachhaltiger Produkte / Anzahl aller Produkte	50 % Anteil nachhaltiger Produkte bis 2025
2	Marktattraktivität	Wir wollen als innovativ wahrgenommen werden.	Umsatz durch innovative Produkte	Anteil der Umsätze durch innovative Produkte am Gesamtumsatz	10 % Umsatzanteil innovativer Produkte bis 2025
3	Marktattraktivität	Wir wollen wachsen, während bestehende Märkte stagnieren.	Sich als relevantes Unternehmen in neuen Märkten positionieren	Anzahl neuer Geschäftsbereiche mit definiertem Umsatz	3 neue Geschäftsbereiche mit Umsätzen von jeweils 50 Mio. € bis 2027
4	Digitalisierung	Wir wollen Industrie 4.0 etablieren.	Weltweite Vernetztheit der Produktionslinien	Anzahl der Standorte mit SAP4HANA Anbindung	15 Standorte mit SAP4HANA Anbindung bis 2025
5	Organisations-gestaltung	Wir wollen Wissen und Erfahrungen besser austauschen.	Vorhandensein einer Forschungs- und Entwicklungs-community	Anzahl der Teilnehmenden an der Community	35 Teilnehmende bis 2025
6	Organisations-gestaltung	Wir wollen Wissen und Erfahrungen besser austauschen.	Vorhandensein einer Forschungs- und Entwicklungs-community	Differenz der Innovationsrate zwischen einem Jahr und dem Vorjahr	Steigerung um einen Prozentpunkt pro Jahr bis 2025
7	Organisations-gestaltung	Wir wollen Wissen und Erfahrungen besser austauschen.	Vorhandensein einer Forschungs- und Entwicklungs-community	Senkung der durchschnittlichen Time to Market über 5 Jahre gegenüber den vorherigen 5 Jahren	Senkung um 40 % pro 5 Jahre bis 2035

Die Beantwortung der abschließenden Leitfrage „Welcher Kennzahlenwert soll wann erreicht werden" war für die Ansprechperson leichter als die Beantwortung von Leitfrage III. Anders als bei der Beantwortung der Leitfragen I und II war es jedoch nicht ohne weiteres möglich, die konkrete Antwort aus vorhandenen Dokumenten des Unternehmens, wie der Unternehmensstrategie, abzuleiten. Der persönliche Handlungsspielraum der zuständigen Person ist bei dieser Frage höher. Zum einen reflektiert dies die industrielle Praxis und unterstützt somit gemäß den formalen Anforderungen die Nutzbarkeit der Methodik. Gleichzeitig liegt in diesem Handlungsspielraum das Potenzial, Ziele uneinheitlich ambitioniert vorzugeben. Dies bildet eine Störgröße für die Ergebnisse der Analyse, die aus den Daten nicht ermittelt werden kann. Dabei bildet insbesondere die Varianz der Ambitioniertheit eine Herausforderung. Einheitlich ambitioniert gesetzte Ziele haben keinen Einfluss auf die Analyseergebnisse, sondern stellen lediglich einen Offset dar.

Eine Besonderheit des Validierungsfalls war das Fehlen konkreter Entwicklungsprojekte oder -initiativen, für welche Leitfrage IV zu beantworten war. Gemäß der Methodik lässt sich die Leitfrage nur für konkrete Projekte beantworten, sodass bei konkreten Rahmenbedingungen der Grad der Zielerreichung erhoben werden kann. Damit unterscheidet sich die Leitfrage von den ersten drei Leitfragen des Teilkapitels 5.1.

Abbildung 6-1 zeigt die beispielhafte Detaillierung von Ziel 1 des Validierungsworkshops.

Entwicklungsziel-Steckbrief		Richtung/Zielwert: erhöhen / 50 %
Name: Steigerung der Nachhaltigkeit des Produktportfolios	Ziel-ID: 1	Stichtag: 01.01.2025
Verantwortlich: Entwicklungsleitung | Frau Musterfrau		Ebenen: Strategisch [ ] Taktisch [X] Operativ [ ]
Beschreibung: Bis zum Jahr 2025 sollen 50 % der Produkte im Portfolio die Definition des Unternehmens für nachhaltige Produkte erfüllen.		Handlungsfelder: [ ] Digitalisierung [ ] Wirtschaftlichkeit [ ] Forschungskoord. [ ] Organisationsgestaltung [X] Entwicklungskoord. [X] Marktattraktivität [ ] Entwicklungsrecht [ ] Fertigungsgerechtheit
Operationalisierung: $\frac{Anzahl_{nachhaltige\ Produkte\ im\ Portfolio}}{Anzahl_{Produkte\ im\ Portfolio}}$		

Abbildung 6-1: Übersicht der Ergebnisse der Zieldefinition beim Industriepartner

Eine separate Betrachtung ist bei Ziel 4 erforderlich. Ziel 4 beschreibt die Etablierung von Industrie 4.0 bei der Fertigung von Produkten der Kunststoff GmbH und bemisst sich über die vernetzten Standorte. Die Reflexion des Ziels zeigt, dass Entwicklungsprojekte keinen Beitrag zur Erreichung des Ziels leisten und es sich nicht um einen Gegenstand des Entwicklungsmanagements handelt. Während der Transfer der Methodik in andere Bereiche ein Gegenstand zukünftiger Forschung sein kann, ist der Produktionsbereich aktuell nicht Gegenstand der Methodik. Das Beispiel zeigt, dass bei der Definition von Zielen zu reflektieren ist, ob die definierten Ziele Gegenstand des Entwicklungsmanagements sind oder in der Verantwortung angrenzender Bereiche liegen.

Als Zielgrößen liegen im Datensatz zwei Variablen vor, wie in Tabelle 6-2 zu sehen ist. Die erste Zielgröße ist der Zeitverzug. Der Zeitverzug berechnet sich aus der geplanten Projektzeit und der Zeit, die das Projekt über die geplante Projektzeit hinaus benötigt hat. Das Verhältnis der beiden Größen ist der Zeitverzug, der in Prozent angegeben wird. Die Analysierbarkeit der Zielgröße wird durch die fehlenden Werte beim Merkmal „Marktstart" beeinträchtigt, die in die Berechnung des Zeitverzugs eingehen. Hinzu kommt, dass nur wenige Projekte einen Zeitverzug aufweisen, wodurch die aussagekräftige Datenlage weiter schrumpft. Es wurde daher von einer Analyse des Zeitverzugs auf Basis des vorliegenden Datensatzes abgesehen. Die zweite Zielgröße ist der Kapitalwert. Der Kapitalwert ist eine Größe, die bei der Kunststoff GmbH intern eine hohe Bedeutung hat. Ziel ist es, einen positiven Kapitalwert im Projekt zu erreichen, ein Grad der Zielerreichung als Verhältnis von IST-Wert zum SOLL-Wert muss demnach nicht bestimmt werden. In diesem Sinne wurde der Kapitalwert als Zielgröße für die folgenden Analysen verwendet. Der Kapitalwert aller Projekte ist in den Darstellungen mit dem maximalen Kapitalwert im Datensatz normiert.

Tabelle 6-2: Auszug des Validierungsdatensatzes der Ziele

Projektname	Ziel 1 | Zeitverzug / geplante Projektdauer	Ziel 2 | Kapitalwert (normiert)
Projekt 5	0,0 %	0,00
Projekt 6	0,0 %	0,25
Projekt 7	0,0 %	0,02
Projekt 8	0,0 %	0,44
Projekt 9	7,0 %	0,11

6.2.2 Identifikation plausibler Einflussmerkmale

Teilkapitel 5.2 befasst sich mit den Einflussmerkmalen auf die Erreichung der Entwicklungsziele. Hierbei sind die Plausibilisierungskriterien zu reflektieren und zu gewichten sowie die Nutzwertanalyse durchzuführen. Der Validierungsdatensatz umfasst 51 Projekte und 23 Projektattribute. Zwei dieser 23 Projektattribute sind Zielgrößen. Die Projekt-ID, der Projektname und die Projektbeschreibung im Fließtext sind als Einflussmerkmale vernachlässigbar, weswegen 18 Projektattribute als potenzielle Einflussmerkmale verbleiben. Die Einflussmerkmale werden im Folgenden vorgestellt, soweit es die Anonymität des Partners erlaubt.

Die Kunststoff GmbH unterscheidet fünf Projekttypen. Der Datensatz umfasst 21 unterschiedliche Personen, die die Rolle der Projektleitung übernommen haben. Die Projekte teilen sich auf drei Geschäftsbereiche auf und können in fünf Phasen vorliegen. Die letzte Entscheidung gibt den Projektstatus wieder. Es gibt drei Einflussmerkmale mit Bezug zur Ansoff-Matrix, die durch den Partner auf die eigenen Bedürfnisse angepasst wurde. Der Partner unterscheidet zwischen elf strategischen Pfeilern. Das Jahr des Marktstarts wurde wie alle Jahresangaben mit einem Offset beaufschlagt. Die Wahrscheinlichkeit des finanziellen Erfolgs gibt eine Einschätzung zu Beginn des Projekts wieder. Das Unternehmen arbeitet mit zwei Währungen. Die Vorhersagen 1 und 2 sind interne Schätzungen zum Projekterfolg, wobei sich Vorhersage 1 auf ein spezifisches Jahr für alle Projekte bezieht und Vorhersage 2 für einen einheitlichen Zeitraum nach Projektstart getätigt wird. Das Startdatum gibt den Start der Projektaktivitäten wieder und ist ebenso wie der geplante Marktstart eine terminliche Angabe. Demgegenüber ist die Time-To-Market committed die verabredete Dauer des Projekts und wird in Monaten angegeben, welche im Zuge der Validierung mit dem Maximalwert des Datensatzes normiert wurde. Beim Entwicklungsstandort werden vier Standorte unterschieden.

Tabelle 6-3: Auszug des Validierungsdatensatzes der Einflussmerkmale

ID	Projekttyp	Vorhersage 1	Wahrscheinlichkeit des finanziellen Erfolgs	Name Projektleitung
5	Projekttyp 3	0,00	50 %	Name Projektleitung 3
6	Projekttyp 1	0,23	80 %	Name Projektleitung 4
7	Projekttyp 1	0,03	80 %	Name Projektleitung 4
8	Projekttyp 1	0,75	80 %	Name Projektleitung 4
9	Projekttyp 1	0,04	80 %	Name Projektleitung 5
10	Projekttyp 2	0,00	90 %	Name Projektleitung 2

Im Zuge der Validierung wurden zunächst die vier Gewichtungskriterien der Prozessebene, der Ressourcenebene, der persönlichen Ebene sowie der fachlichen Ebene reflektiert. Es wurde kein Bedarf für eine Anpassung, Ergänzung oder Reduktion festgestellt. Dem Partner wurde die eigene Gewichtung der Kriterien (vgl. Abbildung 5-19) nicht gezeigt, sodass eine unvoreingenommene Gewichtung der Kriterien mittels paarweisem Vergleich möglich war. Die Gewichtung der Kriterien gemäß der Ansprechperson ist in Abbildung 6-2 zu sehen. Die Bewertung des Partners unterscheidet sich von der eigenen Bewertung, worin sich der Bedarf für eine unternehmensindividuelle Durchführung der Methodik zeigt. Wesentliche Unterschiede liegen in der Bewertung der Relevanz auf Prozessebene. Der Partner schätzt sowohl die Ressourcen als auch die fachliche Problemebene als relevanter ein. Übereinstimmung liegt lediglich im Verhältnis zur persönlichen Ebene vor. Damit liegt die Relevanz der Prozessebene bei 8 %, statt bei 41 % gemäß der eigenen Bewertung. Sie wird damit von der relevantesten Ebene zur Ebene mit der niedrigsten Relevanz. Demgegenüber wird die Relevanz der Ressourcenebene als höher eingeschätzt. Auch hier deckt sich die Einschätzung lediglich beim Verhältnis zur persönlichen Ebene. Die Ressourcenebene erhält somit 42 % und wird zur relevantesten Ebene gemäß dem Ansprechpartner. Geringere Unterschiede liegen bei den Ergebnissen zur Einschätzung der Relevanz der persönlichen und der fachlichen Ebene vor. Die Bewertung der persönlichen Ebene unterscheidet sich im Verhältnis zur fachlichen Ebene insofern, dass der Partner die persönliche Ebene als relevanter einstuft. Die Einschätzungen der fachlichen Ebene unterscheiden sich bei allen Werten, das Ergebnis bleibt jedoch gleich.

	Kriterium	1	2	3	4	Summe	Anteil
1	Einfluss auf Prozessebene		0	1	0	1	8 %
2	Einfluss auf Ressourcenebene	2		1	2	5	42 %
3	Einfluss auf persönlicher Ebene	1	1		2	4	33 %
4	Einfluss auf fachlicher Problemebene	2	0	0		2	17 %
					Σ	12	100 %

Legende: Die Zeile ist …
0: weniger relevant als die Spalte
1: gleich relevant wie die Spalte
2: relevanter als die Spalte

Abbildung 6-2: Gewichtung der Plausibilisierungskriterien

Auf Basis der Gewichtung der Kriterien wurde die Nutzwertanalyse durchgeführt, von der ein Auszug in Abbildung 6-3 zu sehen ist. Analyseergebnisse, die nicht in diesem Kapitel gezeigt werden, sind im Anhang A.6 aufgeführt.

Wie Abbildung 6-3 zeigt, konnten mittels der Nutzwertanalyse unter Verwendung einer progressiven Bewertungsskala deutliche Unterschiede in der Plausibilität der Merkmalsrelevanz der Einflussmerkmale ermittelt werden. So ist es zwar möglich, dass das Startjahr einen Einfluss auf die verfügbaren Ressourcen hat. Insgesamt ist die Plausibilität jedoch erheblich niedriger als die Plausibilität der Relevanz anderer Einflussmerkmale, wie die des Projekttyps. Es zeigen sich zwei Bewertungsplateaus. Das niedrigere liegt im Bereich zwischen 0,00 und 1,58, das höhere im Bereich von 3,67 bis 6,33. Mit einem Grenzwert von 3,00 wurde der Datensatz auf zwölf Einflussmerkmale reduziert, was einer Reduktion um ein Drittel der Merkmale entspricht. Der Grenzwert wurde dabei so gewählt, dass er zwischen den Bewertungsplateaus liegt.

Der plausibilisierte Datensatz umfasst die Person, die das Projekt leitet, den Geschäftsbereich, den Entwicklungsstandort, die drei Ansoff-Merkmale, die beiden Vorhersagen 1 und 2, den Projekttyp, den strategischen Pfeiler, die Time-To-Market und die Phase. Die als plausibel bewerteten Einflussmerkmale sind in Abbildung 6-4 dargestellt.

Legende
B Bewertung (progressiv: 0,1,3,9)
G gewichtete Bewertung

Einflussmerkmale →

Kriterium	Gewichtung	Projekttyp		Name Projektleitung		Geschäftsbereich		Startdatum		Entwicklungsstandort	
		B	G	B	G	B	G	B	G	B	G
Einfluss auf Prozessebene	0,08	3	0,25	3	0,25	3	0,25	0	0,00	3	0,25
Einfluss auf Ressourcenebene	0,42	9	3,75	1	0,42	9	3,75	1	0,42	9	3,75
Einfluss auf persönlicher Ebene	0,33	3	1,00	9	3,00	0	0,00	0	0,00	1	0,33
Einfluss auf fachlicher Problemebene	0,17	3	0,50	0	0,00	1	0,17	0	0,00	0	0,00
Relative Plausibilitätsbewertung			5,50		3,67		4,17		0,42		4,33

Abbildung 6-3: Auszug der Nutzwertanalyse im Rahmen der Validierung

6.2.3 Identifikation informationsreicher Einflussmerkmale

Nach der Plausibilisierung der Einflussmerkmale gilt es nun, die informationsreichen Einflussmerkmale gemäß Teilkapitel 5.3 zu ermitteln. Hierzu wurde der Datensatz des Industriepartners analysiert. Hierbei ist zunächst zu beachten, dass der Datensatz bei der Zusammenstellung durch den Industriepartner im erforderlichen Format aufbereitet wurde. Jedem Projekt ist für jedes Attribut ein eindeutiger Wert zugeordnet. Attribute wie die Projektbeschreibung, für die eine solche Zuordnung nicht möglich war, können im Rahmen der Analyse nicht berücksichtigt werden. Darüber hinaus wurde jedem Projekt ein eindeutiger Wert für die Zielerreichung zugeordnet, soweit entsprechende Daten vorhanden waren. Die Normierung der numerischen Werte ist im Rahmen der FAMD-Analyse erforderlich und wird von den bekannten in R verfügbaren Algorithmen abgedeckt. Die Normierung vor Anwendung der Algorithmen ist an dieser Stelle der Anonymität des Industriepartners geschuldet.

1	Vorhersage 1	5	Name der Projektleitung	9	ANSOFF Produkt / Service
2	Vorhersage 2	6	Geschäftsbereich	10	ANSOFF Zone
3	Projektdauer	7	Phase	11	Strategischer Pfeiler
4	Projekttyp	8	ANSOFF Markt	12	Entwicklungsstandort

Abbildung 6-4: Plausible Einflussmerkmale mit zugeordneten Nummern für nachfolgende Schritte

Durch die Anwendung der erweiterten FAMD-Methodik auf den Datensatz der Einflussmerkmale konnten die Informationswerte bestimmt werden, die in Abbildung 6-5 dargestellt werden. Die vertikale Achse zeigt die Zuordnung zu den Einflussmerkmalen, wobei die Nummerierung in Abbildung 6-5 mit der Nummerierung in Abbildung 6-4 übereinstimmt. Die horizontale Achse stellt die berechneten Dimensionen dar. Die neuen Dimensionen sind nach der Größe der Eigenwerte geordnet. Die Größe der Kreise gibt an, welchen gewichteten Beitrag das Einflussmerkmal zur jeweiligen berechneten Dimension hat. Die größten Beiträge, die gemäß Teilkapitel 5.3 dem Informationswert entsprechen, sind schwarz hervorgehoben. Damit entspricht Abbildung 6-5 der Darstellung in Abbildung 5-27.

Die Analyse zeigt, dass die Projektleitung (Einflussmerkmal 5) einen hohen Beitrag zu vielen berechneten Dimensionen hat. Während die Ansoff-Größen zur Zone (Einflussmerkmal 10) und zum Produkt bzw. Service (Einflussmerkmal 9) zu weniger berechneten Dimensionen beitragen als der strategische Pfeiler (Einflussmerkmal 11), ist ihr größter Beitrag größer, womit ihr Informationswert höher ist. Insgesamt lässt sich erkennen, dass die Projektdauer (Einflussmerkmal 3) und die Vorhersagen (Einflussmerkmale 1 und 2) sowie die Ansoff-Größe „Markt" (Einflussmerkmal 8) einen geringen Informationswert haben. Das bedeutet, dass sich Projekte anhand dieser Einflussmerkmale nur geringfügig unterscheiden. Auch die Informationswerte der Phase und des Geschäftsbereichs (Einflussmerkmale 7 und 6) sind vergleichsweise niedrig.

Zu bemerken ist an dieser Stelle, dass die Einflussmerkmale mit einem großen Informationswert kategorische Einflussmerkmale sind. Darin zeigt sich, warum der verbreitete[413] k-means-Algorithmus für die Analyse der Daten ungeeignet ist. Für k-means müssten die Daten in numerische Werte überführt werden, wobei numerische Nähe auch inhaltliche Nähe suggeriert. Dieser Zusammenhang ist für Daten wie den Projekttyp oder die verantwortliche Person fehlerhaft.

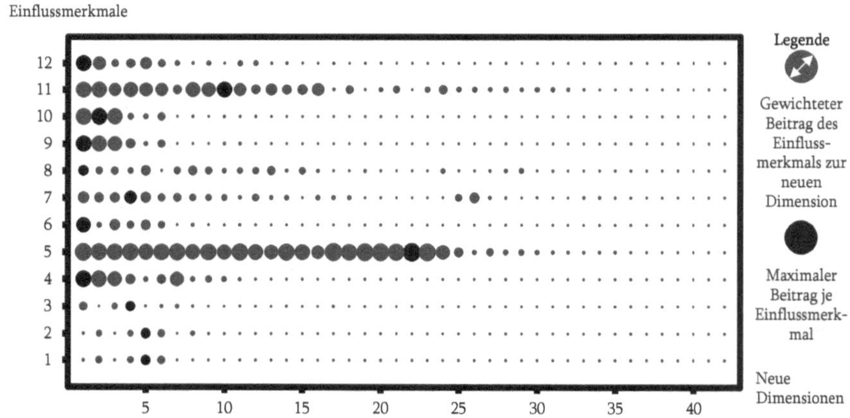

Abbildung 6-5: Übersicht der Informationswerte der Einflussmerkmale

Auf Basis der Analyse der Informationswerte kann nun der Grenzwert zur Reduktion des Datensatzes ermittelt werden. Abbildung 6-6 zeigt die Bestimmung des Grenzwerts

413 Vgl. Ahmad und Khan (2019), Survey of State-of-the-Art Mixed Data Clustering Algorithms, S. 31887

gemäß Teilkapitel 5.3 der Methodik, wobei die Nummerierung der Einflussmerkmale weiter der Nummerierung gemäß Abbildung 6-4 folgt.

Die Daten zeigen zwei Plateaus der Informationswerte. Dem ersten Plateau vorgelagert ist der Informationswert der Projektleitung. Das Plateau umfasst fünf Einflussmerkmale und fällt dann um über 50 % ab, wobei zwei Einflussmerkmale im Übergangsbereich liegen. Gemäß dem Distanzmaß liegt der Grenzwert, der in Abbildung 6-6 schwarz hervorgehoben ist, bei Einflussmerkmal 8, der Ansoff-Größe „Markt". Wie in Abschnitt 5.4.3 ist nun zu beurteilen, ob der Grenzwert Teil der weiter zu analysierenden Einflussmerkmale sein sollte. Da der Informationswert von Einflussmerkmal 8 auf dem Niveau des niedrigen Plateaus und signifikant unter dem Informationswert von Einflussmerkmal 7, der Phase, liegt, wird Einflussmerkmal 8 von den weiteren Analysen ausgeschlossen. Somit kann der Datensatz durch die erweiterte FAMD-Methodik erneut um ein Drittel reduziert werden. Der Datensatz entspricht damit nach der Anwendung noch 44 % seiner ursprünglichen Größe.

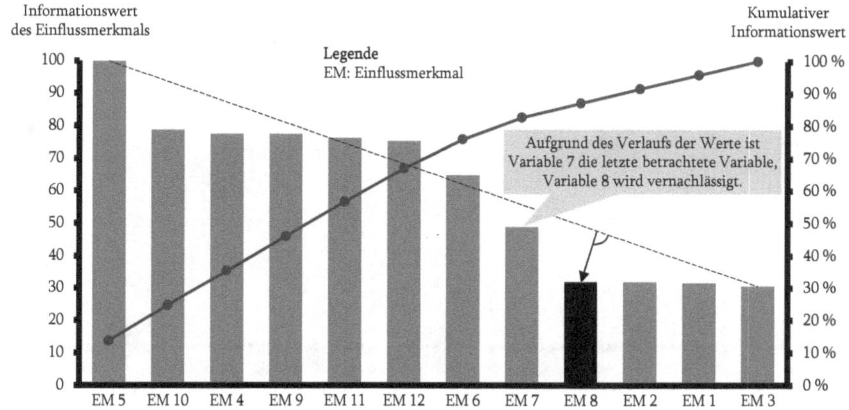

Abbildung 6-6: Bestimmung des Grenzwerts im Validierungsbeispiel

6.2.4 Ableitung von Heuristiken für das Entwicklungsmanagement

Das abschließende Element der Validierung liegt in der datenbasierten Ableitung von Heuristiken für das Entwicklungsmanagement. Hierzu wurde gemäß des in Abbildung 5-33 gezeigten Vorgehens iterativ die Menge der betrachteten Projekte im Raum der informationsreichen Einflussmerkmale erhöht. Als Grenzwert wurde, von 1,00 kommend, der Wert 0,07 festgesetzt. Der Wert ist deshalb so niedrig, weil der höchste verzeichnete Kapitalwert sehr hoch im Vergleich zum Durchschnitt der Projekte ist. Mit einem Grenzwert von 0,07 wurden die besten 14 der 51 Projekte untersucht.

Durch die Berechnung der Gower-Distanzen und die Anwendung von PAM als Clustering Algorithmus wurden vier Cluster als Kandidaten für Heuristiken identifiziert. Da die visuelle Darstellbarkeit im zwölf-dimensionalen Raum eingeschränkt ist, wurden die Daten durch t-SNE (Englisch: t-distributed Stochastic Neighbor Embedding) in einen zweidimensionalen Raum transformiert, wie es in Abbildung 6-7 zu sehen ist. Die Zugehörigkeit der Projekte zu Clustern ist durch die Form der Projekte ausgedrückt.

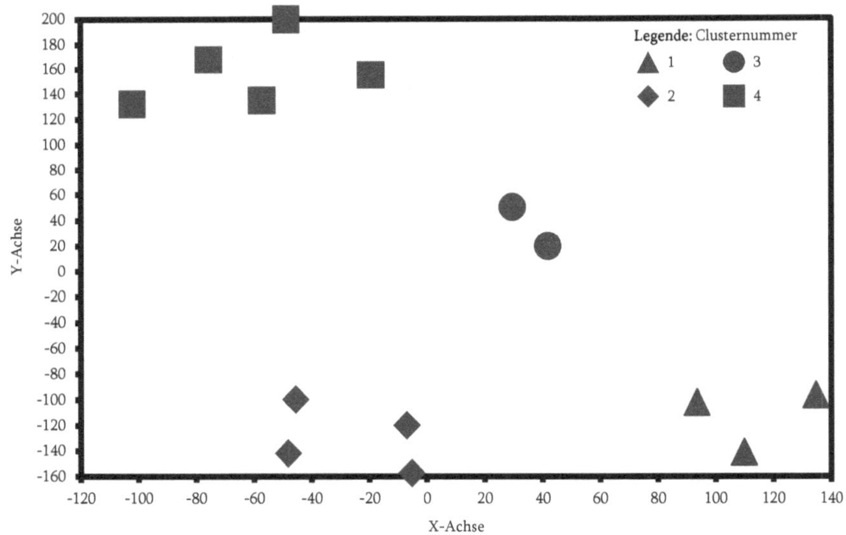

Abbildung 6-7: In den 2D-Raum transformierte Projekte

Zur Beurteilung, ob die Cluster Heuristiken entsprechen, ist zu untersuchen, ob Handlungsempfehlungen gegeben werden. Hierzu ist es erforderlich, Einflussmerkmale in fixe und veränderliche Merkmale zu unterscheiden. Als fixe Merkmale wurden der Geschäftsbereich, die Ansoff-Größe „Produkt / Service", der strategische Pfeiler und die Phase definiert. Darüber hinaus ist zu prüfen, ob Cluster gegenüber einzelnen Einflussmerkmalen indifferent sind. Dies ist für Cluster 4, dargestellt als Rechtecke, der Fall, das indifferent gegenüber der Person ist, die das Projekt leitet. Für Cluster 4 liegen weiterhin Größen vor, die eine Handlungsempfehlung darstellen. Es lässt sich somit festhalten, dass alle Cluster die Anforderungen an Heuristiken erfüllen.

Es ist nun zu beurteilen, wie valide die identifizierten Heuristiken sind (siehe Abbildung 6-8). Hierbei konnten signifikante Unterschiede festgestellt werden. Hinsichtlich der Güte, also dem durchschnittlichen Projekterfolg aller Projekte, die im Clusterbereich liegen, sind Cluster 1 und Cluster 3 bei Werten über 0,40. Cluster 4 kommt noch auf 0,29, bei Cluster 2 liegt die Güte nur noch bei 0,10. Hinsichtlich des Mehrwerts, also des Gütegewinns gegenüber Projekten außerhalb des Clusters, sind die Ergebnisse ähnlich. Cluster 1 und Cluster 3 sind bei Werten über 0,35. Cluster 4 liegt bei 0,22, Cluster 2 hat einen Mehrwert von 0,01. Anders ist der Sachverhalt bei der Spezifität, bei der alle Cluster bei einem gerundeten Wert von 1,00 liegen und sich erst in der fünften Nachkommastelle unterscheiden. Die vollständige Berechnung der Clustervalidität ist in Anhang A.6 aufgeführt, die Ergebnisse sind in Tabelle 6-4 zu sehen.

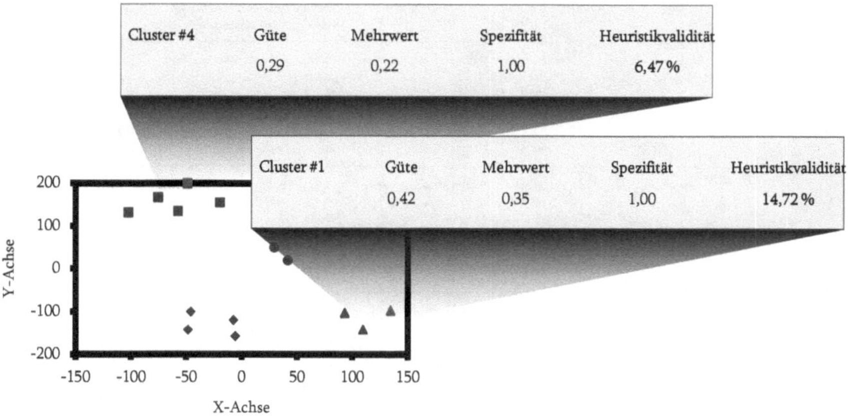

Abbildung 6-8: Validität der datenbasiert ermittelten Heuristiken

Es lässt sich festhalten, dass die Heuristikvalidität ein wirkungsvolles Mittel ist, um Heuristiken zu unterscheiden und im Fall widersprüchlicher Aussagen zu priorisieren. Dies wird beim Vergleich der vier Heuristiken in Tabelle 6-4 deutlich, wo die Validität von Heuristik 2 zur nächstgrößeren Heuristik um den Faktor 65 kleiner ist. Die ermittelten Heuristiken werden im Folgenden näher betrachtet. Eine Sichtung der datenbasiert ermittelten Heuristiken zeigt Überschneidungsfreiheit bezüglich der Rahmenbedingungen, unter denen die jeweilige Heuristik anzuwenden ist. Somit sind, allein auf Basis der vier ermittelten Heuristiken, Konfliktsituationen untereinander ausgeschlossen. Auffällig ist darüber hinaus, dass nur die Ansoff-Zonen 1 und 2 sowie nur die Projekttypen 1 und 3 durch die Heuristiken abgedeckt werden. Während dies nahelegt, dass dies generell für alle Projekte zu empfehlen ist, geben die Daten darüber keinen Aufschluss. Es lässt sich festhalten, dass mittels der vorgestellten Methodik datenbasierte Heuristiken ermittelt und bewertet werden können.

Tabelle 6-4: Liste der datenbasiert ermittelten Heuristiken

Heuristik-ID	Zielsetzung	Rahmenbedingungen	Handlungsempfehlung	Heuristiken-validität
1	Zur Sicherstellung eines hohen Kapitalwerts ...	... sollte bei den Rahmenbedingungen: Geschäftsbereich 2 ANSOFF Produkt 1 Strategischer Pfeiler 3 oder 5 Phase 2 oder 4	... angestrebt werden, das Projekt wie folgt durchzuführen: Projektleitung 4 ANSOFF Zone 2 Projekttyp 1 Entwicklungsstandort 3	14,72 %
2	Zur Sicherstellung eines hohen Kapitalwerts ...	... sollte bei den Rahmenbedingungen: Geschäftsbereich 1 ANSOFF Produkt 1 Strategischer Pfeiler 2 oder 6 Phase 2 bis 4	... angestrebt werden, das Projekt wie folgt durchzuführen: Projektleitung 5 oder 8 ANSOFF Zone 2 Projekttyp 1 Entwicklungsstandort 1	0,10 %
3	Zur Sicherstellung eines hohen Kapitalwerts ...	... sollte bei den Rahmenbedingungen: Geschäftsbereich 3 ANSOFF Produkt 1 oder 3 Strategischer Pfeiler 7 Phase 5	... angestrebt werden, das Projekt wie folgt durchzuführen: Name Projektleitung 9 ANSOFF Zone 1 oder 2 Projekttyp 1 oder 3 Entwicklungsstandort 4	15,69 %
4	Zur Sicherstellung eines hohen Kapitalwerts ...	... sollte bei den Rahmenbedingungen: Geschäftsbereich 1 ANSOFF Produkt 3 Strategischer Pfeiler 1 oder 2 Phase 1 oder 2	... angestrebt werden, das Projekt wie folgt durchzuführen: ANSOFF Zone 1 Projekttyp 3 Entwicklungsstandort 1 oder 2	6,47 %

Die identifizierten Heuristiken können durch die Kunststoff GmbH für zukünftige Projekte genutzt werden. Durch die Aufstellung eines Heuristikenkatalogs kann die Nutzung sowohl wie auf Seite 174 beschrieben in der Neuprojektgestaltung als auch zur Überprüfung von Projektvorhaben gemäß dem Vorgehen auf Seite 176 erfolgen.

6.3 Kritische Reflexion der Anwendungserfahrung

Die kritische Reflexion ist essenziell für wissenschaftliches Arbeiten und Gegenstand dieses Kapitels. Es wird die Erfüllung der inhaltlichen und formalen Anforderungen ebenso diskutiert wie die Validierung der Methodik und offengelegte Schwachstellen des Ansatzes.

Die vorgestellte Methodik adressiert als Objektbereich das Entwicklungsmanagement als Koordinationsstelle der lösungsgestaltenden Maßnahmen eines Unternehmens. Die Abgrenzung gegenüber anderen Bereichen wurde in Ziel 4 („Wir wollen Industrie 4.0 etablieren“) von Abschnitt 6.2.1 deutlich. Im Rahmen der Durchführung konnte festgestellt werden, dass ausreichende methodische Grundlage zur Formulierung quantitativer Ziele des Entwicklungsmanagements vorhanden war. Gleichzeitig besteht hinsichtlich der Zieldefinition auf Projektebene weiterhin ein großer persönlicher Handlungsspielraum, der bei unterschiedlich ambitionierten Zielen die Datenlage verfälschen kann. Auch lässt sich aus der Datengrundlage für eine Analyse im Sinne der Methodik nicht erkennen, ob das Ziel im Nachhinein angepasst wurde, um veränderten Rahmenbedingungen zu entsprechen. Somit bleiben auch veränderliche Ziele eine Störgröße für die Analyseergebnisse. Hinsichtlich inkonsistenter Projektmetadaten unterstützt der Ansatz entwickelnde Unternehmen durch Vorlage und Referenzen sowie durch einen Ansatz zur Plausibilisierung von Datenpunkten. Mit Bezug auf inhaltliche Anforderungen von wissenschaftlicher Seite liefert der Ansatz eine abgrenzende Beschreibung des Entwicklungsmanagements, die sich bei der Definition von Zielen im Validierungsfall bewähren konnte. Die strukturierte Beschreibung von Einflussmerkmalen durch Teilkapitel 5.2 legt die Grundlage für die anschließende explorative Datenanalyse. Mit der Erweiterung der bestehenden FAMD-Methodik wurde die Interpretierbarkeit der Ergebnisse gewährleistet, womit verwendbare Heuristiken für das Entwicklungsmanagement datenbasiert ermittelt werden können. Somit wird ein systematisches Lernen aus abgeschlossenen Projekten ermöglicht. Es lässt sich festhalten, dass die inhaltlichen Anforderungen an die Methodik weitgehend erfüllt werden konnten. Die persönliche Prägung der Zieldefinition ist durch zukünftige Forschung zu adressieren.

Auf der Seite der formalen Anforderungen stehen die empirische Richtigkeit, die formale Richtigkeit, die Nutzungsfreundlichkeit, die Zweckbezogenheit und die Wirksamkeit. An verschiedenen Stellen der Methodendetaillierung wurde auf diese Anforderungen verwiesen. Die empirische und formale Richtigkeit sowie die Zweckbezogenheit wurden im Rahmen der Validierung mit der Anwendbarkeit des Vorgehens durch den Industriepartner und die Bestätigung der Artefakte gezeigt. Während die

Nutzungsfreundlichkeit in der Anwendung selbst gewährleistet war, ist sie für viele Unternehmen durch die manuellen Aufwände in der Datenaggregation und -aufbereitung zum aktuellen Zeitpunkt eingeschränkt. Die Steigerung der Nutzungsfreundlichkeit wird im direkten Zusammenhang mit der Verbreitung von Infrastruktur zur automatisierten Datenaggregation gesehen. Während der Trend in diese Richtung geht, ist eine Gewährleistung zum jetzigen Zeitpunkt nicht möglich. Die Wirksamkeit des Ansatzes konnte durch die Ableitung von Heuristiken aus einem Datensatz mit geringem Projektumfang im Verhältnis zu automatisiert erhobenen Datensätzen gezeigt werden.

Beim Vorgehen der Heuristik ist die Anwendung mit nur einem Validierungspartner zu nennen. Es ist zu erwarten, dass mit einer größeren Diversität möglicher Partner eine bessere Erkenntnislage möglich gewesen wäre. Dies gilt insbesondere hinsichtlich der Gewichtung der Bewertungskriterien in Teilkapitel 5.2, bei der mit einer größeren Anzahl an Partnern möglicherweise verallgemeinerbare Gewichtungen ermittelt werden könnten. Da die Methodik vorsieht, dass jedes Unternehmen die Kriterien individuell gewichten kann, stellt dies jedoch keine Einschränkung der Methodik für Unternehmen dar. Es wäre lediglich eine ergänzende Erkenntnis. Die Datensatzgröße war mit 51 Projekten für mittlere Unternehmen gemäß dem Austausch in Industrieprojekten sinnvoll gewählt und zeigt die Anwendbarkeit des Ansatzes auch außerhalb großer Konzerne. Auch die händische Datenaggregation entspricht dem aktuellen Anwendungsfall vieler Unternehmen. Eine Einschränkung des Datensatzes bleibt, dass nach der Anwendung der erweiterten FAMD-Methodik nur kategorische Daten verblieben sind, wodurch auch die Heuristiken nur bei der Phase und der Ansoff-Zone mit Intervallen arbeiten. Dies äußert sich in der hohen Spezifität der ermittelten Heuristiken. Eine weitere Einschränkung ist, dass die neudefinierten Ziele nicht datentechnisch erhoben und untersucht wurden. Aus zeitlichen Gründen wurde von einer mehrjährigen Datenerhebung abgesehen. Es ist zu betonen, dass die Methodik auf dem in Daten abgeschlossener Projekte vorhandenen Wissen aufbaut. Daraus folgen zwei natürliche Grenzen für die Wirksamkeit der Methodik. Zum einen müssen entsprechende Daten zu abgeschlossenen Projekten in ausreichender Menge vorliegen. Zum anderen können nur Projektaspekte adressiert werden, die in abgeschlossenen Projekten abgebildet wurden. Vollkommen neuartige Projekte können genauso wenig durch die Methodik abgebildet werden, wie sie durch natürliche Intuition der Beteiligten abgebildet werden können.

Insgesamt konnte die Validierung die Anwendbarkeit der vorgestellten Methodik bestätigen.

7 Zusammenfassung und Ausblick

Entwickelnde Unternehmen stehen unter zunehmendem Druck, in komplexen Umgebungen zuverlässig Entscheidungen zu treffen, welche die Erreichung der Entwicklungsziele ermöglichen. Die produktseitige Verschiebung der Leistungserfüllung von der Mechanik in die Mechatronik bedingt interdisziplinäre und vernetzte Produkte. Hinzu kommen neue Anforderungen, etwa im Kontext der Nachhaltigkeit, die Ansätze der Produktentwicklung und der Vermarktungsstrategie infrage stellen. Mit der Komplexität der Produkte steigt auch die Komplexität der Entwicklungsprozesse, die mehr Disziplinen mit unterschiedlichen Entwicklungsgeschwindigkeiten synchronisieren müssen, um dabei in kürzerer Zeit zuverlässige Produkte zu liefern. Vor diesem Hintergrund steigt die Herausforderung für Verantwortliche im Entwicklungsmanagement, ihrem Auftrag der koordinativen Begleitung der Entwicklungsprojekte gerecht zu werden. Der Austausch mit der Industrie zeigt, dass Verantwortliche sich bislang maßgeblich auf eigene Erfahrungen und ihre Intuition verlassen. Dies stößt jedoch an natürliche Grenzen.

Mit der Digitalisierung der Produkte und Prozesse entsteht eine wachsende Menge an Metadaten aus Entwicklungsprojekten. Sie bieten das Potenzial, natürliche Intuition in Entscheidungssituationen durch datenbasierte Intuition anzureichern. Anders als natürliche Intuition kann datenbasierte Intuition in Form von Heuristiken die Komplexität der Realität besser erfassen und auf die Faktoren reduzieren, die für die Zielerreichung der Projekte entscheidend sind. Die methodische Unterstützung entwickelnder Unternehmen in diesem Bestreben ist Ziel der vorliegenden Arbeit.

In Kapitel 1 wurde die Motivation unter Beachtung der Ausgangssituation und der Problemstellung der Arbeit erläutert. Hierbei wurde sowohl auf die Potenziale der Metadaten von Entwicklungsprojekten, wie auch auf den Bedarf der Industrie an der Nutzung der Metadaten eingegangen. Die Zielsetzung und die Teilziele der Arbeit wurden erläutert und die Hauptforschungsfrage der Arbeit hergeleitet. Abschließend wurde der forschungstheoretische Ansatz der Arbeit aufgeführt, aus dem der Aufbau der Arbeit folgt.

In Kapitel 2 wurden die Grundlagen und Definitionen erläutert, die in der Arbeit aufgegriffen wurden, beginnend mit den Grundlagen des Entwicklungsmanagements und der Produktentwicklung. Der Entwicklungsprozess wurde vorgestellt, um basierend darauf die Rollen des Entwicklungsmanagements gemäß der bestehenden Literatur zu erläutern. Neben verschiedenen Definitionen des Entwicklungsmanagements wurden die Handlungsebenen des Entwicklungsmanagements beschrieben: Strategisches Entwicklungsmanagement, taktisches Entwicklungsmanagement und operatives Entwicklungsmanagement. Sie sind wesentlich für das Verständnis des Entwicklungsmanagements als Fachbereich, in Abgrenzung zu einer Rolle, die eine einzige Person einnimmt.

Anschließend wurde das Konzept der Metadaten eingeführt. Es ist insofern wesentlich, als dass es die in der Arbeit behandelten Daten von anderen Daten abgrenzt, die in großer Zahl in entwickelnden Unternehmen vorhanden sind. Sowohl unternehmensinterne Daten, wie Angaben zu Personalressourcen aus einem ERP-System, wurden thematisiert, als auch unternehmensexterne Daten, wie Angaben zum Wirtschaftswachstum einer Region oder Marktanteile von Wettbewerbsunternehmen. Neben den Metadaten selbst wurden Methoden der Datenaggregation und des Datenmanagements erläutert.

Zudem wurden Ansätze der explorativen Datenanalyse vorgestellt. Diese wird in der vorliegenden Arbeit im Kontext der erweiterten FAMD-Methodik eingesetzt und ist demnach ein Schlüsselelement für das Vorgehen. Sie befasst sich mit dem Gewinnen neuartiger Erkenntnisse aus Daten und ist somit geeignet, die wachsende Menge an Metadaten nutzbar zu machen. Neben einer allgemeinen Einführung in explorative Ansätze wurden Ansätze zur Dimensionsreduktion näher betrachtet. Ergänzend wurden KI-gestützte Ansätze der explorativen Datenanalyse und ihrer Grenzen im Kontext datenbasierter Intuition diskutiert.

Abschließend wurden Heuristiken behandelt, die das Kernergebnis der vorliegenden Arbeit darstellen. Als Grundlage für Heuristiken erfolgte eine Abgrenzung zwischen den Konzepten der Intuition und der Heuristik. Für beide Konzepte wurde eingeführt, welche Grenzen gemäß der wissenschaftlichen Literatur bestehen und welche Auswirkungen diese auf die Ergebnisse der Arbeit haben können. Schließlich wurde behandelt, wo Heuristiken im Entwicklungsmanagement bereits heute eingesetzt werden und welche Rolle sie spielen.

In Kapitel 3 wurden die praktischen und wissenschaftlichen Defizite hergeleitet, die den Bedarf für die vorliegende Arbeit darstellen. Das praktische Defizit ist auf das fehlende methodische Grundgerüst zum Lernen aus Daten sowie auf mangelnde Systematik bei der Erhebung von Daten fokussiert. Uneinheitlich erhobene Daten sind ein Hindernis für die Auswertung, da die Vergleichbarkeit zwischen Projekten nicht gewährleistet ist. Dies gilt sowohl für Daten zu Projektzielen, als auch für Daten zu Einflüssen auf diese Projektziele.

Auf der Seite der wissenschaftlichen Literatur wurde erläutert, dass während die große Menge an wissenschaftlichen Publikationen die Relevanz von Einflussfaktoren auf Entwicklungsprojekte unterstreicht, ein einheitlicher Ansatz zur Dokumentation dieser Einflüsse bislang fehlt. Ebenso fehlt eine übergreifende, abgrenzende Beschreibung des Entwicklungsmanagements. Das Fehlen dieser Beschreibung führt dazu, dass die Erarbeitung von Maßnahmen zur Unterstützung komplexer Entscheidungen erschwert wird. Beiträge der wissenschaftlichen Literatur stellen einige spezifische Maßnahmen vor, die jedoch übergreifende Wechselwirkungen innerhalb des Entwicklungsmanagements vernachlässigen. Ferner besteht ein Defizit in der objektiven Messung des Erfolgs von Entwicklungsprojekten. Ohne eine reproduzierbare Bestimmung, ob eine Handlung zielführend war, kann kein Erfahrungsaufbau durchgeführt werden. Im Kontext der explorativen Analyse existieren Ansätze zur Dimensionsreduktion, deren Interpretation jedoch fachspezifische Kenntnisse voraussetzen, die bei Verantwortlichen des Entwicklungsmanagements nicht vorausgesetzt werden können. Darüber hinaus fehlt ein Ansatz, datenbasiert ermittelte Erfahrungen so aufzubereiten, dass sie in einer konkreten Entscheidungssituation genutzt werden können.

Zur Bewertung der Ansätze wurden Kriterien hergeleitet und angewendet, mit deren Hilfe das Theoriedefizit ermittelt werden konnte. Auf Basis des Theoriedefizits wurden die vier Teilforschungsfragen der Arbeit formuliert.

Zur Adressierung des Theoriedefizits wurde in Kapitel 4 das Grobkonzept der Methodik erarbeitet. Grundlage für das Grobkonzept waren dabei die zunächst definierten inhaltlichen Anforderungen bezüglich der Zielsetzung, des Objektbereichs, des Forschungsdefizits und des Praxisdefizits. Das Grobkonzept untergliedert sich in vier Bereiche, die inhaltlich jeweils eine der vier Teilforschungsfragen aus Kapitel 3 adressieren. Nach der Vorstellung des Grobkonzepts wurden zur Erarbeitung der Methodik vier Teilmodelle abgeleitet, welche in Kapitel 5 aufgegriffen und weiter detailliert wurden.

Kapitel 5 befasste sich mit der Detaillierung der Methodik zur Ermittlung datenbasierter Heuristiken. In Teilkapitel 5.1 wurden das Entwicklungsmanagement abgrenzend beschrieben und eine Methodik vorgestellt, durch die anwendende Unternehmen eigene Ziele beschreiben können. Zur abgrenzenden Beschreibung des Entwicklungsmanagements wurden aus einer Literaturrecherche mit 9.000 Beiträgen 49 Themengebiete des Entwicklungsmanagements identifiziert. Die Themengebiete erfüllen jedoch nicht die zu Beginn des Teilkapitels vorgestellte Definition eines Handlungsfelds. Eine Bewertung der inhaltlichen Zusammenhänge zwischen den Themengebieten erlaubte die Ableitung von acht Handlungsfeldern, durch die das Entwicklungsmanagement beschrieben werden kann. Auf Basis der Handlungsfelder wurde ein Vorgehen vorgestellt, durch das Unternehmen systematisch die Zielerreichung von Entwicklungsprojekten so bestimmen können, dass die Anwendung der Methodik ermöglicht wird und die Vergleichbarkeit zwischen Projekten besteht.

Im Teilkapitel 5.2 wurden Einflussmerkmale behandelt, die Auswirkungen auf die Erreichung der Entwicklungsziele haben können. Einflussfaktoren, -merkmale und ihre Ausprägungen wurden definiert. Durch einen Einflussmerkmal-Steckbrief wurde eine Grundlage für die systematische und projektübergreifende Beschreibung gelegt. Diese ist die Basis für eine projektübergreifend vergleichbare Erfassung der entsprechenden Metadaten von Entwicklungsprojekten. Es wurde erläutert, wie zeitindifferente Merkmale aus zeitabhängigen Merkmalen abgeleitet werden können und inwiefern dies relevant für die später durchzuführende Analyse ist. Schließlich wurde ein Vorgehen vorgestellt, um zu überprüfen, wie plausibel es ist, dass sich ein gegebenes Einflussmerkmal auf die Erreichung eines gegebenen Ziels auswirkt. Diese Überprüfung ist für die Qualität der Ergebnisse der Methodik entscheidend. Das vorgestellte Vorgehen beruht auf der Anwendung einer Nutzwertanalyse, für die Kriterien hergeleitet und gewichtet wurden. Es ist zu beachten, dass Unternehmen, unter Berücksichtigung der im Kapitel erläuterten Rahmenbedingungen, eigene Kriterien ergänzen können. Dies dient der Gewährleistung der Anwendbarkeit der Methodik.

In Teilkapitel 5.3 wurde eine erweiterte FAMD-Methodik vorgestellt, durch welche die Einflussmerkmale in ihrer Bedeutung erhalten bleiben. Dies ist entscheidend für die zuvor erwähnte Interpretierbarkeit der Ergebnisse. Es wurden die Verfahrensschritte vorgestellt und beispielhaft erläutert. Darüber hinaus wurde die erforderliche Aufbereitung der Daten der Einflussmerkmale sowie der Daten der Zielerreichung erläutert. Damit ist die Grundlage für die Anwendung durch Unternehmen geschaffen, sodass Unternehmen die Liste der plausiblen Einflussmerkmale auf die informationsreichen Einflussmerkmale reduzieren können.

In Teilkapitel 5.4 wurde das Vorgehen erläutert, wie aus den Vorarbeiten datenbasierte Heuristiken für das Entwicklungsmanagement ermittelt, beschrieben und bewertet werden können. Die Ermittlung erfolgt im n-dimensionalen Raum der informationsreichen Einflussmerkmale über iterative Clusterbildung. Die Bewertung der Einflussmerkmale ist zum einen erforderlich, um aussagekräftige Heuristiken von solchen zu unterscheiden, für die eine mangelhafte Datengrundlage besteht. Zum anderen ermöglicht die Bewertung der Aussagekraft eine Abwägung im Fall sich widersprechender Heuristiken. Leitfäden zur Entscheidungsfindung mit datenbasierten Heuristiken in der Projektgestaltung sowie in der Projektüberprüfung bei bereits geplanten oder in der Durchführung befindlichen Entwicklungsprojekten bilden den Abschluss der Methodik.

In Kapitel 6 wurde die Methodik anhand eines anonymisierten Industriebeispiels validiert. Das Industriebeispiel wurde unter Berücksichtigung der Ausgangssituation des Unternehmens erläutert. Auszüge des genutzten Datensatzes wurden gezeigt. Anschließend wurden die vier Methodenschritte in Zusammenarbeit mit dem Industriepartner durchgeführt und die Ergebnisse aufgezeigt. Workshopbasiert wurden die acht Handlungsfelder und das Vorgehen zur Bestimmung quantitativer Ziele für das Entwicklungsmanagement validiert. Während die Bestimmung der Ziele beispielhaft war, wurde die Bewertung der Einflussmerkmale anhand eines Industriedatensatzes mit 51 abgeschlossenen Projekten und 18 Projektattributen durchgeführt. Es zeigte sich, dass die Bewertung der Gewichtungskriterien zur Plausibilisierung von Einflussmerkmalen unternehmensindividuell durchzuführen ist. Bei der anschließenden explorativen Analyse wurde der Datensatz signifikant reduziert, wodurch die Wirksamkeit der erweiterten FAMD-Methodik gezeigt werden konnte. Im reduzierten Datenraum wurden vier Heuristiken datenbasiert ermittelt und hinsichtlich ihrer Validität bewertet. Abschließend wurde das Vorgehen im Rahmen der Validierung sowie die Erfüllung der inhaltlichen und formalen Anforderungen reflektiert.

Das Ergebnis der vorliegenden Arbeit ist die validierte Methodik zur Ermittlung datenbasierter Heuristiken für das Entwicklungsmanagement. Unternehmen werden befähigt, eigene Ziele projektübergreifend einheitlich zu beschreiben und zugehörige Daten zu erheben. Sie werden zudem befähigt, Einflüsse auf ihre Entwicklungsprojekte zu dokumentieren und analog zu den Zielen projektübergreifend zu erheben. Es wird ermöglicht, die so gewonnenen Daten auf informationsreiche Einflüsse zu reduzieren und Heuristiken abzuleiten, die eine nachhaltige Unterstützung des Entwicklungsmanagements darstellen. Sie bewahren Wissen des Unternehmens auch bei Fluktuation in der personellen Besetzung und stellen darüber hinaus eine Lernbasis für zukünftige Entscheidungsverantwortliche dar.

Eine wissenschaftliche Arbeit muss neben der Beantwortung der Forschungsfragen auch stets prüfen, wo künftige Forschungsvorhaben anknüpfen können. Mit der steigenden Datenverfügbarkeit durch PMS wird auch die Relevanz dieser Fragestellungen für Unternehmen zunehmen. An erster Stelle ist ein Forschungsbedarf bei der detaillierten Charakterisierung der Entwicklungsziele zu nennen. Während die Arbeit mit den initialen Zielen eines Entwicklungsprojekts arbeitet, hat die Anpassung dieser Ziele im Projektverlauf einen Einfluss auf die Wahrnehmung des Projekts im Projektteam ebenso wie in der abschließenden Beurteilung des Projekterfolgs. Es besteht ein Bedarf für die systematische Beschreibung sich bewegender Ziele und ihrer Auswirkungen auf die Methodik der vorliegenden Arbeit.

Ein weiterer Forschungsbedarf besteht in der Beurteilung der Menge von Einflussmerkmalen, die zur explorativen Analyse ausgewählt werden. Während die relative Betrachtung im Zuge der Methodik zu aussagekräftigen Ergebnissen führt, könnte eine absolute Betrachtung früh erkennbar machen, ob Heuristiken identifizierbar sind. Die Herausforderung liegt darin, neuartige Erkenntnisse hierbei nicht übermäßig zu hemmen.

Ein Forschungsbedarf, der die unternehmensübergreifende Anwendung der Methodik adressiert, liegt in der Standardisierung der Zielmessung von Entwicklungsprojekten. Ein allgemeiner Standard würde das Potenzial bieten, unternehmensübergreifend Projektdaten zu aggregieren und auszuwerten, wobei auf eine angemessene Anonymisierung der Daten zu achten wäre. Diese Erhebung würde neben einer erheblichen Vergrößerung der Datengrundlage die Identifikation allgemeiner Heuristiken für das Entwicklungsmanagement auf Basis konkreter Projektdaten ermöglichen. Hierin wird ein großes Potenzial für die Steigerung der Durchführungsqualität von Entwicklungsprojekten gesehen.

Ein weiteres Forschungspotenzial liegt im Transfer in andere Unternehmensbereiche wie die Produktionsplanung. In der aktuellen Form ist die Methodik für das Entwicklungsmanagement ausgelegt. Dies äußert sich unter anderem in den Handlungsfeldern, aber auch in den Bewertungskriterien zur Beurteilung der Plausibilität von Einflussmerkmalen. Auch ist zu überprüfen, ob Projekte in Kontexten wie der Produktionsplanung die richtige Betrachtungsgröße sind und welche Anpassungen für andere Betrachtungsgrößen, wie etwa einen Fertigungsauftrag, erforderlich wären.

Literaturverzeichnis

Abdi; Hervé; *Valentin, D. (2007)*, Multiple Correspondence Analysis, In: Salkind, N. J.; Rasmussen, K. (Hrsg.): Encyclopedia of measurement and statistics, SAGE Publications, Thousand Oaks, Calif., S. 651-657.

Ahel, O. (2020), Intuition Im Management - Möglichkeitsraum, Spannungsfelder und Emergierende Konstellationen, Springer Fachmedien Wiesbaden GmbH, Wiesbaden.

Ahlemann, F. (2004), Comparative market analysis of project management systems, 2. Auflage, Univ, Osnabrück.

Ahlemann, F.; Eckl, C. (2013), Strategisches Projektmanagement, Springer Berlin Heidelberg, Berlin, Heidelberg.

Ahmad, A.; Khan, S. (2019), Survey of State-of-the-Art Mixed Data Clustering Algorithms, In: IEEE Access, 7. Jg., S. 31883-31902.

Akinci, C.; Sadler-Smith, E. (2012), Intuition in Management Research: A Historical Review, In: International Journal of Management Reviews, Nr. 1, 14. Jg., S. 104-122.

Al-Ameer, A.; Al-Sunni, F. (2021), A Methodology for Securities and Cryptocurrency Trading Using Exploratory Data Analysis and Artificial Intelligence, In: Saba, T. (Hrsg.): 2021 1st International Conference on Artificial Intelligence and Data Analytics (CAIDA) - Proceeding: Riyadh, Saudi Arabia, 6-7 April 2021, IEEE, Piscataway, NJ, S. 54-61.

Albers, A.; Bursac, N.; Eckert, C.; Walter, B.; Wilmsen, M.; Heimicke, J. (2018), Agile Method Development - A Live-Lab Case Study on Product Properties for Process Planning, In: Marjanović D., Štorga M., Škec S., Bojčetić N., Pavković N. (Hrsg.): Proceedings of the DESIGN 2018 15th International Design Conference, Faculty of Mechanical Engineering and Naval Architecture, University of Zagreb, Croatia; The Design Society, Glasgow, UK, S. 713-724.

Allen, M.; Cervo, D. (2015), Multi-domain master data management - Advanced MDM and data governance in practice, Elsevier/Morgan Kaufmann, Waltham, MA.

Amigó, E.; Gonzalo, J.; Artiles, J.; Verdejo, F. (2009), A comparison of extrinsic clustering evaluation metrics based on formal constraints, In: Information Retrieval, Nr. 4, 12. Jg., S. 461-486.

Altshuller 1996 – And suddenly the inventor appeared, And suddenly the inventor appeared - TRIZ, the theory of inventive problem solving, 2. Auflage. Herausgegeben von Lev Shulyak, Technical Innovation Center, Worcester, Mass. (1996)

Ansoff, H. I. (1979), Strategic Management, Palgrave Macmillan UK, London.

Aria, M.; Cuccurullo, C. (2017), bibliometrix : An R-tool for comprehensive science mapping analysis, In: Journal of Informetrics, Nr. 4, 11. Jg., S. 959-975.

Arnold, L.; Jöhnk, J.; Vogt, F.; Urbach, N. (2022), IIoT platforms' architectural features - A taxonomy and five prevalent archetypes, In: Electronic Markets, Nr. 2, 32. Jg., S. 927-944.

Assenmacher, W. (2000), Induktive Statistik, Springer Berlin Heidelberg, Berlin, Heidelberg, s.l.

Ays, J. (2022), Kontextbasierte Integration agiler und plangetriebener Entwicklungsprozesse, Dissertation, RWTH Aachen.

Balconi, M.; Venturella, I.; Fronda, G.; Filippis, D. de; Salati, E.; Vanutelli, M. (2019), To Rate or Not to Rate? - Autonomic Response and Psychological Well-being of Employees During Performance Review, In: The health care manager, Nr. 2, 38. Jg., S. 179-186.

Bange, C.; Seidler, L. (2017), Marktübersicht für Business-Intelligence und Analytics-Software, In: Klein, A.; Gräf, J. (Hrsg.): Reporting und Business Intelligence, 3. Auflage, Haufe Gruppe, Freiburg, München, Stuttgart, S. 245-266.

Bastick, T. (1982), Intuition - How we think and act, Wiley, Chichester.

Bavendiek, A.-K.; Vietor, T.; Inkermann, D. (2014), Konzept zur Methodenbeschreibung und -auswahl auf Basis von Kompetenzen und Zusammensetzung von Entwicklungsteams, In: Krause, D.; Paetzold, K.; Wartzack, S. (Hrsg.): Design for X - Beiträge zum 25. DfX-Symposium, TuTech Verlag TuTech Innovation GmbH, Hamburg, S. 215-226.

*Beck, K.; Beedle, M.; van Bennekum, A.; Cockburn, A.; Cunningham, W.; Fowler, M.; Grenning, J.; Highsmith, J.; Hunt, A.; Jeffries, R.; Kern, J.; Marick, B.; Martin, R.; Mellor, S.; Schwaber, K.; Sutherland, J.; Thomas, D. (*2001), Manifesto for Agile

Software Development. URL: https://agilemanifesto.org/ . Zuletzt geprüft am 27.07.2022.

Bellman, R. (1957), Dynamic programming, Princeton University Press, Princeton, NJ.

Bender, B.; Gericke, K. (2016), Entwicklungsprozesse, In: Lindemann, U. (Hrsg.): Handbuch Produktentwicklung, Hanser Verlag, München, 401-424.

Bender, B.; Gericke, K. (2021), Einleitung Pahl/Beitz Konstruktionslehre, In: Bender, B.; Gericke, K. (Hrsg.): Pahl/Beitz Konstruktionslehre, Springer Berlin Heidelberg, Berlin, Heidelberg, S. 1-8.

Bender, B.; Gericke, K. (2021), Pahl/Beitz Konstruktionslehre, Springer Berlin Heidelberg, Berlin, Heidelberg.

Benner, P.; Tanner, C. (1987), Clinical Judgment: How Expert Nurses Use Intuition, In: The American Journal of Nursing, Nr. 1, 87. Jg., S. 23.

Binder, V. A.; Kantowsky, J. (1996), Technologiepotentiale - Neuausrichtung der Gestaltungsfelder des Strategischen Technologiemanagements, Deutscher Universitätsverlag, Wiesbaden.

Bishop, C. M. (2006), Pattern recognition and machine learning, Springer Science+Business Media LLC, New York, NY.

Bleicher, K. (2002), Integriertes Management als Herausforderung, In: Bleicher, K.; Schwendt, S.; Funck, D. (Hrsg.): Integrierte Managementsysteme - Konzepte, Werkzeuge, Erfahrungen, Physica-Verlag HD, Heidelberg, s.l., S. 1-24.

Bleicher, K.; Schwendt, S.; Funck, D. (2002), Integrierte Managementsysteme - Konzepte, Werkzeuge, Erfahrungen, Physica-Verlag HD, Heidelberg, s.l.

Brachman, R.; Anand, T. (1994), The Process of Knowledge Discovery in Databases - A First Sketch, In: AAAI-94 Workshop on Knowledge Discovery in Databases, S. 1-15.

Bullinger, H.-J.; Warschat, J. (1997), Forschungs- und Entwicklungsmanagement, Vieweg+Teubner Verlag, Wiesbaden.

Büttner, P. (2009), Kausalität - Die Wahrnehmung von Ursache und Wirkung, In: MMI Interaktiv, Nr. Sonderausgabe.

Calder, A.; Watkins, S. (2008), IT governance - A manager's guide to data security and ISO 27001/ISO 27002, 4. Auflage, Kogan Page Limited, London, Philadelphia.

Card, D. E.; Krueger, A. B. (1995), Myth and measurement - The new economics of the minimum wage, 20th Anniversary edition, Princeton University Press, Princeton, NJ.

Cera, E.; Kusaku, A. (2020), Factors Influencing Organizational Performance - Work Environment, Training-Development, Management and Organizational Culture, In: European Journal of Economics and Business Studies, Nr. 1, 6. Jg., S. 16.

Chaffey, D.; White, G. (2011), Business information management - Improving performance using information systems, 2. Auflage, Financial Times Prentice Hall, Harlow, England.

Chao, G.; Sun, J.; Lu, J.; Wang, A.-L.; Langleben, D.; Li, C.-S.; Bi, J. (2019), Multi-View Cluster Analysis with Incomplete Data to Understand Treatment Effects, In: Information sciences, 494. Jg., S. 278-293.

Chao, J.; Kaetzler, B.; Lalani, N.; Lynch, L. (2020), Talent retention and selection in M&A.

Claxton, G. (2000), Hare brain tortoise mind - How intelligence increases when you think less, 1. Auflage, Harper, New York, NY.

Cooper, R. (1990), Stage-gate systems: A new tool for managing new products, In: Business Horizons, Nr. 3, 33. Jg., S. 44-54.

Cooper, R. (2019), The drivers of success in new-product development, In: Industrial Marketing Management, 76. Jg., S. 36-47.

Cooper, R.; Sommer, A. (2016), The Agile-Stage-Gate Hybrid Model - A Promising New Approach and a New Research Opportunity, In: Journal of Product Innovation Management, Nr. 5, 33. Jg., S. 513-526.

Cooper, R.; Sommer, A. (2018), Agile–Stage-Gate for Manufacturers, In: Research-Technology Management, Nr. 2, 61. Jg., S. 17-26.

Cowan, N. (2001), The magical number 4 in short-term memory - a reconsideration of mental storage capacity, In: The Behavioral and brain sciences, Nr. 1, 24. Jg., 87-114; discussion 114-85.

Cox, D. R. (2002), The Theory of the Design of Experiments, Taylor and Francis, Hoboken, NJ.

Crawley, E. F.; Cameron, B.; Selva, D.; Augustine, N. R. (2016), System architecture - Strategy and product development for complex systems, Globale Auflage, Pearson, Edinburgh.

Czichos, H. (2006), Mechatronik - Grundlagen und Anwendungen technischer Systeme, Vieweg, Wiesbaden.

Dane, E.; Pratt, M. (2007), Exploring Intuition and its Role in Managerial Decision Making, In: Academy of Management Review, Nr. 1, 32. Jg., S. 33-54.

Davidow, M.; Matteson, D. S. (2020), Factor Analysis of Mixed Data for Anomaly Detection.

Davies, A.; Veličković, P.; Buesing, L.; Blackwell, S.; Zheng, D.; Tomašev, N.; Tanburn, R.; Battaglia, P.; Blundell, C.; Juhász, A.; Lackenby, M.; Williamson, G.; Hassabis, D.; Kohli, P. (2021), Advancing mathematics by guiding human intuition with AI, In: Nature, Nr. 7887, 600. Jg., S. 70-74.

Denker, F.; Eling, K.; Herstatt, C. (2016), The Role Of Individuals' Domain Knowledge In Evaluating Radical New Product Ideas, In: R&D Management Conference - From Science to Society: Innovation and Value Creation, S. 1-18.

Deutsches Institut für Normung e. V. (2015), Qualitätsmanagementsysteme - Grundlagen und Begriffe
DIN EN ISO 9000:2015-11, Beuth (2015)

Diaconis, P. (2006), Theories of Data Analysis: From Magical Thinking Through Classical Statistics, In: Hoaglin, D. C.; Mosteller, F.; Tukey, J. W. (Hrsg.): Exploring data tables, trends, and shapes, Wiley-Interscience, Hoboken, NJ, S. 1-36.

Dölle, C. (2017), Projektsteuerung in der Produktentwicklung mittels Predictive Analytics, Dissertation, RWTH Aachen.

Domschke, W.; Drexl, A.; Klein, R.; Scholl, A. (2015), Einführung in Operations Research, 9. Auflage, Springer Berlin Heidelberg, Berlin, Heidelberg.

Draper, N. R.; Smith, H. (1998), Applied Regression Analysis, 3. Auflage, John Wiley & Sons Incorporated, New York, NY.

Drucker, P. F. (2011), People and performance - The best of Peter Drucker on management, Routledge, London, New York.

Dühr, K.; Kopp, D.; Walter, B.; Spadinger, M.; Albers, A. (2019), Einflussfaktoren in der standortverteilten Produktgenerationsentwicklung - Eine literaturbasierte Momentaufnahme, In: Stelzer, R. H.; Krzywinski, J. (Hrsg.): Entwerfen, entwickeln, erleben in Produktentwicklung und Design 2019, TUDpress, Dresden, S. 309-326.

Dunteman, G. H. (1989), Principal components analysis, SAGE Publications, Newbury Park, Calif.

Dziallas, M.; Blind, K. (2019), Innovation indicators throughout the innovation process - An extensive literature analysis, In: Technovation, 80-81, S. 3-29.

Ehrlenspiel, K.; Kiewert, A.; Lindemann, U. (2007), Kostengünstig Entwickeln und Konstruieren - Kostenmanagement bei der integrierten Produktentwicklung, 6. Auflage, Springer Berlin Heidelberg, Berlin, Heidelberg.

Ehrlenspiel, K.; Meerkamm, H. (2017), Integrierte Produktentwicklung - Denkabläufe, Methodeneinsatz, Zusammenarbeit, 6. Auflage, Carl Hanser Verlag, München.

Elangovan, U. (2020), Product lifecycle management (PLM) - A digital journey using industrial internet of things (IIoT), 1. Auflage, CRC Press Taylor & Francis Group, Boca Raton, FL.

Emerson, J. (2008), Graphical Display as an Aid to Analysis, In: Hoaglin, D. C.; Mosteller, F.; Tukey, J. W. (Hrsg.): Fundamentals of exploratory analysis of variance, Wiley, New York, NY, S. 165-192.

Engelke, P. (1991), Integration von Forschung und Entwicklung in die unternehmerische Planung und Steuerung, Physica-Verlag, Heidelberg.

Eppinger, S. D.; Browning, T. R. (2012), Design structure matrix methods and applications, MIT Press, Cambridge, MA., London.

Ertel, W. (2016), Grundkurs Künstliche Intelligenz, Springer Fachmedien Wiesbaden, Wiesbaden.

Eryurek, E. (2021), Data Governance, O'Reilly Media Incorporated, Sebastopol.

Escofier, B. (1979), Traitement simultané de variables qualitatives et quantitatives en analyse factorielle, In: Les cahiers de l'analyse des données, Nr. 2, 4. Jg., S. 137-146.

Europäisches Parlament und Rat der Europäischen Union (2022), Richtlinie 2022/2464 zur Nachhaltigkeitsberichterstattung von Unternehmen.

Fayyad, U.; Piatetsky-Shapiro, G.; Smyth, P. (1996), From Data Mining to Knowledge Discovery in Databases, In: AI Magazine, Nr. 17, S. 37-54.

Fayyad, U.; Piatetsky-Shapiro, G.; Smyth, P. (1996), Knowledge discovery and data mining: towards a unifying framework, In: Simoudis, E.; Han, J.; Fayyad, U. M. (Hrsg.): Proceedings of the Second International Conference on Knowledge Discovery and Data Mining, AAAI Press, S. 82-88.

Fisher, D.; Lenz, H.-J. (1996), Learning from Data - Artificial Intelligence and Statistics V, Springer New York, New York, NY.

Frech, J. (1997), Produktplanung mit Target Costing, In: Bullinger, H.-J.; Warschat, J. (Hrsg.): Forschungs- und Entwicklungsmanagement, Vieweg+Teubner Verlag, Wiesbaden, 175-194.

Fricke, G.; Lohse, G. (1997), Entwicklungsmanagement, Springer Berlin Heidelberg, Berlin, Heidelberg.

Fuchs, C.; Barthel, P.; Winter, K.; Hess, T. (2019), Agile Methoden in der digitalen Transformation - mehr als ein Konzept für die Softwareentwicklung, In: Wirtschaftsinformatik & Management, Nr. 4, 11. Jg., S. 196-207.

Fuertes, G.; Alfaro, M.; Vargas, M.; Gutierrez, S.; Ternero, R.; Sabattin, J. (2020), Conceptual Framework for the Strategic Management: A Literature Review—Descriptive, In: Journal of Engineering, 2020. Jg., S. 1-21.

Fujiwara, T.; Wei, X.; Zhao, J.; Ma, K.-L. (2022), Interactive Dimensionality Reduction for Comparative Analysis, In: IEEE transactions on visualization and computer graphics, Nr. 1, 28. Jg., S. 758-768.

Ganesch, F. (2019), Räumliche Mobilität am Arbeitsmarkt - Einfluss- und Erfolgsfaktoren überbetrieblicher und überregionaler Mobilitätsprozesse, Dissertation, Otto-Friedrich-Universität Bamberg.

Gerassis, S.; Saavedra, Á.; Taboada, J.; Alonso, E.; Bastante, F. (2020), Differentiating between fatal and non-fatal mining accidents using artificial intelligence techniques, In: International Journal of Mining, Reclamation and Environment, Nr. 10, 34. Jg., S. 687-699.

Gericke, K.; Bender, B.; Pahl, G.; Beitz, W.; Feldhusen, J.; Grote, K.-H. (2021), Der Produktentwicklungsprozess, In: Bender, B.; Gericke, K. (Hrsg.): Pahl/Beitz Konstruktionslehre, Springer Berlin Heidelberg, Berlin, Heidelberg, S. 57-93.

Gericke, K.; Meißner, M.; Paetzold, K. (2013), Understanding the context of product development, In: Lindemann, U. (Hrsg.): Design for harmonies - ICED 13, the 19th International Conference on Engineering Design, 19th - 22nd August 2013, Sungkyunkwan University (SKKU), Seoul, Korea, Design Society, Castle Cary, Somerset, S. 191-200.

Geupel, H. (2001), Konstruktionslehre - Methodisches Konstruieren für das praxisnahe Studium, 2. Auflage, Springer, Berlin.

Gigerenzer, G. (2021), Bauchentscheidungen - Die Intelligenz des Unbewussten und die Macht der Intuition, 1. Auflage, Pantheon, München.

Gigerenzer, G.; Todd, P. M. (2001), Simple heuristics that make us smart, 1. Auflage, Oxford University Press, New York, NY.

Gill, T. (2008), Metadata and the Web, In: Baca, M. (Hrsg.): Introduction to metadata, 3. Auflage, Getty Research Institute, Los Angeles, CA, S. 20-37.

Goldin, G. (2004), Problem solving heuristics, affect, and discrete mathematics, In: Zentralblatt für Didaktik der Mathematik, Nr. 2, 36. Jg., S. 56-60.

Gower, J. (1971), A General Coefficient of Similarity and Some of Its Properties, In: Biometrics, Nr. 4, 27. Jg., S. 857.

Gower, J. (2011), Multiple Correspondence Analysis, In: Gower, J. C.; Le Roux, N.; Lubbe, S. (Hrsg.): Understanding biplots, Wiley-Blackwell, Oxford, S. 365-403.

Guérineau, B.; Rivest, L.; Bricogne, M.; Durupt, A.; Eynard, B. (2018), Towards a Design-Method Selection Framework for Multidisciplinary Product Development, In: Marjanović D., Štorga M., Škec S., Bojčetić N., Pavković N. (Hrsg.): Proceedings of the DESIGN 2018 15th International Design Conference, Faculty of Mechanical Engineering and Naval Architecture, University of Zagreb, Croatia; The Design Society, Glasgow, UK, S. 2879-2890.

Gutenberg, E. (1951), Grundlagen der Betriebswirtschaftslehre - Erster Band Die Produktion, Springer Berlin Heidelberg, Berlin, Heidelberg, s.l.

Haberfellner, R.; Weck, O. de; *Fricke, E.; Vössner, S. (2019)*, Systems Engineering, Springer International Publishing, Cham.

Hahn, A.; Häusler, S.; große Austing, S. (2013), Quantitatives Entwicklungsmanagement, Springer Berlin Heidelberg, Berlin, Heidelberg.

Han, J. (2012), Data mining - Concepts and techniques, 3. Auflage, Morgan Kaufmann/Elsevier, Waltham, MA.

Han, L.; Shen, P.; Yan, J.; Huang, Y.; Ba, X.; Lin, W.; Wang, H.; Huang, Y.; Qin, K.; Wang, Y.; Chen, Z.; Tu, S. (2021), Exploring the Clinical Characteristics of COVID-19 Clusters Identified Using Factor Analysis of Mixed Data-Based Cluster Analysis, In: Frontiers in medicine, 8. Jg.

Handfield, R. (2006), Supply Market Intelligence - A Managerial Handbook for Building Sourcing Strategies, Auerbach Publishers Incorporated, Boca Raton, FL.

Hartwig, F.; Dearing, B. E. (2002), Exploratory data analysis, SAGE Publications, Newbury Park, Calif.

Hay, D. C. (2006), Data Model Patterns - A Metadata Map, 1. Auflage, Elsevier Science & Technology, San Francisco.

He, J.; Tan, A.-H.; Tan, C.-L.; Sung, S.-Y. (2004), On Quantitative Evaluation of Clustering Systems, In: Wu, W.; Xiong, H.; Shekhar, S. (Hrsg.): Clustering and Information Retrieval, Springer US, Boston, MA, S. 105-133.

Head, M.; Holman, L.; Lanfear, R.; Kahn, A.; Jennions, M. (2015), The extent and consequences of p-hacking in science, In: PLoS biology, Nr. 3, 13. Jg., e1002106.

Heim, U.; Heuss, R.; Katzir, T. (2017), Building an integrated technology road map to drive successful innovation, McKinsey.

Heinen, E.; Kosiol, E. (1968), Einführung in die Betriebswirtschaftslehre - Die Unternehmung als wirtschaftliches Aktionszentrum, Springer Gabler. in Springer Fachmedien Wiesbaden GmbH, Wiesbaden.

Henderson, D.; Earley, S. (2017), DAMA-DMBOK - Data management body of knowledge, 2. Auflage, Technics Publications, Basking Ridge, New Jersey.

Hinrichs, H. (2022), Datenqualitätsmanagement in Data Warehouse-Systemen, Dissertation, Universität Oldenburg.

Hodgkinson, G.; Langan-Fox, J.; Sadler-Smith, E. (2008), Intuition: a fundamental bridging construct in the behavioural sciences, In: British journal of psychology (London, England : 1953), Nr. 1, 99. Jg., S. 1-27.

Hogarth, R. M. (2001), Educating intuition, University of Chicago Press, Chicago.

Holt, A. (2021), Data Governance - Governing data for sustainable business, 1. Auflage, BCS Learning & Development Limited, Swindon.

Holzbaur, U. (2007), Entwicklungsmanagement - Mit hervorragenden Produkten zum Markterfolg, Springer Berlin Heidelberg, Berlin, Heidelberg.

Homfeldt, H. (2003), Handlungsfelder der sozialen Arbeit, Schneider Verlag Hohengehren, Baltmannsweiler.

Hussein, B. (2019), The influence of project characteristics on project success factors - Insights from 21 real life project cases from Norway, In: Procedia Computer Science, 164. Jg., S. 350-357.

Inmon, W. H. (2005), Building the data warehouse, 4. Auflage, Wiley, Indianapolis, Indiana.

Inmon, W. H. (2008), Business Metadata - Capturing Enterprise Knowledge, Elsevier Science & Technology, San Francisco.

ISO/IEC (2008), Software engineering
ISO/IEC 25012 (2008)

Jank, M.-H. (2021), Produktportfoliosteuerung mittels präskriptiver Datenanalyseverfahren, Dissertation, RWTH Aachen.

Kahn, K. B. (2001), Product planning essentials, SAGE Publications, Thousand Oaks, Calif.

Kahneman, D. (2013), Thinking, fast and slow, 1. Auflage, Farrar Straus and Giroux, New York, NY.

Kahneman, D.; Tversky, A. (2018), Intuitive prediction - Biases and corrective procedures, In: Kahneman, D.; Slovic, P.; Tversky, A. (Hrsg.): Judgment under uncertainty: heuristics and biases - Heuristics and biases, 28. Auflage, Cambridge University Press, Cambridge, MA, S. 414-422.

Kale, V. (2016), Enhancing enterprise intelligence - Leveraging ERP, CRM, SCM, PLM, BPM, and BI, CRC Press Taylor & Francis Group, Boca Raton, FL.

Kattwinkel, D.; Song, Y.-W.; Herzog, M.; Neumann, M.; Bender, B. (2016), Analysis of existing approaches for the support of planning processes within new product development projects, In: Boks, C. (Hrsg.): Proceedings of NordDesign, The Design Society, Bristol, United Kingdom.

Kaufman, L.; Rousseeuw, P. (2005), Partitioning Around Medoids (Program PAM), In: Kaufman, L.; Rousseeuw, P. J. (Hrsg.): Finding groups in data - An introduction to cluster analysis, Wiley-Interscience; Blackwell Publishing, Hoboken, New Jersey, Malden, MA, Oxford, Carlton, Victoria, S. 68-125.

Kim, J.; Giroux, M.; Lee, J. (2021), When do you trust AI? - The effect of number presentation detail on consumer trust and acceptance of AI recommendations, In: Psychology & Marketing, Nr. 7, 38. Jg., S. 1140-1155.

Klein, G. A. (2017), Sources of power - How people make decisions, 20th Anniversary edition, MIT Press, Cambridge, MA.

Knight, S. (2011), The combined conceptual life-cycle model of information quality - part 1, an investigative framework, In: International Journal of Information Quality, Nr. 3, 2. Jg., S. 205.

Koberg, C.; Detienne, D.; Heppard, K. (2003), An empirical test of environmental, organizational, and process factors affecting incremental and radical innovation, In: The Journal of High Technology Management Research, Nr. 1, 14. Jg., S. 21-45.

Kramer, O. (2013), Dimensionality Reduction with Unsupervised Nearest Neighbors, 1. Auflage, Springer Berlin Heidelberg, Berlin, Heidelberg.

Kraus, S.; Jones, P.; Kailer, N.; Weinmann, A.; Chaparro-Banegas, N.; Roig-Tierno, N. (2021), Digital Transformation - An Overview of the Current State of the Art of Research, In: SAGE Open, Nr. 3, 11. Jg.

Kreimeyer, M.; Seidenschwarz, W.; Rehfeld, M. (2021), Produktplanung, In: Bender, B.; Gericke, K. (Hrsg.): Pahl/Beitz Konstruktionslehre, Springer Berlin Heidelberg, Berlin, Heidelberg, S. 97-136.

Kubicek, H. (1976), Heuristische Bezugsrahmen und heuristisch angelegte Forschungsdesign als Elemente einer Konstruktionsstrategie empirischer Forschung, Inst. für Unternehmensführung, Berlin.

Langley, P. (2011), The changing science of machine learning, In: Machine Learning, Nr. 3, 82. Jg., S. 275-279.

Last, J. M. (2001), A dictionary of epidemiology, 4. Auflage, Oxford University Press, Oxford, New York.

Lauth, E.; Scholz, S. (2023), Introduction and Evaluation of a Project Management Software Tool in the Context of the Administration of Science and Research Projects, In: Scholz, S. G.; Howlett, R. J.; Setchi, R. (Hrsg.): Sustainable Design and Manufacturing, Springer Nature Singapore, Singapore, S. 11-20.

Le Roux, B.; Rouanet, H. (2010), Multiple correspondence analysis, SAGE Publications, Los Angeles, London, New Delhi.

Leffingwell, D. (2017), SAFe reference guide - Scaled Agile Framework for lean software and systems engineering : SAFe 4.0, Scaled Agile Inc; Addison-Wesley Pearson, Boulder, Colorado, USA, Upper Saddle River, NJ.

Leybold, M.; Mark, M.; Knoepfel, C. (2021), One Data Strategy to rule them all.

Li, Y.; Roy, U.; Saltz, J. (2019), Towards an integrated process model for new product development with data-driven features (NPD3), In: Research in Engineering Design, Nr. 2, 30. Jg., S. 271-289.

Lindemann, U. (2016), Handbuch Produktentwicklung, Hanser Verlag, München.

Lipton, Z. (2018), The mythos of model interpretability, In: Communications of the ACM, Nr. 10, 61. Jg., S. 36-43.

Liu, H.; Luo, Y.; Geng, J.; Yao, P. (2021), Research Hotspots and Frontiers of Product R&D Management under the Background of the Digital Intelligence Era—Bibliometrics Based on Citespace and Histcite, In: Applied Sciences, Nr. 15, 11. Jg., S. 1-25.

Liu, W.-Y.; Lin, C.-C.; Chiu, C.-R.; Tsao, Y.-S.; Wang, Q. (2014), Minimizing the Carbon Footprint for the Time-Dependent Heterogeneous-Fleet Vehicle Routing Problem with Alternative Paths, In: Sustainability, Nr. 7, 6. Jg., S. 4658-4684.

Loshin, D. (2002), Data Quality and Business Rules, In: Piattini, M. G.; Calero, C.; Genero, M. F. (Hrsg.): Information and Database Quality, 1. Auflage, Springer US; Imprint Springer, New York, NY, S. 111-134.

Lückehe, D. (2015), Hybride Optimierung für Dimensionsreduktion - Unüberwachte Regression mit Gradientenabstieg und evolutionären Algorithmen, Springer Vieweg, Wiesbaden.

Mach, E. (1964), Kausalität und Erklärung, In: Heller, K. D. (Hrsg.): Ernst Mach - Wegbereiter der Modernen Physik, Springer Wien, Vienna, S. 87-93.

Mach, E. (1976), Knowledge and Error - Sketches on the Psychology of Enquiry, Springer, Dordrecht.

Mackinnon, A.; Wearing, A. (1980), Complexity and decision making, In: Behavioral Science, Nr. 4, 25. Jg., S. 285-296.

Matthews, R. (2000), Storks Deliver Babies (p = 0.008), In: Teaching Statistics, Nr. 2, 22. Jg., S. 36-38.

Menger, K. (1932), Das Botenproblem, In: Ergebnisse eines Mathematischen Kolloquiums, Nr. 2, S. 11-12.

Michailidis, G. (2007), Principle Component Analysis, In: Salkind, N. J.; Rasmussen, K. (Hrsg.): Encyclopedia of measurement and statistics, SAGE Publications, Thousand Oaks, Calif., S. 783-786.

Milo, T.; Somech, A. (2018), Deep Reinforcement-Learning Framework for Exploratory Data Analysis, In: Association for Computing Machinery (Hrsg.): Proceedings of the First International Workshop on Exploiting Artificial Intelligence Techniques for Data Management, ACM Press, New York, NY, S. 1-4.

Milo, T.; Somech, A. (2020), Automating Exploratory Data Analysis via Machine Learning: An Overview, In: Maier, D.; Pottinger, R.; Doan, A.; Tan, W.-C.; Alawini, A.; Ngo, H. Q. (Hrsg.): Proceedings of the 2020 ACM SIGMOD International Conference on Management of Data, ACM Press, New York, NY, S. 2617-2622.

Myatt, G. J. (2007), Making sense of data - A practical guide to exploratory data analysis and data mining, Wiley-Interscience, Hoboken, NJ.

Myers, D. G. (2008), Psychologie - Mit 50 Tabellen ; [+ online specials ; inklusive klinische Psychologie, Arbeits- und Organisationspsychologie, pädagogische Psychologie ; mit Lernzielen, Merksätzen, Prüfungsfragen und deutsch-englischem Glossar, 2. Auflage, Springer, Heidelberg.

National Aeronautics and Space Administration (2007), Systems engineering handbook, 1. Auflage, Washington, D.C.

Nenadic, O.; Greenacre, M. (2005), Computation of Multiple Correspondence Analysis, with Code in R, In: SSRN Electronic Journal.

Ni, L. (2007), Dimension Reduction, In: Salkind, N. J.; Rasmussen, K. (Hrsg.): Encyclopedia of measurement and statistics, SAGE Publications, Thousand Oaks, Calif., S. 264-267.

Nieto-Rodriguez, A.; Viana Vargas, R. (2023), How AI Will Transform Project Management, Havard Business Review.

Nilsson, N. (1998), Introduction to Machine Learning, Stanford University.

Nonn, C. (2009), Analyse und Steigerung der Innovationsproduktivität, Dissertation, RWTH Aachen.

Obal, M.; Morgan, T.; Joseph, G. (2020), Integrating sustainability into new product development - the role of organizational leadership and culture, In: Journal of small business strategy.

Oluyisola, O.; Bhalla, S.; Sgarbossa, F.; Strandhagen, J. (2022), Designing and developing smart production planning and control systems in the industry 4.0 era: a methodology and case study, In: Journal of Intelligent Manufacturing, Nr. 1, 33. Jg., S. 311-332.

Ophey, L. (2006), Entwicklungsmanagement, Springer, Dordrecht.

Orloff, M. A. (2006), Grundlagen der klassischen TRIZ - Ein praktisches Lehrbuch des erfinderischen Denkens für Ingenieure, 3. Auflage, Springer Berlin Heidelberg, Berlin, Heidelberg.

Otto, B.; Kokemüller, J.; Weisbecker, A.; Gizanis, D. (2011), Stammdatenmanagement: Datenqualität für Geschäftsprozesse, In: HMD Praxis der Wirtschaftsinformatik, Nr. 3, 48. Jg., S. 5-16.

Otto, B.; Mohr, N.; Roggendorf, M.; Guggenberger, T. (2020), Data sharing in industrial ecosystems - Driving value across entire production lines, McKinsey, Fraunhofer.

Pagès, J. (2004), Analyse factorielle de données mixtes, In: Revue de statistique appliquée, Nr. 4, 52. Jg., S. 93-111.

Pagès, J. (2015), Multiple factor analysis by example using R, CRC Press, Boca Raton, FL.

Patzak, G. (1982), Systemtechnik - Planung komplexer innovativer Systeme - Grundlagen, Methoden, Techniken, Springer Berlin Heidelberg, Berlin, Heidelberg.

Paul, H.; Wollny, V. (2020), Instrumente des strategischen Managements - Grundlagen und Anwendung, 3. Auflage, De Gruyter Oldenbourg, Berlin.

Paulukuhn, L. (2004), Typologisierung von Entwicklungsprojekten im Maschinenbau, Dissertation, RWTH Aachen.

Pearson, K. (1901), LIII. On lines and planes of closest fit to systems of points in space, In: The London, Edinburgh, and Dublin Philosophical Magazine and Journal of Science, Nr. 11, 2. Jg., S. 559-572.

Pipino, L.; Lee, Y.; Wang, R. (2002), Data quality assessment, In: Communications of the ACM, Nr. 4, 45. Jg., S. 211-218.

Plotkin, D. (2021), Data stewardship - An actionable guide to effective data management and data governance, 2. Auflage, Academic Press, London.

Plotnikova, V.; Dumas, M.; Milani, F. (2020), Adaptations of data mining methodologies: a systematic literature review, In: PeerJ. Computer science, 6. Jg., e267.

Polasek, W. (1994), EDA Explorative Datenanalyse - Einführung in die deskriptive Statistik, 2. Auflage, Springer Berlin Heidelberg, Berlin, Heidelberg, s.l.

Ponn, J. C. (2007), Situative Unterstützung der methodischen Konzeptentwicklung technischer Produkte, 1. Auflage, Dr. Hut, München.

Project Management Institute (2017), PMBOK guide - A guide to the project management body of knowledge, 6. Auflage, Project Management Institute, Newtown Square, PA.

Project Management Institute (2018), The standard for organizational project management, Project Management Institute, Newtown Square, PA.

Project Management Institute (2019), The standard for risk management - in portfolios, programs, and projects, Project Management Institute, Newtown Square, PA.

Quisbert, H.; Korenkova, M.; Hägerfors, A. (2009), Towards a Definition of Digital Information Preservation Object, In: Sicilia, M.-A.; Lytras, M. (Hrsg.): Metadata and Semantics, Springer US, Boston, MA, S. 11-22.

Raab, G. (2010), Marktpsychologie - Grundlagen und Anwendung, 3. Auflage, Gabler Verlag, Wiesbaden.

Redman, T. C. (1996), Data quality for the information age, Artech House, Boston, MA, London.

Rego, C.; Gamboa, D.; Glover, F.; Osterman, C. (2011), Traveling salesman problem heuristics - Leading methods, implementations and latest advances, In: European Journal of Operational Research, Nr. 3, 211. Jg., S. 427-441.

Reinsel, D.; Gantz, J.; Rydning, J. (2018), Data Age 2025 - The Digitization of the World from Edge to Core.

Riesener, M.; Kuhn, M.; Lender, B.; Schuh, G. (2022), Methodology for Automated Master Data Management using AI, In: IEEE International Conference on Industrial Engineering and Engineering Management (IEEM), IEEE, S. 1276-1280.

Rowan, R. (1986), The intuitive manager, 1. Auflage, Little Brown, Boston, MA.

Russo, R.; Sbragia, R.; Yu, A. (2013), Determining factors in the unforeseeable uncertainty management in innovation projects, In: Proceedings of PICMET: technology management in the IT-driven services, IEEE, Piscataway, NJ, S. 623-634.

Sabadka, D.; Molnár, V.; Fedorko, G. (2019), Shortening of Life Cycle and Complexity Impact on the Automotive Industry, In: TEM Journal, Nr. 4, 8. Jg., S. 1295-1301.

Sadin, S.; Povinelli, F.; Rosen, R. (1989), The NASA technology push towards future space mission systems, In: Acta Astronautica, 20. Jg., S. 73-77.

Sadler-Smith, E.; Burke, L. (2009), Fostering Intuition in Management Education, In: Journal of Management Education, Nr. 2, 33. Jg., S. 239-262.

Samuel, A. (1959), Some Studies in Machine Learning Using the Game of Checkers, In: IBM Journal of Research and Development, Nr. 3, 3. Jg., S. 210-229.

Saporta, G. (1990), Simultaneous Analysis of Qualitative and Quantitative Data, In: Atti della XXXV riunione scientifica; società italiana di Statistica, S. 63-72.

Savransky, S. D. (2000), Engineering of creativity - Introduction to TRIZ methodology of inventive problem solving, CRC Press, Boca Raton, FL.

Schaaf, A. (1999), Marktorientiertes Entwicklungsmanagement in der Automobilindustrie, Dissertation, Universität Bayreuth.

Schäfer, T. (2010), Statistik I - Deskriptive und Explorative Datenanalyse, VS Verlag für Sozialwissenschaften, Wiesbaden.

Schanz, G. (2009), Wirtschaftsprogramme der Betriebswirtschaftslehre, In: Bea, F. X.; Schweitzer, M. (Hrsg.): Allgemeine Betriebswirtschaftslehre, 10. Auflage, S. 81-162.

Schuh, G. (2013), Lean Innovation, Springer Berlin Heidelberg, Berlin, Heidelberg.

Schuh, G. (2019), Context-Specific Influencing Factors Within A Transfer Of Innovation From Corporate Incubators, In: IJERT (International Journal of Engineering Research and Technology), Nr. 10, V8.

Schuh, G.; Behr, M.; Brecher, C.; Bührig-Polaczek, A.; Michaeli, W.; Schmitt, R.; Arnoscht, J.; Bohl, A.; Buchbinder, D.; Bültmann, J.; Diatlov, A.; Elgeti, S.; Herfs, W.; Hinke, C.; Karlberger, A.; Kupke, D.; Lenders, M.; Nußbaum, C.; Probst, M.; Queudeville, Y.; Quick, J.; Schleifenbaum, H.; Vorspel-Rüter, M.; Windeck, C. (2012), Individualised Production, In: Brecher, C. (Hrsg.): Integrative Production

Technology for High-Wage Countries, Springer Berlin Heidelberg, Berlin, Heidelberg, S. 77-240.

Schuh, G.; Bender, D.; Eversheim, W.; Lenders, M.; Nußbaum, C.; Müller, J.; Rauhut, M.; Arnoscht, J.; Schiffer, M. G.; Uam, J.-Y. (2012), Innovationsmanagement, Springer Berlin Heidelberg, Berlin, Heidelberg.

Schuh, G.; Dölle, C. (2021), Sustainable Innovation, Springer Berlin Heidelberg, Berlin, Heidelberg.

Schuh, G.; Kuhn, M.; Lender, B.; Bönsch, G. C. (2022), Konsortial-Benchmarking-Studie Digital Product Development.

Schuh, G.; Kuhn, M.; Lender, B.; Bönsch, G. C.; Prumbohm, F. (2023), Digital Product Development - Ergebnisbericht der Benchmarking-Studie.

Schuh, G.; Riesener, M. (2017), Produktkomplexität managen - Strategien - Methoden - Tools, 3. Auflage, Hanser Verlag, München.

Schuh, G.; Riesener, M.; Mattern, C. (2017), Approach to evaluate complexity in new product development projects, In: Rzevski, G.; Brebbia, C. A. (Hrsg.): Complex systems: theory and applications, WIT Press, Southampton, S. 91-101.

Schuh, G.; Schmidt, C. (2014), Produktionsmanagement - Handbuch Produktion und Management 5, 2. Auflage, Springer Berlin Heidelberg, Berlin, Heidelberg.

Schuh, G.; Vogels, T.; Arnoscht, J. (2013), Controlling der Varianzsensitivität in Baukastensystemen, In: Zeitschrift für erfolgsorientierte Unternehmenssteuerung, Nr. 2, 25. Jg., S. 82-89.

Schwarz, M. (2000), ERP-Standardsoftware und Organisatorischer Wandel - Eine Integrative Betrachtung, Deutscher Universitätsverlag, Wiesbaden.

Seidenschwarz, W. (2016), Portfoliomanagement, In: Lindemann, U. (Hrsg.): Handbuch Produktentwicklung, Hanser Verlag, München, S. 37-58.

Shalev-Shwartz, S.; Ben-David, S. (2014), Understanding machine learning - From theory to algorithms, 1. Auflage, Cambridge University Press, Cambridge, MA.

Shirley, D.; Langan-Fox, J. (1996), Intuition: A Review of the Literature, In: Psychological Reports, Nr. 2, 79. Jg., S. 563-584.

Shtub, A. (2002), Enterprise Resource Planning (ERP): The Dynamics of Operations Management, Kluwer Academic Publishers, Boston, MA.

Simon, H. (1962), The Architecture of Complexity, In: Proceedings of the American Philosophical Society, Nr. 6, 106. Jg., S. 467-482.

Solan, D.; Shtub, A. (2021), The Influence of Competition on New Product Development Project Planning Decisions, In: IEEE Transactions on Engineering Management, Nr. 5, 68. Jg., S. 1398-1405.

Soltész, L.; Berényi, L. (2021), Success factors in product development projects - expert opinions, In: Journal of Physics: Conference Series, Nr. 1, 1935. Jg., S. 12003.

St. Amant, R.; Cohen, P. (1997), Evaluation of a semi-autonomous assistant for exploratory data analysis, In: Johnson, W. L. (Hrsg.): Proceedings of the first international conference on Autonomous agents - AGENTS '97, ACM Press, New York, NY, S. 355-362.

Stacey, R. D.; Mowles, C. (2016), Strategic management and organisational dynamics - The challenge of complexity to ways of thinking about organisations, 7. Auflage, Pearson Education, Harlow, England.

Stamatis, D. H. (2003), Failure mode and effect analysis - FMEA from theory to execution, 2. Auflage, ASQ Quality Press, Milwaukee, WI.

Steland, A. (2007), Basiswissen Statistik - Kompaktkurs für Anwender aus Wirtschaft, Informatik und Technik, Springer Berlin Heidelberg, Berlin, Heidelberg.

Stoycheva, B.; Antonova, D. (2018), Investigating factor interactions in formalising the process of developing new products, In: Serbian Journal of Management, Nr. 1, 13. Jg., S. 173-184.

Summerfield, N.; Zhang, J.; Motiwalla, L.; Mai, T.; Mazza, K. (2018), Using Analytics to Predict Project Management Success, In: Proceedings of the International Conference on Industrial Engineering and Operations Management, IEOM Society International, Southfield, Michigan, USA, S. 1414-1419.

Takeuchi, H. (1986), The new new product development game, In: Harvard business review, Nr. 1, 65. Jg.

Takuma, H.; Iwakami, Y. (2019), Consideration of Fundamental KPIs and Their Relationship with Environmental Protection in New Product Development Using Bayesian Network Analysis, In: Adi, S. (Hrsg.): Proceedings of 2019 International Conference on Information Management and Technology - (ICIMTech) : date and venue: 19-20 August 2019, Hilton Hotel, Bali & Bina Nusantara University, Jakarta, Indonesia, IEEE, Piscataway, NJ, S. 658-663.

Takuma, H.; Iwakami, Y. (2019), Extraction of Fundamental KPIs in New Product Development Using Bayesian Network Analysis, In: Journal of International Association of P2M, Nr. 1, 14. Jg., S. 446-455.

Taleb, N. N. (2007), The black swan - The impact of the highly improbable, Random House, New York, NY.

Tale-Yazdi, A.; Kattner, N.; Becerril, L.; Lindemann, U. (2018), A Literature Review on Approaches for the Retrospective Utilisation of Data in Engineering Change Management, In: IEEE International Conference on Industrial Engineering and Engineering Management (IEEM), IEEE, S. 612-616.

Teo, T.; Febbraro, A. (2003), Ethnocentrism as a Form of Intuition in Psychology, In: Theory & Psychology, Nr. 5, 13. Jg., S. 673-694.

Timischl, W. (2013), Angewandte Statistik - Eine Einführung für Biologen und Mediziner, 3. Auflage, Springer, Vienna.

Tomak, N.; Polat, T. (2022), Risk prioritization model driven by success factor in the light of multicriteria decision making, In: Open Chemistry, Nr. 1, 20. Jg., S. 759-776.

Tönnes, C. (2021), Datenbasierte Informationsmodelle zur explorativen Analyse von Anlagenkonfigurationen, Dissertation, RWTH Aachen.

Tukey, J. W. (1997), Exploratory data analysis, Addison-Wesley, Reading, Mass.

Tversky, A.; Kahneman, D. (2018), Availability: A heuristic for judging frequency and probability, In: Kahneman, D.; Slovic, P.; Tversky, A. (Hrsg.): Judgment under uncertainty: heuristics and biases - Heuristics and biases, 28. Auflage, Cambridge University Press, Cambridge, MA, S. 163-178.

Tversky, A.; Kahneman, D. (2018), Judgment under uncertainty: heuristics and biases - Introduction, In: Kahneman, D.; Slovic, P.; Tversky, A. (Hrsg.): Judgment under uncertainty: heuristics and biases - Heuristics and biases, 28. Auflage, Cambridge University Press, Cambridge, MA, S. 3-22.

Ulrich, H. (1968), Die Unternehmung als produktives soziales System - Grundlagen der allgemeinen Unternehmungslehre, Haupt, Bern.

Ulrich, P.; Fluri, E. (1995), Management - Eine konzentrierte Einführung, 7. Auflage, Haupt, Bern.

Ulrich, P.; Hill, W. (1976), Wissenschaftstheoretische Grundlagen der Betriebswirtschaftslehre, In: Wirtschaftswissenschaftliches Studium: Zeitschrift für Ausbildung und Hochschulkontakt, Nr. 7+8, 5. Jg., S. 304-350.

van Dinter, R.; Tekinerdogan, B.; Catal, C. (2022), Predictive maintenance using digital twins: A systematic literature review, In: Information and Software Technology, 151. Jg., S. 1-20.

Velleman, P. F.; Hoaglin, D. C. (1981), Applications, basics, and computing of exploratory data analysis, Duxbury Pr, Boston, MA.

Venkatesh, V.; Morris, M.; Davis, G.; Davis, F. (2003), User Acceptance of Information Technology: Toward a Unified View, In: MIS Quarterly, Nr. 3, 27. Jg., S. 425-478.

Verbeeck, N.; Caprioli, R.; van de Plas, R. (2020), Unsupervised machine learning for exploratory data analysis in imaging mass spectrometry, In: Mass spectrometry reviews, Nr. 3, 39. Jg., S. 245-291.

Verein Deutscher Ingenieure VDI (1980), Produktplanung
VDI 2220, VDI-Verlag GmbH, Düsseldorf (1980)

Verein Deutscher Ingenieure VDI (2019), Entwicklung technischer Produkte und Systeme
VDI 2221 Blatt 2, VDI-Verlag GmbH, Düsseldorf (2019)

Vincent, V. (2021), Integrating intuition and artificial intelligence in organizational decision-making, In: Business Horizons, Nr. 4, 64. Jg., S. 425-438.

Voigt, K.-I. (1993), Strategische Unternehmensplanung - Grundlagen - Konzepte - Anwendung, Gabler Verlag, Wiesbaden, s.l.

Voigt, K.-I. (1998), Strategien im Zeitwettbewerb - Optionen für Technologiemanagement und Marketing, Gabler Verlag, Wiesbaden.

vom Brocke, J.; Simons, A.; Niehaves, B.; Riemer, K.; Plattfaut, R.; Cleven, A. (2009), Reconstructing the giant - On the importance of rigour in documenting the literature search process, In: Newell, S. (Hrsg.): Information systems in a globalising world - 17th European Conference on Information Systems (ECIS), Verona, 2206-2217.

Wang, R.; Strong, D. (1996), Beyond Accuracy: What Data Quality Means to Data Consumers, In: Journal of Management Information Systems, Nr. 4, 12. Jg., S. 5-33.

Weber, K.; Klingenberg, C. (2021), Data Governance - Der Leitfaden für die Praxis, Hanser Verlag, München.

Wedel, M.; Kamakura, W. (2001), Factor analysis with (mixed) observed and latent variables in the exponential family, In: Psychometrika, Nr. 4, 66. Jg., S. 515-530.

Wessel, J.; Schoo, A.; Kwade, A.; Herrmann, C. (2022), Traceability in Battery Cell Production, In: Energy Technology, S. 1-15.

Wild, J. (1978), Grundlagen der Unternehmungsplanung, Rowohlt, Reinbek bei Hamburg.

Wilmsen, M.; Dühr, K.; Albers, A. (2019), A context-model for adapting design processes and methods, In: Procedia CIRP, 84. Jg., S. 428-433.

Woodside, A. G. (2005), Market-driven thinking - Achieving contextual intelligence, Butterworth-Heinemann, Amsterdam, Boston.

Wooldridge, J. M. (2013), Introductory econometrics - A modern approach, 5. Auflage, South-Western Cengage Learning, Mason, Ohio.

Yazici, H. (2020), An exploratory analysis of the project management and corporate sustainability capabilities for organizational success, In: International Journal of Managing Projects in Business, Nr. 4, 13. Jg., S. 793-817.

A Anhang

A.1 Recherchematrix

Die folgende Recherchematrix wurde im Rahmen der Analyse wissenschaftlicher Ansätze verwendet. Die Spalten entsprechen ODER-Verknüpfungen in der Suche.

	1	2	3	4	5
Synonyme	Entwicklungsmanagement	Einflussfaktor	operations research	Künstliche Intelligenz	Project Portfolio selection
	product development management	Einfluss		KI	pps
		influence		artificial intelligence	project portfolio management
		impact factor		AI	ppm
		success			

Fortsetzung

	6	7	8	9	10	11
Synonyme	KPI	business intelligence	heuristic	data driven	dimension reduction	explorative Datenanalyse
	management cockpit		Heuristik	data-based	pca	exploratory data analysis
	decision making		intuition	datenbasiert	mca	eda
	decision-making				famd	

Die folgenden Kombinationen aus Spalten wurden im Rahmen der Literaturanalyse verwendet und sind als UND-Verknüpfungen der Spalten zu verstehen.

Feld	Suchkombinationen (Spaltennummern)
Strukturierung des Entwicklungsmanagements	1
Einflussfaktoren auf das Entwicklungsmanagement	1 & 2, 1 & 3
Dimensionsreduktion in der explorativen Datenanalyse	10 & 11
Datenbasierte Intuition im Entwicklungsmanagement	1 & 6, 1 & 7, 1 & 8, 1 & 9, 4 & 8

Zur Fokussierung auf den aktuellen Stand der Forschung wurden Ansätze ab dem Jahr 2018 gefiltert und die ersten 100 Beiträge der Suchseiten Google-Scholar, ScienceDirect und IEEExplore untersucht. Dabei wurden im ersten Schritt der Titel untersucht, im zweiten Schritt Abstract und Fazit und im dritten Schritt der gesamte Ansatz. Zwischen jedem Schritt wurden nicht relevante Ansätze aussortiert.

A.2 Ergänzende Informationen zur bibliometrischen Analyse

Suchstring der bibliometrischen Analyse

TITLE-ABS-KEY (("product development management" OR "r&d management" OR "engineering management" OR "development management" AND NOT ("construction"))) AND PUBYEAR > 1989 AND PUBYEAR < 2024 AND (EXCLUDE (SUBJAREA , "COMP") OR EXCLUDE (SUBJAREA , "MATE") OR EXCLUDE (SUBJAREA , "SOCI") OR EXCLUDE (SUBJAREA , "PHYS") OR EXCLUDE (SUBJAREA , "ENER") OR EXCLUDE (SUBJAREA , "MATH") OR EXCLUDE (SUBJAREA , "CENG") OR EXCLUDE (SUBJAREA , "EART") OR EXCLUDE (SUBJAREA , "CHEM") OR EXCLUDE (SUBJAREA , "AGRI") OR EXCLUDE (SUBJAREA , "MEDI") OR EXCLUDE (SUBJAREA , "BIOC") OR EXCLUDE (SUBJAREA , "ARTS") OR EXCLUDE (SUBJAREA , "PSYC") OR EXCLUDE (SUBJAREA , "HEAL") OR EXCLUDE (SUBJAREA , "IMMU") OR EXCLUDE (SUBJAREA , "PHAR") OR EXCLUDE (SUBJAREA , "NEUR") OR EXCLUDE (SUBJAREA , "NURS") OR EXCLUDE (SUBJAREA , "DENT") OR EXCLUDE (SUBJAREA , "VETE") OR EXCLUDE (SUBJAREA , "Undefined")) AND (LIMIT-TO (LANGUAGE , "English"))

Verwendet am 01. Februar 2023

11.980 Ergebnisse

Nach Sichtung der gemäß ihrer Relevanz (Einschätzung durch *Scopus.com*) sortierten Einträge wurden die ersten 9.000 Einträge für die weitere Analyse verwendet.

Ko-Okkurenznetzwerk

Im Folgenden ist das vollständige Ko-Okkurenznetzwerk der bibliometrischen Analyse dargestellt. Das Netzwerk basiert auf 9.000 Beiträgen aus den Jahren 1990-2022.

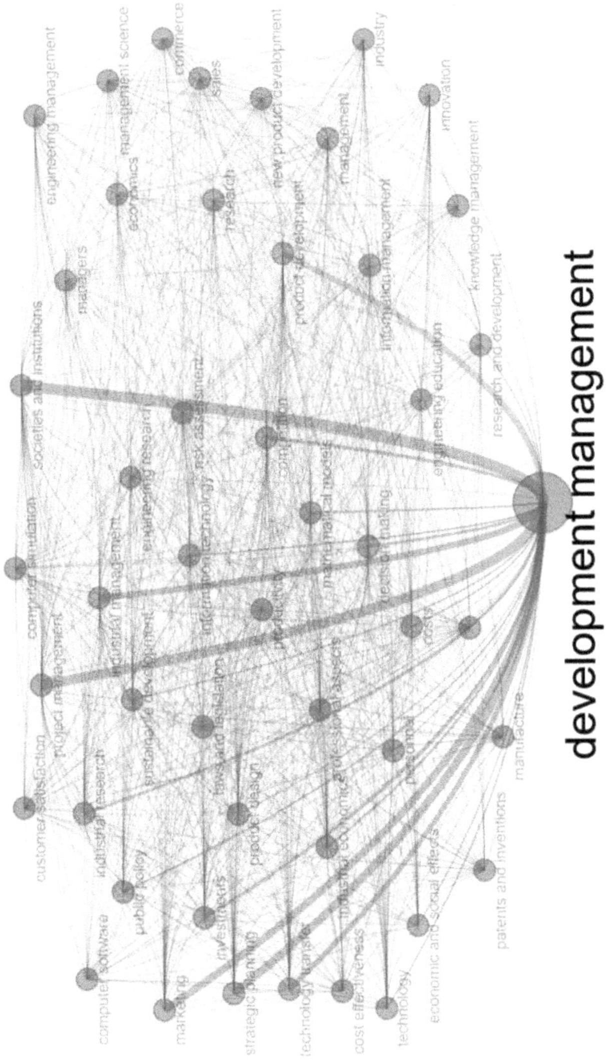

A.3 DSM der Themengebiete gemäß Teilkapitel 5.1

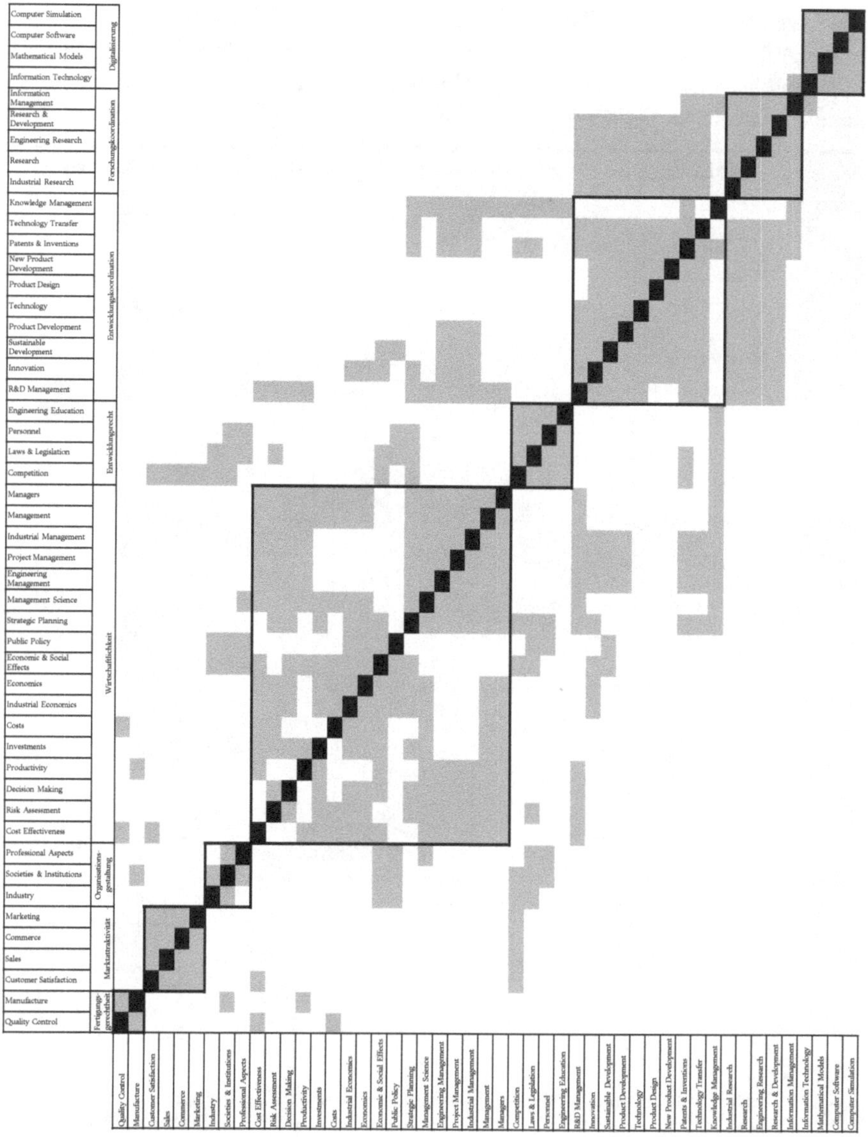

A.4 Liste von Einflussmerkmalen gemäß Literaturrecherche

Die folgende Liste zeigt Einflussmerkmale und basiert auf der Literaturrecherche. Eine umfangreiche Zusammenstellung von Einflussmerkmalen erfolgte durch WILMSEN ET AL.[414] und hat wesentlich zu dieser Liste beigetragen. Die chronologisch sortierte Liste kann als Anhaltspunkt dienen, sie stellt keine abschließende Auflistung dar.

Quellen	Einflussmerkmale	Einflussmerkmale	Einflussmerkmale	Einflussmerkmale
DÜHR ET AL. (2019)[415]	Anzahl der Standorte	Neuentwicklungsanteil	Bekanntheit des Kernteams	Übersetzer
	Überschneidung der Arbeitszeiten	Referenzelemente	Motivation	Möglichkeiten der Darstellung
	Anzahl verschiedener Organisationen	Dynamik Entwicklungsaufgabe	Multidisziplinarität	Häufigkeit der direkten Kommunikation
	Organisationseinheit	Kostendruck	Verfügbare Kompetenz (fachlich)	Anzahl der Schnittstellen
	Stellung des Partners in der Wertschöpfungskette	Zeitdruck	Verfügbare Kompetenz (methodisch)	Einheitlichkeit der IT-Systeme
	Größe der Organisation	Arbeitsmodus	Verfügbare Kompetenz (sozial)	Werkzeugkompatibilität
	Intensität der Zusammenarbeit	Teamgröße	Verfügbare Kompetenz (technisch)	Datenverfügbarkeit
	Interne Methodenabteilung	Moderator	Abstraktionsfähigkeit	Verfügbare Werkzeuge
	Komplexität	Kultur	Erfahrungen mit verteilter Entwicklung	Verfügbarkeit Unterlagen, Formulare, Vorlagen
	Formalisierungsgrad	Methoden-Unterstützung durch Top-Management	Sprache	Digitalisierungsanteil der genutzten Werkzeuge
DZIALLAS UND BLIND (2019)[416]	Zeit für die Entwicklung der nächsten Generation	Ideengenerierung und Ideenmanagement	Einbindung von Projekt-Champions	Anzahl der Designer im Unternehmen oder Quelle des Designs
	Vielfalt des Ideenfindungsprozesses	Motivationsfaktoren im Arbeitsumfeld zur Ideenfindung	Anzahl der laufenden Innovationen	Erstellung von Business Cases (ja oder nein)
	Zeit für die Ideenfindung	Planung und Prozess der Produktentwicklung	Innovationsaktivität	Innovative Projekte (intern)
	Management von Ideen-tanks	Unternehmensplanung	Explizite Projektauswahl	Detaillierter taktischer Projektplan (ja oder nein)
	Formelle Ratifizierung durch das Management	Produktionskosten	Interne Prozessdurchlaufzeit	Neubewertungsaufwand
	Umsetzung der Innovationstätigkeit (ja oder nein)	Einfachheit der Herstellung	Anzahl der optimierten Produktionsprozesse, die das Unternehmen für seine Produkte einsetzt	Zeit für die Umsetzung der Innovation
	Motivationsfaktoren im Arbeitsumfeld zur Umsetzung von Ideen	Fertigungseffizienz und Produktivität	Einsatz neuer Technologien für die Herstellung neuer Produkte	Prozesszeit
	Umsetzungsrate von Plänen	Aktuelle Erhöhung der Produktionskapazität	Planungs- und Fertigungssystem	Zeit von der Identifizierung eines Kundenproduktbedarfs bis zum Beginn der kommerziellen Nutzung
	Zeit bis zur Markteinführung	Prozentualer Rückgang der Kosten für innovative Prozesse und Produkte	Gesamtkosten aller kommerziell erfolgreichen Projekte geteilt durch die Anzahl der kommerziell erfolgreichen Projekte	Rate der rechtzeitig erhaltenen Genehmigungen
	Bauvorlaufzeit	Prozentualer Anteil der erreichten Projektmeilensteine	Projekteffizienz in Bezug auf Kosten und Zeit	Qualität der Ausführung der Aktivitäten, die den Innovationsprozess ausmachen

[414] Vgl. Wilmsen et al. (2019), A context-model for adapting design processes and methods
[415] Vgl. Dühr et al. (2019), Einflussfaktoren in der standortverteilten Produktgenerationsentwicklung
[416] Vgl. Dziallas und Blind (2019), Innovation indicators throughout the innovation process

Quellen	Einflussmerkmale	Einflussmerkmale	Einflussmerkmale	Einflussmerkmale
DZIALLAS UND BLIND (2019)[417]	Arbeitsproduktivität	Dauer der Produkteinführung	Messung der Zeit	Qualitativ hochwertiger Neuproduktprozess
	Anzahl der verbesserten Prozesse	Deckungsquote des Ressourcenbedarfs	Projektverzögerung	Effiziente Prozesse wie z. B. strenge Entscheidungspunkte oder Gates
	Prozess der Entwicklung neuer Produkte/Prozessmanagement selbst	Planung und Überwachung des Innovationsprozesses	Projektverantwortung/Empowerment (= Unterstützung und Freiheit)	Anzahl der Sitzungen
	Prozentsatz der Projekte im Gesamtportfolio, die ein definiertes Projektmanagementsystem mit definierten Meilensteinen durchlaufen	Art und Weise, in der der Prozess der Entwicklung neuer Produkte formalisiert ist	Flexibilität und Agilität, z. B. Zentralisierung der Entscheidungsfindung	Anzahl der neuen Produktideen oder -vorschläge
	Klare Ziele und Messungen von Meilensteinen	Gemeinsames Verständnis des Prozesses für die Entwicklung neuer Produkte	Rückkopplungseffekte zwischen den Innovationsentscheidungen	Prozentsatz der Ideen, die sich für die Vermarktung eignen
	Prozentsatz der Fertigstellung der Ziele zum erwarteten Meilensteintermin	Klarheit der Verfahren	Projektleitung	Präzise, stabile und frühzeitige Produktdefinition, bevor die Entwicklung beginnt
	Synergiepotenzial/Abhängigkeit von anderen Produkten	Rechte an geistigem Eigentum, insbesondere Patente, Zitierungen, Anmeldungen, Lizenzen	Leistung neuer Produkte/Erfolgsrate neuer Produkte	Identifizierung von Innovationen durch Unternehmensleitung
	Ausgewogenheit des Innovationsportfolios	Technologische Bedeutung	Zahl der neuen oder verbesserten Produkte innerhalb eines bestimmten Zeitraums	Wahrgenommener Projektwert
	Neuheit im Unternehmen und Neuartigkeit des Produkts	Technische Standards und Standardisierungsgrad	Anzahl der Ankündigungen neuer Produkte	Produktdifferenzierung
	Geplante Lebensdauer des Produkts	Anzahl der Projektdefinitionen mit Geschäfts-/Marketinggenehmigung	Anzahl der erfolgreich in Produkte umgewandelten Ideen	Innovationsgrad
	Erscheinungsbild	Vergleichende Funktionalität	Qualität und Quantität der Markteinführung	Nutzung lizenzierter Technologie
	Bekanntheit des Inhalts der Innovation	Komplexität der Innovation	Nachhaltigkeit/Öko-Effizienz des Produkts	Trademarks
	Produktqualität und -zuverlässigkeit, z. B. Kundenbewertung/Mängelquote	Gesellschaftlicher Nutzen	Produktrelevanz gemäß Kundeneinschätzung	
HUSSEIN (2019)[418]	Rechtzeitiger Informationsfluss an verschiedene Interessengruppen	Eignung der Projektorganisationsstruktur	Einbeziehung der Endnutzer/Kunden/Stakeholder	Ausrichtung der Organisation auf den Projektzweck
	Klarheit der Rollen und Verantwortlichkeiten	Stabilität der Projektorganisation	Stakeholdervertretung im Team	Kommunikation der Bedeutung des Projekts an die gesamte Organisation
	Entscheidungsbefugnis der Projektleitung	Klarheit des Projektzwecks und der Ziele	Geschäftsverständnis der Projektleitung	Mobilisierung und Bereitstellung von Unterstützung durch das Management
	Überwachung durch das Management	Etablierte Routinen für Abweichungen	Strukturierter Anforderungsprozess	Erfahrung, Fähigkeiten, Wissen und Kompetenz (Projektleitung und Team)
	Angemessene frühzeitige Planung	Zusammenarbeit innerhalb der Projektorganisation	Strukturierter Risikomanagementprozess	Achtsamkeit gegenüber Voreingenommenheit
ALBERS ET AL. (2018)[419]	Produktname	Kundenbeziehung	Gesetzliche Anforderungen	Verfügbarkeit des Referenzsystems
	Produktklasse	Verortung des Unternehmens im Wertschöpfungsnetzwerk	Lebensdauer des Produkts	Verfügbare Systemarchitektur
	Industriezweig	Systemebene des zu entwickelnden Systems	Lebensdauer der Industrie (Branchenlebensdauer)	Parametrisierung verfügbar
	Anzahl der prinzipiell variierenden Teile	Schnittstellen bekannt	Umfang der Softwareentwicklung	Schlüsselgleichungen verfügbar
	Anzahl der Formabweichungsteile	Komplexität des Produkts	Mechanischer Entwicklungsaufwand	Funktionale Struktur verfügbar
	Anzahl der Übertragsteile	Geometrische Größe	Elektrischer Entwicklungsaufwand	Gewicht
	Anzahl der Unterteile	Kritikalität der geometrischen Größe	Hydraulischer Entwicklungsaufwand	Kritische Bedeutung des Gewichts

417 Vgl. Dziallas und Blind (2019), Innovation indicators throughout the innovation process
418 Vgl. Hussein (2019), The influence of project characteristics on project success factors
419 Vgl. Albers et al. (2018), Agile Method Development

Quellen	Einflussmerkmale	Einflussmerkmale	Einflussmerkmale	Einflussmerkmale
ALBERS ET AL. (2018)[420]	Anzahl der Schnittstellen zur Systemumgebung	Wartungszyklus	Sichtbarkeit für den Endnutzer	Worst-Case-Szenario
	Energieübertragung	Grad der Integration in das Gesamtsystem	Ästhetik	Auswirkungen des Worst-Case-Szenarios auf die Produktentwicklung
	Massenübertragung	Geplante Nachrüstung von Hardware-Komponenten	Interaktion mit dem Endnutzer	Anfälligkeit für Missbrauch durch den Endbenutzer
	Informationsübertragung	Geplante Nachrüstung von Software-Komponenten	Bedeutung der Ergonomie	Mobilität des Produkts
	Feste oder flexible Installationen	Optionalität des Bedarfs	Wichtigkeit der Intuitivität	Variabilität der Einsatzkontexte/Anwendungskontexte
	Sicherheitsrelevanz/ Kritikalität	Diversität der Nutzersegmente	Wichtigkeit der Benutzerfreundlichkeit	
GUÉRINEAU ET AL. (2018)[421]	Management der Arbeitsbelastung	Integration des Teams	Kommunikation im Team	Unterstützung durch Methoden und Werkzeuge
	Größe des Teams	Schnittstellen und Abhängigkeiten zwischen Disziplinen	Kommunikation zwischen Teams	Industrieller Sektor
	Zusammensetzung des Teams	Geografische Streuung	Verbreitung von Informationen	Größe des Unternehmens
	Verfügbarkeit einer gemeinsamen Referenz	Art der Planung	Management von Informationsverflechtungen	Verwalten des Produktdesigns
	Projektdauer und deren Verwaltung	Gleichzeitiger oder sequentieller Charakter	Nicht-funktionale Anforderungen	Nutzung der gewonnenen Erfahrungen
	Projektkosten und deren Verwaltung	Iterativer Charakter	Funktionale Anforderungen	Knowledge based Engineering
	Vertragsart	Inkrementeller Charakter	Einbindung des Kunden	Kreativitätsmanagement
	Verwaltung der Projektqualität	Änderungsmanagement	Wiederverwendung von Nutzerdaten	Technische Schulden vermeiden
	Integration von Wartungsfreundlichkeit	Tests für die mechanische Konstruktion	Prototyping verwenden	Flexible Schnittstellen zulassen und verwalten
	Integration von Sicherheitsaspekten und Tests	Tests für elektronische Komponenten	Numerische Simulation verwenden	Unterstützung der Schnittstellendefinition
	Integration von Build- und Kompilierungstests	Kompatibilitätstests	Multiphysik-Simulation verwenden	Verlässlichkeit
	Unterstützung der Cybersicherheit	Tests zur Widerstandsfähigkeit	Reifegrad der Technologie	Robustheit
	(Operative) Sicherheit	Autonomie und Anpassungsfähigkeit	Produktintegration	Instandhaltbarkeit
STOYCHEVA ET AL. (2018)[422]	Erfolg neuer Produkte im Vergleich zur Konkurrenz	Managementunterstützung	Einbindung verfügbarer Ressourcen	Anwendung einer spezifischen Strategie für Neuproduktaktivitäten
	Erfolg des Programms für Neuproduktentwicklung	Anwendung des "Concept Engineering"	Anwendung der "Value Engineering"	Anwendung von "Design for Manufacturing, Assembly, Testing"
	Anwendung von "Parallel Engineering"	Anwendung von Produktdatenmanagementsystemen	Anwendung von Konfigurationsmanagement-Systemen	Anwendung von dediziertem Projekt-Intranet
	Anwendung von Simulationssystemen	Anwendung von Produktportfolio-Management-Software	Anwendung von Projektmanagementsystemen	Anwendung von Groupware (Software, die Gruppeninteraktion ermöglicht)
	Anwendung von virtuellem Design	Anwendung von Beschaffungsmanagement-Software	Anwendung von Wissensmanagement-Systemen	

[420] Vgl. Albers et al. (2018), Agile Method Development

[421] Vgl. Guérineau et al. (2018), Towards a Design-Method Selection Framework for Multidisciplinary Product Development

[422] Vgl. Stoycheva und Antonova (2018), Investigating factor interactions in formalising the process of developing new products

Quellen	Einflussmerkmale	Einflussmerkmale	Einflussmerkmale	Einflussmerkmale
DENKER ET AL. (2016)[423]	Wahrgenommene Originalität	Fachwissen	Radikalität	Hochschulabschluss
	Wahrgenommener Nutzwert	F&E-Tätigkeit > 5 Jahre	Verständlichkeit	Muttersprachler
	Wahrgenommene Realisierbarkeit	Top-Management-Position	Alter	Risikoverhalten
BAVENDIEK ET AL. (2014)[424]	Kulturelle Zusammensetzung (beteiligte Nationalitäten)	Sozial-Kompetenz/Verhalten (Teamrolle, Stärken-Schwächen-Profil)	Teamgröße (Anzahl der Personen)	Geschlechtliche Zusammensetzung (Anzahl weiblicher bzw. männlicher Mitglieder)
	Hierarchische Konstellation (Position zueinander)	Fach-Kompetenz/Disziplinen (Maschinenbau, E-Technik, Informatik, ...)	Berufserfahrung (Jahre im Unternehmen/in der Branche)	
GERICKE ET AL. (2013)[425]	Professionelles Training	Familienhintergrund	Firmen kulturelle Normen	Politisches Klima
	Sozialisierungsprozess	Kultureller Hintergrund	Soziale Fragen	Infrastruktur
	Ökonomische Situation	Steuern	Gesetzgebung	Ökologische Bedenken
	Arbeitsmarkt	Support-Programm	Technologische Fortschritte	Glück / Chance
	Marktanteil	Marktstruktur	Engagement der Verkaufsabteilung	Industrie
	Marktgröße	Nachfrage	Wettbewerb	Freigabe exportieren
	Finanzielles Risiko	Kapitalfinanzierung	Angemessene Technologie	Angemessene Energie
	Menschliche Dienstleistungen	Informationen für das Design	Geeignete Materialien	Verständnis der Notwendigkeit
	Erwartungen	Beteiligung	Branche	Dringlichkeit des Bedarfs
	Breite des Unternehmens	Hierarchien	Alter des Unternehmens	Krisensituation des Unternehmens
	Größe des Unternehmens	Koordination und Arbeitsteilung	Art der Projektsteuerung	Die Entwicklungsphase des Unternehmens
	Rechtsform des Unternehmens	Autonomie des Unternehmens	Tarif und Vorteile	Produktentwicklung Geschichte
	Produktportfolio	Unterstützung bei der Informationsbeschaffung	Altersvorsorge	Arbeitszeit
	Finanzielle Ressourcen	Qualität der Arbeitsumgebung	Umfang der Planung / Strategie	Trainingsangebot
	Gewerkschaft	Klarheit der Ziele	Risikoniveau / Innovation	F & E / Produktentwicklungsstrategie
	Bürokratie	Dynamik der Unternehmensziele	Behörde	Politik zwischen den Abteilungen
	Arbeitsklima	Gestaltungsspielraum	Managementunterstützung	Zusammenarbeit zwischen Abteilungen
	Verantwortung	Informelle Kommunikation	Zusammenarbeit / Integration von Spezialisten (z. B. Industriedesign)	

[423] Vgl. Denker et al. (2016), The Role Of Individuals' Domain Knowledge In Evaluating Radical New Product Ideas

[424] Vgl. Bavendiek et al. (2014), Konzept zur Methodenbeschreibung und -auswahl auf Basis von Kompetenzen und Zusammensetzung von Entwicklungsteams

[425] Vgl. Gericke et al. (2013), Understanding the context of product development

Quellen	Einflussmerkmale	Einflussmerkmale	Einflussmerkmale	Einflussmerkmale
GERICKE ET AL. (2013)[426]	Vertrauen und Offenheit	Belohnung und Anerkennung	Wärme und Rücksicht	Flexibilität
	Komplexität der Produktion / Herstellungstechnologie	Zykluszeit	verfügbare Fertigungstechnologien	Logistik
	Produktionstiefe	verfügbare Kapazität	Materialwirtschaft	Interessengruppen
	Zusammenarbeit mit Lieferanten	Schnittstellen	Verfügbarkeit	Ort
	Grad der Verpflichtung	Grad der Begeisterung	Grad der Mitarbeiterbeteiligung	Qualität der Kommunikation
	Grad der Beteiligung	Grad der Mitarbeiterfreiheit	Qualität der Planung / Koordination	Effektivität der Projektunterstützung
	Anzahl der beteiligten Mitarbeiter	Qualität des Urteils	Grad der Motivation / Moral	Effektivität der Ressourcennutzung
	Unterstützung der Geschäftsleitung	Qualität der Führung	Managementerfahrung	Grad des Vertrauens
	NPD-Kultur	NPD-Strategie	NPD-Organisation	Projektmotiv
	Beschränkungen	Machbarkeit der technischen Anforderungen	Prognose-Zuverlässigkeit	Projektgrenze
	Informationsgrundlage für die Entscheidungsfindung	Zulässige Produktkosten	Qualität der Prozessbeschreibung	Qualifikation der Projektpartner
	Machbarkeit des Zeitplans	Angemessenheit der Projektorganisation	Angemessenheit der Projektressourcen (Personen, Budget, ...)	Gruppenorganisation
	Informelle Hierarchie	Rollenverteilung	Motivation	Führungskraft
	Arbeitsteilung	Kommunikation	Gruppenklima	Verhandlungsmacht
	Teamarbeitsstandards	Diskussionskultur	Moral	Benutzerbeteiligung
	Expertise (Kompetenz)	Engagement	Verhandlungsfähigkeit	Funktionsübergreifende Interaktion
	Erfahrung	Priorität	Leistung	Produktivität
	Druck zum Erfolg	Kosten	Ebene der Beschränkungen / Flexibilität der Anforderungen	Komplexität
	Fehlerkosten	Umsatzziel	Interdependenz / Widerspruch von Zielen / Anforderungen	Potenzial für die Zerlegung in Teilsysteme
	Qualität der Arbeit	Designzykluszeit / Dauer des Designprojekts	Produktvielfalt	Erforderliche Kenntnisse
	Arbeitsumfeld	Mehrdeutigkeit	Dynamik der Anforderungen	Benötigte analytische Ressourcen
	Qualität (und investierte Anstrengung) der Aufgabenklärung	Bestehende Patente - Rechte an geistigem Eigentum	Größe	Verfügbare (bereitgestellte) Information
	Verfügbarkeit der erforderlichen Informationen	Kundentopologie	Akzeptanz von Lösungsvorschlägen (Konzepten)	Verarbeiten
	Aktualität der Informationen	Anzahl der beteiligten Anbieter	Technisches Risiko	Material
	Neuheit	Erforderliche Qualität	Projektrisiko	Ausrüstung
	Innovationsfähigkeit	Intuitive Designmethoden	Technologie	IT
	Systematischer Ansatz	Unterstützung der Anwendung von Methoden	Projekt Kontrolle	

[426] Vgl. Gericke et al. (2013), Understanding the context of product development

Quellen	Einflussmerkmale	Einflussmerkmale	Einflussmerkmale	Einflussmerkmale
GERICKE ET AL. (2013)[427]	Flexibler Ansatz für Veränderungen	Aufwand in Bezug auf Methoden	Aufgeschlossenheit gegenüber neuen Methoden	Unterstützung der (interdisziplinären) Zusammenarbeit
	Formale Entwurfsmethoden	Anwendbarkeit von Methoden	Regeln und Standards	Fertigungstechnologien
	Unterstützung der Kommunikation	Systemübergreifende Nutzung von Methoden	Heuristische Kompetenz	Batch-Größe - Standardisierungsgrad der Jobausführung
	Wissensbasis	Anwendbarkeit des Wissens	Fakten (Expertise)	IT-Unterstützung
	Erfahrung	Methoden	Verhandlung	Computer-Design-Methoden
	Wahrnehmung	Soziale Kompetenzen	Räumliches Denken	Kreativität (Vorstellung)
	Nutzung von Wissen	Skizzierung	Analysieren	Vielseitigkeit
	Kommunikation	Zeichnung	Synthetisieren	Problemlösungskompetenzen
	Individuelle Stile (Wege) des Denkens und Handelns	Wertesystem	Aufgeschlossenheit	Durchsetzungsvermögen
	Individuelle Arbeitsstandards	Integrität	Individueller Zeitdruck	Hartnäckigkeit (Bestimmung)
	Selbstdisziplin (Gewohnheiten)	Richtigkeit	Begeisterung	Frustration / Angst
	Selbstvertrauen	Lernbereitschaft	Beteiligung	Humor
	Produktivität	Qualität der Arbeit	Beziehungen innerhalb des Unternehmens	Geschlecht
	Vertrauen in die eigene Arbeit	Teamrolle Kompatibilität	Beziehungen außerhalb der Gesellschaft	Alter
PONN (2007)[428]	Art der Vorgabe	Fertigungsart	Transparenz	Erforderliches Wissen
	Art der Hauptforderung	Ermittelbarkeit der Produktmerkmale	Freiheitsgrade	Sachwissen
	Komplexität des Produkts	Widersprüchliche Ziele	Dynamik	Methodenwissen
	Produktart (Branche)	Komplexität	Resignation	Heuristische Kompetenz
	Ausstattung mit Hardware	Art der Räumlichkeiten	Regression	Räumliches Vorstellungsvermögen
	Ausstattung mit Software	Gestalterische Restriktionen	Leistungsfähigkeit	Analysefähigkeit
	Unternehmenskultur	Produkttechnische Informationen	Leistungsbereitschaft	Synthesefähigkeit
	Hierarchien	Prozesstechnische Informationen	Zeitliche Restriktionen	Zeichenfertigkeit
	Arbeitsklima	Methodenbezogene Informationen	Finanzielle Restriktionen	Skizzierfertigkeit
	Öffentlichkeit	Umwelt	Controlling	
	Marketing	Politik, Recht	Produktion	

[427] Vgl. Gericke et al. (2013), Understanding the context of product development

[428] Vgl. Ponn (2007), Situative Unterstützung der methodischen Konzeptentwicklung technischer Produkte

Quellen	Einflussmerkmale	Einflussmerkmale	Einflussmerkmale	Einflussmerkmale
KOBERG ET AL. (2003)[429]	Häufigkeit des Wechsels von Vertriebshändlern für ihre Produkte oder Dienstleistungen	Häufigkeit des Wechsels von Lieferanten von Ausrüstung, Materialien und Teilen	Häufigkeit des Wechsels von Wettbewerbern um Kunden	Häufigkeit der Änderung der öffentlichen politischen Einstellung gegenüber der Branche
	Häufigkeit des Wechsels von Nutzern von Produkten oder Dienstleistungen	Häufigkeit des Wechsels bei der Bereitstellung von Arbeitskräften (alle Arten)	Häufigkeit der Veränderung der staatlichen Regulierung	Häufigkeit von Änderungen bei der Entwicklung neuer oder verbesserter Produkte und Dienstleistungen
	Gründungsdatum des Unternehmens	Häufige projektübergreifende Kommunikation	Beständigkeit der Kernteamzusammensetzung	Veränderung wird antizipiert
	Gesamtzahl der Beschäftigten	Eindeutige Projektprioritäten	Projektkoordination leitet Projektübergänge	Die Kommunikation ist konstant
	Formelle projektübergreifende Treffen	Hierarchie der Projektleiter	Neue Teams sind eine Mischung aus alten und neuen Teammitgliedern	Die Kommunikation wird kanalisiert
	Die kollektive Vision für das Unternehmen ist klar	Wir setzen Experimente ausgiebig ein	Die Leistung neuer Produkte oder Dienstleistungen wird mit genau definierten Kennzahlen gemessen	Alter des CEO
	Die Aufmerksamkeit auf die Zukunft ist konstant	Unser Unternehmen wird als führend angesehen	Für den Ausstieg aus alten Geschäftsbereichen werden gut etablierte Routinen verwendet	Betriebszugehörigkeit in der Position als CEO
	Wir haben mehrere sinnvolle experimentelle Produkte und zukunftsorientierte strategische Allianzen	Neue Produkte oder Dienstleistungen werden in vorhersehbaren Abständen eingeführt	Das Unternehmen verfügt über eindeutige Verfahren für Entwicklungsprojekte	Dauer der Betriebszugehörigkeit des CEO

429 Vgl. Koberg et al. (2003), An empirical test of environmental, organizational, and process factors affecting incremental and radical innovation

A.5 Validierungsdatensatz

Der folgende Datensatz wurde von der Kunststoff GmbH im Rahmen der Validierung zur Verfügung gestellt. Der Name des Unternehmens wurde geändert. Die Daten wurden normiert und anonymisiert.

ID	Projektname	Projekttyp	Vorhersage 1	Wahrscheinlichkeit des finanziellen Erfolgs (Schätzung zu Projektbeginn)	Name Projektleitung	Geschäftsbereich	Phase
1	Projektname 1	Projekttyp 1	0	30 %	Name Projektleitung 1	Geschäftsbereich 1	Phase 1
2	Projektname 2	Projekttyp 2	0	90 %	Name Projektleitung 2	Geschäftsbereich 2	Phase 2
3	Projektname 3	Projekttyp 2	0	90 %	Name Projektleitung 2	Geschäftsbereich 2	Phase 2
4	Projektname 4	Projekttyp 2	0	90 %	Name Projektleitung 2	Geschäftsbereich 2	Phase 2
5	Projektname 5	Projekttyp 3	0	50 %	Name Projektleitung 3	Geschäftsbereich 2	Phase 3
6	Projektname 6	Projekttyp 1	0,225714286	80 %	Name Projektleitung 4	Geschäftsbereich 2	Phase 2
7	Projektname 7	Projekttyp 1	0,032738095	80 %	Name Projektleitung 4	Geschäftsbereich 2	Phase 4
8	Projektname 8	Projekttyp 1	0,746785714	80 %	Name Projektleitung 4	Geschäftsbereich 2	Phase 4
9	Projektname 9	Projekttyp 1	0,043174603	80 %	Name Projektleitung 5	Geschäftsbereich 1	Phase 2
10	Projektname 10	Projekttyp 2	0	90 %	Name Projektleitung 2	Geschäftsbereich 2	Phase 2
11	Projektname 11	Projekttyp 2	0,000198413	90 %	Name Projektleitung 6	Geschäftsbereich 2	Phase 2
12	Projektname 12	Projekttyp 2	3,96825E-05	90 %	Name Projektleitung 2	Geschäftsbereich 2	Phase 2
13	Projektname 13	Projekttyp 3	0	50 %	Name Projektleitung 7	Geschäftsbereich 1	Phase 3
14	Projektname 14	Projekttyp 1	0,079285714	80 %	Name Projektleitung 8	Geschäftsbereich 1	Phase 2
15	Projektname 15	Projekttyp 1	0,04265873	80 %	Name Projektleitung 4	Geschäftsbereich 2	Phase 4
16	Projektname 16	Projekttyp 1	0,058730159	80 %	Name Projektleitung 8	Geschäftsbereich 1	Phase 4
17	Projektname 17	Projekttyp 2	0	90 %	Name Projektleitung 5	Geschäftsbereich 1	Phase 4
18	Projektname 18	Projekttyp 1	0,535714286	100 %	Name Projektleitung 9	Geschäftsbereich 3	Phase 5
19	Projektname 19	Projekttyp 1	0	50 %	Name Projektleitung 10	Geschäftsbereich 2	Phase 3
20	Projektname 20	Projekttyp 3	0,357142857	90 %	Name Projektleitung 9	Geschäftsbereich 3	Phase 5
21	Projektname 21	Projekttyp 3	0,189246032	90 %	Name Projektleitung 11	Geschäftsbereich 1	Phase 2
22	Projektname 22	Projekttyp 1	0,956785714	80 %	Name Projektleitung 4	Geschäftsbereich 2	Phase 4
23	Projektname 23	Projekttyp 3	0	80 %	Name Projektleitung 12	Geschäftsbereich 2	Phase 3
24	Projektname 24	Projekttyp 2	0	90 %	Name Projektleitung 13	Geschäftsbereich 1	Phase 1
25	Projektname 25	Projekttyp 3	0,009920635	80 %	Name Projektleitung 9	Geschäftsbereich 3	Phase 3
26	Projektname 26	Projekttyp 1	0,112857143	80 %	Name Projektleitung 8	Geschäftsbereich 1	Phase 4
27	Projektname 27	Projekttyp 3	0,119047619	90 %	Name Projektleitung 9	Geschäftsbereich 3	Phase 4
28	Projektname 28	Projekttyp 3	0	80 %	Name Projektleitung 14	Geschäftsbereich 2	Phase 3
29	Projektname 29	Projekttyp 1	0	30 %	Name Projektleitung 1	Geschäftsbereich 1	Phase 1
30	Projektname 30	Projekttyp 3	0	60 %	Name Projektleitung 7	Geschäftsbereich 1	Phase 1
31	Projektname 31	Projekttyp 1	0,022539683	80 %	Name Projektleitung 5	Geschäftsbereich 1	Phase 2
32	Projektname 32	Projekttyp 2	0	90 %	Name Projektleitung 15	Geschäftsbereich 1	Phase 2
33	Projektname 33	Projekttyp 3	0,042857143	60 %	Name Projektleitung 16	Geschäftsbereich 1	Phase 1
34	Projektname 34	Projekttyp 2	0	90 %	Name Projektleitung 15	Geschäftsbereich 1	Phase 1
35	Projektname 35	Projekttyp 4	0,095238095	60 %	Name Projektleitung 17	Geschäftsbereich 3	Phase 4
36	Projektname 36	Projekttyp 3	0,068650794	80 %	Name Projektleitung 11	Geschäftsbereich 1	Phase 3
37	Projektname 37	Projekttyp 2	0	90 %	Name Projektleitung 7	Geschäftsbereich 1	Phase 1
38	Projektname 38	Projekttyp 1	0,05952381	50 %	Name Projektleitung 9	Geschäftsbereich 3	Phase 3
39	Projektname 39	Projekttyp 3	0,049603175	60 %	Name Projektleitung 18	Geschäftsbereich 3	Phase 1
40	Projektname 40	Projekttyp 3	1	60 %	Name Projektleitung 19	Geschäftsbereich 1	Phase 1
41	Projektname 41	Projekttyp 3	0,116825397	60 %	Name Projektleitung 20	Geschäftsbereich 1	Phase 1
42	Projektname 42	Projekttyp 3	0,013412698	60 %	Name Projektleitung 16	Geschäftsbereich 1	Phase 1
43	Projektname 43	Projekttyp 3	0,036904762	60 %	Name Projektleitung 6	Geschäftsbereich 1	Phase 1
44	Projektname 44	Projekttyp 1	0,056944444	50 %	Name Projektleitung 5	Geschäftsbereich 1	Phase 3
45	Projektname 45	Projekttyp 1	0	30 %	Name Projektleitung 18	Geschäftsbereich 3	Phase 1
46	Projektname 46	Projekttyp 1	0,027777778	30 %	Name Projektleitung 9	Geschäftsbereich 3	Phase 1
47	Projektname 47	Projekttyp 3	0	60 %	Name Projektleitung 9	Geschäftsbereich 3	Phase 1
48	Projektname 48	Projekttyp 5	0,03968254	10 %	Name Projektleitung 21	Geschäftsbereich 3	Phase 1
49	Projektname 49	Projekttyp 3	0,03452381	60 %	Name Projektleitung 5	Geschäftsbereich 1	Phase 1
50	Projektname 50	Projekttyp 5	0	10 %	Name Projektleitung 9	Geschäftsbereich 3	Phase 1
51	Projektname 51	Projekttyp 1	0	30 %	Name Projektleitung 21	Geschäftsbereich 3	Phase 1

ID	Letzte Entscheidung	ANSOFF Markt	ANSOFF Produkt / Service	ANSOFF Zone	Strategischer Pfeiler	Jahr Marktstart	Währung
1	Letzte Entscheidung 1	ANSOFF Markt 1	ANSOFF Produkt / Service 1	ANSOFF Zone 2	Strategischer Pfeiler 1		Währung 1
2	Letzte Entscheidung 2	ANSOFF Markt 1	ANSOFF Produkt / Service 2	ANSOFF Zone 0	Strategischer Pfeiler 2	1	Währung 2
3	Letzte Entscheidung 3	ANSOFF Markt 1	ANSOFF Produkt / Service 2	ANSOFF Zone 0	Strategischer Pfeiler 2	2	Währung 2
4	Letzte Entscheidung 3	ANSOFF Markt 1	ANSOFF Produkt / Service 2	ANSOFF Zone 0	Strategischer Pfeiler 2	2	Währung 2
5	Letzte Entscheidung 2	ANSOFF Markt 2	ANSOFF Produkt / Service 3	ANSOFF Zone 2	Strategischer Pfeiler 3	10	Währung 1
6	Letzte Entscheidung 2	ANSOFF Markt 2	ANSOFF Produkt / Service 1	ANSOFF Zone 2	Strategischer Pfeiler 3	6	Währung 1
7	Letzte Entscheidung 2	ANSOFF Markt 2	ANSOFF Produkt / Service 1	ANSOFF Zone 2	Strategischer Pfeiler 4	3	Währung 1
8	Letzte Entscheidung 2	ANSOFF Markt 1	ANSOFF Produkt / Service 1	ANSOFF Zone 2	Strategischer Pfeiler 5	3	Währung 1
9	Letzte Entscheidung 3	ANSOFF Markt 1	ANSOFF Produkt / Service 1	ANSOFF Zone 2	Strategischer Pfeiler 2	7	Währung 1
10	Letzte Entscheidung 3	ANSOFF Markt 1	ANSOFF Produkt / Service 2	ANSOFF Zone 0	Strategischer Pfeiler 2	4	Währung 2
11	Letzte Entscheidung 2	ANSOFF Markt 1	ANSOFF Produkt / Service 2	ANSOFF Zone 0	Strategischer Pfeiler 2	4	Währung 2
12	Letzte Entscheidung 2	ANSOFF Markt 3	ANSOFF Produkt / Service 2	ANSOFF Zone 0	Strategischer Pfeiler 2	3	Währung 2
13	Letzte Entscheidung 2	ANSOFF Markt 2	ANSOFF Produkt / Service 3	ANSOFF Zone 2	Strategischer Pfeiler 6	8	Währung 1
14	Letzte Entscheidung 3	ANSOFF Markt 1	ANSOFF Produkt / Service 1	ANSOFF Zone 2	Strategischer Pfeiler 6	6	Währung 1
15	Letzte Entscheidung 2	ANSOFF Markt 1	ANSOFF Produkt / Service 1	ANSOFF Zone 2	Strategischer Pfeiler 5	5	Währung 1
16	Letzte Entscheidung 2	ANSOFF Markt 1	ANSOFF Produkt / Service 1	ANSOFF Zone 2	Strategischer Pfeiler 2	7	Währung 1
17	Letzte Entscheidung 2	ANSOFF Markt 1	ANSOFF Produkt / Service 2	ANSOFF Zone 0	Strategischer Pfeiler 2	7	Währung 1
18	Letzte Entscheidung 2	ANSOFF Markt 3	ANSOFF Produkt / Service 1	ANSOFF Zone 2	Strategischer Pfeiler 7	7	Währung 1
19	Letzte Entscheidung 2	ANSOFF Markt 1	ANSOFF Produkt / Service 1	ANSOFF Zone 2	Strategischer Pfeiler 3	10	Währung 1
20	Letzte Entscheidung 2	ANSOFF Markt 3	ANSOFF Produkt / Service 3	ANSOFF Zone 1	Strategischer Pfeiler 7	5	Währung 1
21	Letzte Entscheidung 2	ANSOFF Markt 1	ANSOFF Produkt / Service 3	ANSOFF Zone 1	Strategischer Pfeiler 2	5	Währung 1
22	Letzte Entscheidung 2	ANSOFF Markt 1	ANSOFF Produkt / Service 1	ANSOFF Zone 2	Strategischer Pfeiler 5	6	Währung 1
23	Letzte Entscheidung 2	ANSOFF Markt 1	ANSOFF Produkt / Service 3	ANSOFF Zone 1	Strategischer Pfeiler 3	10	Währung 1
24	Letzte Entscheidung 1	ANSOFF Markt 1	ANSOFF Produkt / Service 2	ANSOFF Zone 0	Strategischer Pfeiler 2		Währung 1
25	Letzte Entscheidung 2	ANSOFF Markt 1	ANSOFF Produkt / Service 3	ANSOFF Zone 1	Strategischer Pfeiler 8	9	Währung 1
26	Letzte Entscheidung 2	ANSOFF Markt 1	ANSOFF Produkt / Service 1	ANSOFF Zone 2	Strategischer Pfeiler 6	6	Währung 1
27	Letzte Entscheidung 2	ANSOFF Markt 1	ANSOFF Produkt / Service 3	ANSOFF Zone 1	Strategischer Pfeiler 8	7	Währung 1
28	Letzte Entscheidung 2	ANSOFF Markt 1	ANSOFF Produkt / Service 3	ANSOFF Zone 1	Strategischer Pfeiler 9	10	Währung 1
29	Letzte Entscheidung 1	ANSOFF Markt 1	ANSOFF Produkt / Service 1	ANSOFF Zone 2	Strategischer Pfeiler 1		Währung 1
30	Letzte Entscheidung 1	ANSOFF Markt 1	ANSOFF Produkt / Service 3	ANSOFF Zone 1	Strategischer Pfeiler 6		Währung 1
31	Letzte Entscheidung 2	ANSOFF Markt 1	ANSOFF Produkt / Service 1	ANSOFF Zone 2	Strategischer Pfeiler 2	6	Währung 1
32	Letzte Entscheidung 2	ANSOFF Markt 1	ANSOFF Produkt / Service 2	ANSOFF Zone 0	Strategischer Pfeiler 2	7	Währung 2
33	Letzte Entscheidung 1	ANSOFF Markt 1	ANSOFF Produkt / Service 3	ANSOFF Zone 1	Strategischer Pfeiler 2	7	Währung 1
34	Letzte Entscheidung 1	ANSOFF Markt 1	ANSOFF Produkt / Service 2	ANSOFF Zone 0	Strategischer Pfeiler 2		Währung 2
35	Letzte Entscheidung 2	ANSOFF Markt 3	ANSOFF Produkt / Service 4	ANSOFF Zone 3	Strategischer Pfeiler 10	7	Währung 1
36	Letzte Entscheidung 2	ANSOFF Markt 1	ANSOFF Produkt / Service 3	ANSOFF Zone 1	Strategischer Pfeiler 2	4	Währung 1
37	Letzte Entscheidung 1	ANSOFF Markt 1	ANSOFF Produkt / Service 2	ANSOFF Zone 0	Strategischer Pfeiler 1		Währung 1
38	Letzte Entscheidung 2	ANSOFF Markt 3	ANSOFF Produkt / Service 1	ANSOFF Zone 2	Strategischer Pfeiler 7	8	Währung 1
39	Letzte Entscheidung 1	ANSOFF Markt 3	ANSOFF Produkt / Service 3	ANSOFF Zone 1	Strategischer Pfeiler 2	8	Währung 1
40	Letzte Entscheidung 1	ANSOFF Markt 3	ANSOFF Produkt / Service 3	ANSOFF Zone 1	Strategischer Pfeiler 2	7	Währung 1
41	Letzte Entscheidung 1	ANSOFF Markt 1	ANSOFF Produkt / Service 3	ANSOFF Zone 1	Strategischer Pfeiler 2	7	Währung 1
42	Letzte Entscheidung 1	ANSOFF Markt 3	ANSOFF Produkt / Service 3	ANSOFF Zone 1	Strategischer Pfeiler 1	7	Währung 1
43	Letzte Entscheidung 1	ANSOFF Markt 3	ANSOFF Produkt / Service 3	ANSOFF Zone 1	Strategischer Pfeiler 1	7	Währung 2
44	Letzte Entscheidung 2	ANSOFF Markt 2	ANSOFF Produkt / Service 1	ANSOFF Zone 2	Strategischer Pfeiler 6	7	Währung 1
45	Letzte Entscheidung 1	ANSOFF Markt 1	ANSOFF Produkt / Service 1	ANSOFF Zone 2	Strategischer Pfeiler 10		Währung 1
46	Letzte Entscheidung 1	ANSOFF Markt 3	ANSOFF Produkt / Service 1	ANSOFF Zone 2	Strategischer Pfeiler 11	8	Währung 1
47	Letzte Entscheidung 1	ANSOFF Markt 1	ANSOFF Produkt / Service 3	ANSOFF Zone 1	Strategischer Pfeiler 8		Währung 1
48	Letzte Entscheidung 1	ANSOFF Markt 2	ANSOFF Produkt / Service 4	ANSOFF Zone 3	Strategischer Pfeiler 10	9	Währung 1
49	Letzte Entscheidung 1	ANSOFF Markt 1	ANSOFF Produkt / Service 3	ANSOFF Zone 1	Strategischer Pfeiler 2	7	Währung 1
50	Letzte Entscheidung 1	ANSOFF Markt 4	ANSOFF Produkt / Service 4	ANSOFF Zone 3	Strategischer Pfeiler 10	10	Währung 1
51	Letzte Entscheidung 1	ANSOFF Markt 1	ANSOFF Produkt / Service 1	ANSOFF Zone 2	Strategischer Pfeiler 8		Währung 1

ID	Vorhersage 2	Entwicklungsstandort	Startdatum	Geplanter Termin Marktstart
1	0	Entwicklungsstandort 1	09.08.1907	01.01.1911
2	3,96825E-05	Entwicklungsstandort 2	01.12.1901	12.12.1908
3	0	Entwicklungsstandort 2	11.07.1902	29.03.1908
4	0	Entwicklungsstandort 2	11.07.1902	06.09.1907
5	0	Entwicklungsstandort 3	24.11.1902	01.01.1912
6	0,424325397	Entwicklungsstandort 3	05.12.1903	01.04.1908
7	0,032738095	Entwicklungsstandort 3	01.01.1904	01.01.1905
8	0,746785714	Entwicklungsstandort 3	01.01.1904	01.01.1905
9	0,191587302	Entwicklungsstandort 1	10.01.1904	22.02.1909
10	0	Entwicklungsstandort 2	19.03.1904	03.10.1908
11	0,000357143	Entwicklungsstandort 2	26.03.1905	17.01.1909
12	3,96825E-05	Entwicklungsstandort 2	11.06.1905	23.02.1909
13	0	Entwicklungsstandort 3	02.08.1905	30.04.1910
14	0,120436508	Entwicklungsstandort 1	18.09.1905	30.06.1909
15	0,04265873	Entwicklungsstandort 3	01.01.1906	01.01.1907
16	0,108333333	Entwicklungsstandort 1	12.03.1906	24.03.1909
17	0	Entwicklungsstandort 1	24.03.1906	30.09.1909
18	0,992063492	Entwicklungsstandort 4	01.04.1906	15.11.1908
19	0	Entwicklungsstandort 3	17.04.1906	01.01.1912
20	0,480674603	Entwicklungsstandort 4	30.04.1906	01.03.1907
21	0,204246032	Entwicklungsstandort 1	12.11.1906	16.06.1909
22	0,956785714	Entwicklungsstandort 3	01.01.1907	01.01.1907
23	0	Entwicklungsstandort 3	28.01.1907	01.01.1912
24	0	Entwicklungsstandort 1	15.02.1907	31.12.1909
25	0,009920635	Entwicklungsstandort 4	01.03.1907	31.01.1911
26	0,180396825	Entwicklungsstandort 1	12.04.1907	24.03.1909
27	0,119047619	Entwicklungsstandort 4	01.07.1907	24.10.1908
28	0	Entwicklungsstandort 3	02.08.1907	01.01.1912
29	0	Entwicklungsstandort 1	02.08.1907	31.10.1909
30	0	Entwicklungsstandort 3	16.08.1907	31.03.1910
31	0,023333333	Entwicklungsstandort 1	11.11.1907	21.04.1909
32	0	Entwicklungsstandort 2	27.01.1908	30.09.1909
33	0,066666667	Entwicklungsstandort 1	07.02.1908	31.12.1911
34	0	Entwicklungsstandort 2	01.04.1908	29.09.1909
35	0,095238095	Entwicklungsstandort 4	05.04.1908	14.02.1909
36	0,108253968	Entwicklungsstandort 1	16.05.1908	31.07.1909
37	0	Entwicklungsstandort 3	01.07.1908	31.12.1909
38	0,05952381	Entwicklungsstandort 4	01.07.1908	16.10.1909
39	0,049603175	Entwicklungsstandort 4	19.07.1908	01.01.1910
40	1,694444444	Entwicklungsstandort 2	01.09.1908	30.06.1909
41	0,309603175	Entwicklungsstandort 1	26.09.1908	30.06.1910
42	0,120555556	Entwicklungsstandort 1	04.10.1908	31.03.1910
43	0,088571429	Entwicklungsstandort 2	04.10.1908	12.02.1909
44	0,168055556	Entwicklungsstandort 1	11.10.1908	31.10.1909
45	0	Entwicklungsstandort 4	05.02.1909	01.01.1911
46	0,027777778	Entwicklungsstandort 4	06.02.1909	01.01.1910
47	0	Entwicklungsstandort 4	19.02.1909	01.01.1911
48	0,03968254	Entwicklungsstandort 4	19.02.1909	01.01.1911
49	0,123412698	Entwicklungsstandort 1	24.03.1909	01.01.1910
50	0	Entwicklungsstandort 4	26.03.1909	01.01.1912
51	0	Entwicklungsstandort 4	03.04.1909	01.01.1911

ID	Projektdauer (geplant nach Machbarkeitsstudie) [Monate]	Time to Market [Monate]	Time to Market Verzug [Monate]	Kapitalwert
1	40	0	0	0
2	75	84	9	2,34192E-05
3	68	68	0	0
4	62	62	0	0
5	110	110	0	0
6	52	52	0	0,250421546
7	12	12	0	0,019320843
8	12	12	0	0,440725995
9	57	61	4	0,113067916
10	55	55	0	0
11	27	46	19	0,000210773
12	44	44	0	0
13	36	56	20	0
14	34	45	11	0,071077283
15	12	12	0	0,025175644
16	29	36	7	0,063934426
17	21	42	21	0
18	31	31	0	0,585480094
19	68	0	0	0
20	11	11	0	0,283676815
21	0	31	0	0,120538642
22	0	0	0	0,564660422
23	60	0	0	0
24	0	34	0	0
25	46	46	0	0,005854801
26	15	23	8	0,1064637
27	15	15	0	0,069601874
28	52	0	0	0
29	0	26	0	-0,000632319
30	0	31	0	0
31	0	17	17	0,013770492
32	21	0	0	0
33	0	46	0	0,039344262
34	0	17	0	0
35	10	10	0	0,056206089
36	14	14	0	0,063887588
37	0	17	0	0
38	15	15	0	0,034519906
39	0	0	0	0,029274005
40	0	9	0	1
41	0	21	0	0,182716628
42	0	17	0	0,071147541
43	0	4	0	0,052271663
44	12	12	0	0,099180328
45	0	0	0	0
46	0	0	0	0,016393443
47	0	0	0	0
48	0	0	0	0,023419204
49	0	0	0	0,072833724
50	0	0	0	0
51	0	0	0	0

A.6 Validierungsergebnisse - Ergänzung zu Kapitel 6

Im Folgenden sind die Ergebnisse der Validierung anhand des Datensatzes der Kunststoff GmbH aufgeführt, die nicht bereits in Kapitel 6 gezeigt wurden.

Es folgt die Zusammensetzung der Cluster aus Projekten und der jeweilige Kapitalwert der Projekte.

	Cluster 1	Kapitalwert Cluster 1	Cluster 2	Kapitalwert Cluster 2	Cluster 3	Kapitalwert Cluster 3	Cluster 4	Kapitalwert Cluster 4
Projekt-IDs / Kapitalwert	6	0,250	9	0,113	18	0,585	21	0,121
	8	0,441	14	0,071	20	0,284	40	1,000
	22	0,565	26	0,106			41	0,183
			44	0,099			42	0,071
							49	0,073

Die nachfolgenden Ergebnisse zeigen Elemente der Heuristikvalidität für die identifizierten Cluster.

Cluster	Güte	Mehrwert	Spezifität	Heuristikvalidität
1	0,419	0,352	0,999996	14,72 %
2	0,097	0,011	0,999989	00,10 %
3	0,435	0,361	0,999993	15,69 %
4	0,289	0,224	0,999964	06,47 %

A.7 Validierungscode

Im Folgenden ist der Code für die Validierung des Ansatzes aufgeführt. Wesentliche Impulse für den Code kamen von folgender Seite:

https://www.r-bloggers.com/2016/06/clustering-mixed-data-types-in-r/

```
#---Bibliotheken
library(FactoMineR)
library(factoextra)
library(gridExtra)
library(grid)
library(plot.matrix)
library(readxl)

#---Initialisierung
# Importieren der Datensätze
excel_datei <- "<Dateipfad>.xlsx"
df <- read_excel(excel_datei)

#---FAMD
res.famd <- FAMD(df,
                 sup.var = NULL,
                 graph = FALSE,
                 ncp=42)

# Untersuchung der berechneten Dimensionen
ev <- data.frame(get_eigenvalue(res.famd))

# Visualisierung
x <- fviz_eig(res.famd, ncp=30, choice='eigenvalue', geom='line')
y <- fviz_eig(res.famd, ncp=30)
grid.arrange(x, y, ncol=2)

# Ausgabe der Eigenwerte
eig <- res.famd$eig
print(eig)

#---Aufbereitung
# Ausgabe der Beiträge der Variablen zu den berechneten Dimensionen
contributions <- res.famd$var$contrib
print(contributions)

# Berechnung des Maximalwerts jeder Zeile der `results`-Matrix
row_max <- apply(results, 1, max)

# Erstellt ein Dataframe mit den Zeilennamen und den Maximalwerten
row_max_df <- data.frame(row_names = rownames(results), row_max = row_max)

# Sortiert den Dataframe nach der Spalte row_max in absteigender Reihenfolge
sorted_row_max_df <- row_max_df[order(row_max_df$row_max, decreasing = TRUE), ]

# Findet den Index des letzten gleichen Wertes oder eines Wertes
# der 1% unter dem Maximalwert liegt
first_value <- sorted_row_max_df$row_max[1]
threshold <- first_value * 0.99
same_value_indices <- which(sorted_row_max_df$row_max >= threshold)
```

```
if (length(same_value_indices) > 1) {
  last_same_value_index <- max(same_value_indices)
} else {
  last_same_value_index <- 1
}

# Berechnet die Distanzen zwischen den Punkten und der Verbindungslinie
distances <- numeric(nrow(sorted_row_max_df) - last_same_value_index)
x1 <- last_same_value_index
y1 <- sorted_row_max_df$row_max[x1]
x2 <- nrow(sorted_row_max_df)
y2 <- sorted_row_max_df$row_max[x2]

for (i in x1:x2) {
  x0 <- i
  y0 <- sorted_row_max_df$row_max[i]
  distance <- abs((y2 - y1) * x0 - (x2 - x1) * y0 + x2 * y1 - y2 * x1) / sqrt((y2 - y1)^2
+ (x2 - x1)^2)
  distances[i - last_same_value_index] <- distance
}

# Findet den Ellbogenpunkt
elbow_point_index <- which.max(distances) + last_same_value_index
elbow_point <- sorted_row_max_df[elbow_point_index, ]

# Wählt alle Variablen links vom Ellbogenpunkt aus
selected_variables <- sorted_row_max_df[1:elbow_point_index, ]

#### Clustering

library(dplyr)   # für Datenbereinigung
library(cluster) # für gower similarity und PAM
library(Rtsne)   # für t-SNE plot
library(ggplot2) # für Visualisierung

# Reduktion des Datensatzes auf informationsreiche Variablen
drop <- c(sorted_row_max_df[elbow_point_index:12,1])
df_reduced = df[,!(names(df) %in% drop)]

# Importieren der Zieldaten
excel_datei_target <- "<Dateipfad>.xlsx"
df_target_all <- read_excel(excel_datei_target)

# Auswahl der festgelegten Zielwerte
df_target = df_target_all [,3]

# Festlegung des Grenzwertes zur Auswahl der als gut erachtete Projekte
threshold <- 0.07 # Wert iterativ ermittelt

# Reduktion des Datensatzes auf als gut erachteten Projekte
selector = which (df_target>threshold)
#selector = which (df_target<threshold) # Alternative für als schlecht erachtete Projekte
df_reduced_filtered = df_reduced[selector,]

# Anzahl der ausgewählten Projekte
num_obs_filtered = nrow(df_reduced_filtered)

# Bestimmung der Gower-Distanzen
gower_dist <- daisy(df_reduced_filtered,metric = "gower")

# Festlegung der Cluster-Anzahlen, die zu testen sind
num_clust_try = min(num_obs_filtered-1,10)

# Bestimmung der geeigneten Cluster-Anzahl
sil_width <- c(NA)
```

```
for(i in 2:num_clust_try){

  pam_fit <- pam(gower_dist,
                 diss = TRUE,
                 k = i)

  sil_width[i] <- pam_fit$silinfo$avg.width

}

num_clust_opt = which(sil_width==max(sil_width[2:length(sil_width)]))

## Clustering der Daten
pam_fit <- pam(gower_dist, diss = TRUE, k = num_clust_opt) # check number of clusters
pam_results <- df_reduced_filtered %>%
  mutate(cluster = pam_fit$clustering) %>%
  group_by(cluster) %>%
  do(the_summary = summary(.))

# Visualisierung der Ergebnisse durch t-SNE
tsne_obj <- Rtsne(gower_dist,
                  is_distance = TRUE,
                  perplexity = floor((nrow(df_reduced_filtered) - 1) / 3),
                  dims = 2)
tsne_data <- tsne_obj$Y %>%
  data.frame() %>%
  setNames(c("X", "Y")) %>%
  mutate(cluster = factor(pam_fit$clustering),
         name = df_reduced_filtered$name)
ggplot(aes(x = X, y = Y), data = tsne_data) +
  geom_point(aes(color = cluster))
```

A.8 Im Rahmen der Dissertation entstandene wissenschaftliche Beiträge

Die folgenden Veröffentlichungen sind im Rahmen der wissenschaftlichen Erarbeitung der vorliegenden Dissertation entstanden:

- Riesener, M.; Dölle, C.; Lender, B.; Schuh, G. (2021), Requirements Engineering through Exploratory Analysis of Usage Data, In: Dabić, M. (Hrsg.): IEEE Technology & Engineering Management Conference - Europe (TEMSCON-EUR), IEEE, Piscataway, NJ, S. 1-6.

- Riesener, M.; Kuhn, M.; Keuper, A.; Lender, B.; Schuh, G. (2022), Framework for FAMD-Based Identification of RCPSP-Constraints for Improved Project Scheduling, In: Proceedings of the Design Society, 2. Jg., S. 253-262.

- Riesener, M.; Kuhn, M.; Lender, B.; Schuh, G. (2022), Concept for Databased Identification of Heuristics for Development Management using FAMD, In: IEEE International Conference on Industrial Engineering and Engineering Management (IEEM), IEEE, S. 1281-1285.

- Riesener, M.; Kuhn, M.; Lender, B.; Schuh, G. (2024), Concept for Enhanced Intuition in Development Management through Exploratory Data Analysis using an Extended FAMD, In: Proceedings of the 18th International Design Conference DESIGN2024, S. 2227-2236.

Lebenslauf

Persönliche Angaben

Name	Benjamin Nils Johannes Lender	
Geburtsdatum und -ort	24.11.1993 in Hamburg	
Ausbildung		
2017 - 2019	M.Sc.	TU München
2015		Instituto Tecnológico de Buenos Aires
2013 - 2017	B.Sc.	TU München
2010 - 2011		The Waterford School (Utah, USA)
2004 - 2013	Abitur	Städtisches Gymnasium Wülfrath
Berufliche Erfahrung		
2023 - 2024	Gruppenleitung „Data Intelligence Management"	
2022 - 2024	Initiator & Leiter der Plattform Master Data Harmony für KI-basierte Stammdatenbereinigung	
2020 - 2024	Wissenschaftlicher Mitarbeiter & Projektleiter im Innovationsmanagement, Lehrstuhl Produktionssystematik, Werkzeugmaschinenlabor WZL der RWTH Aachen	
2020 - 2024	Project Manager	Complexity Management Academy
2019	Masterand	Viessmann Werke GmbH & Co. KG
2018 - 2019	Werkstudent	BMW Group
2017	Praktikant	Liebherr Hydraulikbagger GmbH
2014	Praktikant	Siemens AG
2012	Praktikant	Bayer AG

Aachen, im Juni 2024

In der Reihe **Ergebnisse aus der Produktionstechnik** zuletzt erschienen:

Lender, Benjamin:
Datenbasierte Identifikation von Heuristiken für das Entwicklungsmanagement
ISBN: 978-3-98555-219-1
Erscheinungsdatum: 16.07.2024

Lukas, Gerret:
Gestaltungsmodell zur thermischen Auslegung additiver Prototypenwerkzeuge aus Kunststoff
ISBN: 978-3-98555-209-2
Erscheinungsdatum: 03.06.2024

Löffler, Bernd:
Additiv gefertigte Kunststoffwerkzeuge für das Tiefziehen von Feinblech
ISBN: 978-3-98555-211-5
Erscheinungsdatum: 27.05.2024

Scholzen, Philipp:
Auslegung geräuschoptimierter pulvermetallurgischer Stirnradverzahnungen
ISBN: 978-3-98555-216-0
Erscheinungsdatum: 21.05.2024

Fiedler, Falko:
Produkt- und prozessseitige Auslegung von bauteilintegrierten Vorrichtungsfunktionen
ISBN: 978-3-98555-206-1
Erscheinungsdatum: 02.04.2024

Kosel, Maximilian:
Prozess- und Maschinenentwicklung für das kontinuierliche, variotherme Heißprägen
ISBN: 978-3-98555-223-8
Erscheinungsdatum: 16.07.2024

Dackweiler, Jonas:
Planungseffizienz und -effektivität durch Plattformbasierte Fabrikplanung
ISBN: 978-3-98555-220-7
Erscheinungsdatum: 27.05.2024

Schopen, Marco:
Datenbasierte hybride Analyse und Gestaltung von Geschäftsprozessen
ISBN: 978-3-98555-217-7
Erscheinungsdatum: 22.05.2024

Seelbach, Tobias:
Prädiktion der Maßhaltigkeit beim Räumen von Profilnuten
ISBN: 978-3-98555-213-9
Erscheinungsdatum: 21.05.2024

Theling, Julian:
Auslegung von Planetengetrieben im elastischen Verzahnungsumfeld unter Berücksichtigung der Wechselwirkungen des Mehrfacheingriffes
ISBN: 978-3-98555-205-4
Erscheinungsdatum: 26.03.2024

Edition Wissenschaft
Apprimus

Hohenstein, Steffen:
Multidirektionaler Aufbau in der additiven Fertigung von Kunststoffen
ISBN: 978-3-98555-203-0
Erscheinungsdatum: 05.03.2024

Ochel, Janis:
Datengetriebene Strukturierung von NC-Zerspanprozessen
ISBN: 978-3-98555-204-7
Erscheinungsdatum: 14.02.2024

Schulz, Malena:
Digital Twin Methodology for the Automated Fiber Placement with In-situ Consolidation of Thermoplastic Tape
ISBN: 978-3-98555-195-8
Erscheinungsdatum: 30.01.2024

Schweins, Julian:
Datengestützte Gestaltung des nachhaltigen Werkzeuglebenszyklus
ISBN: 978-3-98555-197-2
Erscheinungsdatum: 22.01.2024

Ecker, Christian:
Flexible Inbetriebnahme roboterbasierter Montagesysteme durch Prozessdemonstration
ISBN: 978-3-98555-189-7
Erscheinungsdatum: 11.12.2023

Padberg, Melanie:
Ansätze der inhärent sicheren Konstruktion modifizierbarer, cyberphysischer Produktionssysteme
ISBN: 978-3-98555-184-2
Erscheinungsdatum: 07.12.2023

Schukat, Esben:
Kapazitätsorientierte Auftragsfreigabe in matrixstrukturierten Montagesystemen
ISBN: 978-3-98555-189-9
Erscheinungsdatum: 20.02.2024

Metzmacher, Amelie Isabel:
Beschäftigungsfähigkeit im produzierenden Sektor – Entwicklung des Predictive Model of Industrial Employability
ISBN: 978-3-98555-201-6
Erscheinungsdatum: 13.02.2024

Olivier, Marcel:
Abtragmechanismen beim drahtfunkenerosiven Bearbeiten elektrisch leitfähiger Keramiken im kohlenwasserstoffbasierten Dielektrikum
ISBN: 978-3-98555-200-9
Erscheinungsdatum: 30.01.2024

Landwehr, Markus:
Modellierung und Vorhersage des eigenspannungsbedingten Bauteilverzugs bei der Fräsbearbeitung
ISBN: 978-3-98555-194-1
Erscheinungsdatum: 09.01.2024

Goergen, Fabian:
Analogieversuch zur Erzeugung von Zahnflankenbrüchen an Stirnrädern
ISBN: 978-3-98555-191-0
Erscheinungsdatum: 11.12.2023

Studerus, Bastian:
Gestaltung von Kooperationen zwischen Technologiekonzernen und Start-ups
ISBN: 978-3-98555-186-6
Erscheinungsdatum: 04.12.2023

Edition Wissenschaft
Apprimus

FSC
www.fsc.org
MIX
Papier | Fördert
gute Waldnutzung
FSC® C083411

Zeitfracht Medien GmbH
Ferdinand-Jühlke-Straße 7
99095 Erfurt, Deutschland
produktsicherheit@kolibri360.de